当代景观思考

[瑞士] 克里斯托弗 · 吉鲁特　多拉 · 英霍夫　编
卓百会　郑振婷　郑晓笛　译

中国建筑工业出版社

著作权合同登记图字：01-2019-1048号

图书在版编目（CIP）数据

当代景观思考 /（瑞士）克里斯托弗·吉鲁特，（瑞士）多拉·英霍夫编；卓百会，郑振婷，郑晓笛译. —北京：中国建筑工业出版社，2019.6
书名原文：Thinking the Contemporary Landscape
ISBN 978-7-112-23300-7

Ⅰ. ① 当… Ⅱ. ① 克… ② 多… ③ 卓… ④ 郑… ⑤ 郑…Ⅲ. ① 景观设计－文集
Ⅳ. ① TU983-53

中国版本图书馆CIP数据核字（2019）第028618号

责任编辑：张　明　张　建　戚琳琳
版式设计：锋尚设计
责任校对：赵　颖

当代景观思考
［瑞士］克里斯托弗·吉鲁特　多拉·英霍夫　编
卓百会　郑振婷　郑晓笛　译
*
中国建筑工业出版社出版、发行（北京海淀三里河路9号）
各地新华书店、建筑书店经销
北京锋尚制版有限公司制版
天津翔远印刷有限公司印刷
*
开本：880×1230毫米　1/32　印张：9⅛　字数：314千字
2019年8月第一版　　2019年8月第一次印刷
定价：65.00元
ISBN 978-7-112-23300-7
（33602）

目录

引言

《当代景观思考》是一本有关风景园林学专业的文章选辑，它不仅反映了社会和环境变化带来的新型挑战，也考虑了新的实践领域。在人类文明的方向和凝聚力不可或缺的当下，风景园林学[1]正遭受到广泛的知识扩散和巨大的文化差异所带来的影响。本书的编辑主旨在于寻求对审美的关注；当下，这种关注正被有关自然的实证主义科学讨论所遮蔽。这本包含17篇文章的论文集旨在将当前的讨论与更加哲学和诗意的立场进行对比。它通过将（本专业内）杰出的学者与实践者的视角联系起来，准确地解释了有关景观智慧的当代形式。书中的大部分作者都参加了2013年在德国汉诺威海恩豪森皇宫（Herrenhausen Palace）举办的一场专题研讨会[2]，这次会议受到了德国大众基金会（Volkswagen Foundation）的大力支持。此外，其他一些作者也被邀稿，以补充此次会议上缺少的有关当代表现和政治辩论方面的主题论议。本书展现了当下景观学领域中的一些思潮，并希望借此引发更多的讨论，以激发出设计方法和美学方面进一步的思考。

景观是一种有关文化的人为现象（artifact）——一种源于对地形塑造与场所创作进行反复论证的建造产物；事实上，它与人迹罕至的理想荒野场地并没有多少关系。作为人类文化连续不断发展的产物，这一清晰的定义表述使得我们能够在空间政治的范畴内，形成关于符号表达和形式赋予的讨论。构成我们这个时代景观的内在性到底是什么？记忆对于场所的解读有何作用？如何具体地识别一处特定景观的当代审美和智慧，特别是通过虚拟领域？在这个概念持续颠覆摇摆、环境充满不确定性的时代，景观的永恒品质是如此惊人的脆弱、理想化以及缺乏异质性——它既没有坚实性，也没有适当的物质弹性去抵抗我们这个时代的离心力。

---

[1] 关于landscape、landscape architecture及landscape architect的译法，书中landscape根据语境译作景观、风景或园林，landscape architecture作为学科名时译作风景园林学，landscape architect译作风景园林师。——编者注

[2] 本次会议的主题为“当代景观思考：定位与机遇”（Thinking the Contemporary Landscape - Positions & Oppositions）。该会议由瑞士苏黎世联邦理工学院景观学系以及德国大众基金会联合主办。整个会议包含三个专场，即“科学和记忆”（science and memory）“力量和领域”（power and terrain）以及“方法和设计”（method and design）。会议相关资料可以在网站http://girot.arch.ethz.ch/publications-conferences/events-conferences/archive-events-conferences/thinking-the-contemporary-landscape-memo中找到。——译者注

科学与记忆的并置、指数级的爆炸式发展与历史之间的并存，成为当代景观思考的主要矛盾之一。它们折射出了各种各样且经常相互矛盾的意识形态，并试图去界定出一个不断被更加新颖的力量所重塑和诠释的世界。结果，在理解景观的方式上便出现了科学和认知、记忆与情感之间的分歧。理性科学的论证与景观诗意阐述间的结合，从未像今天这样模糊且不可分割。书中的作者被要求从各个学科的角度重构（reframed）、重组（recomposed）以及重溯（rethought）这些主题，提出各自的观点，以讨论世俗观念中的个人经验与科学实证主义之间是否能够进行对话。一些作者被要求在美学层面反思科学与记忆之间的相关性；而其他人则被要求就在地形上如何表现权力发表看法。关于启发式和实证方法的讨论，旨在阐明景观设计方法的差异性与互补性。在我们当前的文化中，科学与记忆二者之间是否能够真的达成和解？在我们感知周围环境的方法上，批判性地看待象征性和科学性，或许确实有助于在风景园林学中恢复更加广阔的视野以及更加清晰的方向。

这本书分为三个部分。各部分之间不应被视为是完全独立的，它们之间确实存在着一些主题性的关联。

第一部分探讨了我们关于自然概念和场所感知的社会学和认识论的转变。环境变化所带来的影响、人口的激增以及新自由主义经济的全球化，引发了很多学科对自然和景观的重新思考。大气化学家保罗·约瑟夫·克鲁岑（Paul J. Crutzen）和生物学家尤金·斯多默（Eugene F. Stoermer）早在2000年提出的“人类世”（Anthropocene）概念的流行，使得我们对与自然有关的领域，如风景园林学、地质学和地理学，以及艺术创作、艺术史、哲学和社会学产生了新的疑问。尽管有关生态的辩论已经持续了几十年，由于对自然及其最近一段历史的普遍讨论，一种对景观理论更加广泛的兴趣被重新激发了起来[1]。

本书的第一部分，维多利亚·迪·帕尔马（Vittoria Di Palma）、萨斯基娅·萨森（Saskia Sassen）、艾米丽·伊莉莎·斯科特（Emily Eliza Scott）、索尼娅·丁佩尔曼（Sonja Dümpelmann）、查尔斯·瓦尔德海姆（Charles Waldheim）等人的文章集中地讨论了废弃地的概念，这一领域已经成为城市地区转型的热点。不同于一些田园诗般的景观，废弃地这一概念通过对有争议、受污染以及资

图1 — 托莱多市郊，西班牙（2007年）

图2 — 皇家码头，切尔西，伦敦（2008年）

（本文所有图片来源：克里斯托弗·吉鲁特摄）

图3 — 中央商务区，蒙特利尔，加拿大（2009年）

本化地区的反映，使得当代关于景观思考的问题变得异常的尖锐和明晰。这也是对独特的解决方案进行质疑变得至关重要的领域。在苏姗·安（Susann Ahn）、雷吉娜·凯勒（Regine Keller）和约克·雷基特克（Jörg Rekittke）的文章中，一些充满矛盾的想法——如景观中的可行性及其诉求，以及在特定干预下行动领域是如何缩小的——变得益发的清楚。

第二部分探讨了国际视野下，特别是欧洲、中国和美国不同的设计方法。在过去的一个世纪中，一直存在着从实用主义和科学上减少景观设计实践范畴的趋势。大尺度的景观分析已经部分地取代了设计的领域，通过工程并借助于精确的地图叠加技术，这种方法选择性地安排与场地有关的信息图层，而不着意考虑景观的物质、历史和美学品质。这种将景观视为由不同独立部分拼合而成的经验主义创造出了一种高度抽象和科学视角的地形，而这种地形与真实的场所却相去甚远。不仅如此，这种高度还原和演绎的设计方法，结合着极为逼真的形态模拟，使得模式化的景观制图在全球范围内广泛流行，在没有任何具体考虑文化适宜性和异质性的情况下，变成了设计的替代品。

文章的作者被要求对“制图”（mapping）方法提出异议，并讨论在更加客观、富有启发性和诗意理解的设计基础上，将文化转义的重要性纳入考量后，风景园林学是否能够整合各种各样的现实。作者被要求在保持对其他学科和文化领域保持开放性的前提下，特别是在对场地更深层次意义加以注意的基础上，重新定义新的设计方法。这一讨论是为了增强在实际创作中对景观更加充分的感知，以使得景观与生俱来的新颖性与情境的复杂性以及内在的传统性变得同等重要。詹姆斯·科纳（James Corner）和克里斯托弗·吉鲁特（Christophe Girot）的文章分别阐述了制图学和拓扑学的不同方法，而凯瑟琳·古斯塔夫森（Kathryn Gustafson）和俞孔坚的文章则从不同的方式上探讨了设计尺度的问题。此外，克里斯蒂娜·希尔（Kristina Hill）的研究表明景观的理论和实践以及科学和记忆可以连接到更大的环境因素中。

第三部分中，戴维·莱瑟巴罗（David Leatherbarrow）、亚历桑德拉·蓬特（Alessandra Ponte）、安妮特·弗赖塔格（Anette Freytag）、冯仕达（Stanislaus Fung）、阿德里安·高伊策（Adriaan Geuze）等人的文章则主要专注于地形、地域性、可视化以及感知等相关概念。当下的现代主义景观逐渐关注于空间的异质性和地区的差异性。这一现象的产生与当下塑造土地的众多活跃因子和影响因素密切相关。景观往往与权力的直接表达有关，但是在一个追求多元化、城市不断扩张、公共交通日益发达、不同空间之间越来越紧密相关的时代，景观处于一个怎样的位置，它又会如何与地形产生联系[2]？有时候我们会认为，在我们的景观中，一致性的普遍缺乏往往是由于出现了一种新的基础设施类型，而这新出现的基础设施层不仅对地形解读有着完全不同的要求，也需要我们以一种全新的方式去看待自然，这本身就是一种权力的表达。景观已经将自身关注的焦点从基于对当地拓扑和传说的内在理解——“风土”（terroir）的概念——转变为对全球环境趋势和经济功能主义更加广泛和缺乏关联的讨论。文章的作者被要求从地形中尚未解决的权力问题的角度——比如无处不在的地方文化回归——提出立场并追溯景观智慧产生的根源。通过反映权力和地形在当代社会中的相关性，他们不仅将意义重新整合到自身的方法中，也赋予了景观领域中的这一共同要素更加深层的目标。

本书所提出的问题势必会多于它给出的答案。如今，我们对当代景观的思考，不仅要有选择性地从过去中召唤记忆和策略，也应当对未来给予同样的关注。事实上，时间（以及与植物有关的时间经验）对于任何寄希望其根源在文化中留下痕迹的景观类型来说，都是至关重要的。这正是我们这个世界所缺乏的，它推崇短期内的价值，却认为那些历经百年沧桑的特定地域是遥不可及的。风景园林学应当成为能够将对自然的深刻象征和文化理解与即将到来的大规模环境变革相结合的少数几个学科之一。我们应该当将这些挑战所带来的时代机遇视为重新考虑景观在当代社会中发挥中枢作用的公开邀请。

——克里斯托弗·吉鲁特，多拉·英霍夫　2016年

注释

[1] 参见：如James Corner, ed., *Recovering Landscape: Essays in Contemporary Landscape Theory* (New York: Princeton Architectural Press, 1999)；Mark Dorrian and Gillian Rose, eds., *Deterritorialisations: Revisioning Landscape and Politics* (London: Black Dog Publishing, 2003）; Charles Waldheim, ed., *The Landscape Urbanism Reader*（New York: Princeton Architectural Press, 2006）; Rachael Ziady DeLue and James Elkins, eds., *Landscape Theory*（New York: Routledge, 2008）; Lucy R. Lippard, *Undermining: A Wild Ride Through Land Use, Politics, and Art in the Changing West*（New York: The New Press, 2014）; and Emily Eliza Scott and Kirsten Swenson, eds., *Critical Landscapes: Art, Space, Politics*（Oakland: University of California Press, 2015）.

[2] 参见：如Martin Warnke, *Political Landscape: The Art History of Nature*（London: Reaktion Books, 1994）; Denis E. Cosgrove, *Social Formation and Symbolic Landscape*（London: Croom Helm, 1984）; and W. J. T. Mitchell, ed., *Landscape and Power*（Chicago: University of Chicago Press, 1994）.

第一部分 ——— 景观重构

在景观的心境中

维多利亚·迪·帕尔马
Vittoria Di Palma

“在景观的心境中”意味着什么？或者以另一种方式提出这一问题：把景观理解为一种情绪，对其有何作用？其实这里指的就是把景观优先解释为一种精神的状态、反应的类型、情感的种类或者交互的模式，而非将其视为一种客观的描述、公正无私的评估和大数据。“在（或不在）景观的心境之中”，意味着一种充满激情的参与，一个容易引发争论的立场，甚至是一场具有强烈民族情绪的行动呼吁。本文旨在探讨将景观视为一种心境的历史及其结果，而非仅仅将其作为一幅图片、一个实体、一个地区或一个系统。虽然其他的这些参考体系也可以为我们提供卓有成效的见解，但我将审视从心境的视角解读景观的情形及其可行性。

从情感的视角对景观进行解读，为应对当下景观界的一些核心问题提供了一种恰当且有利的立足点。而且，这一视角也特别适用于后工业场地所带来的有关挑战。无论是作为评论家、设计师、历史学家还是作为全球公民，我们都不断地被要求去关注以下这些景观：垃圾堆和填埋场，废弃矿山和采石场，陈旧过时的城市基础设施，荒废的工厂、发电厂、军用设施以及那些充满废弃建筑或被工业生产过程中残留的有毒物质所污染的场地。它们既非花园，也不是荒野，而是一类被归结为“废弃地”的场地（**图1**）。这类场地——不管我们用“废弃地”（wasteland）来命名，还是许多其他名称里的任何一个，比如德索拉-莫拉莱斯（Ignasi de Solà-Morales Rubió）的“模糊地带”（terrains vagues）、安东尼·皮康（Antoine Picon）的“焦虑景观”（anxious landscapes）、尼尔·柯克伍德（Niall Kirkwood）的“制造景观”（manufactured landscapes）、米拉·恩格勒（Mira Engler）的“废物景观”（waste landscapes），还是艾伦·伯格（Alan Berger）的“残余景观”（drosscapes）——都有一个重要的特征：它们被归结为同一类场地，并不是因为其自然属性（如地理位置、生态品质或者污染的程度与类型），而是源

图1 — 高线，纽约，2007年11月
（卡莱布·史密斯摄）

于它们所诱发的反应[1]。换言之，这些场地之所以类似——它们之所以被统称为废弃地的原因，与“它们自身”没有多少关系，而与“它们所能够带给我们的感觉”有着极大的关系。事实上，“废弃地”这一概念的历史演变表明，这一词汇的创造是为了囊括所有（通常都各不相同）那些能够引起极端情感——比如恐惧（fear）、痛恨（horror）、蔑视（contempt）或厌恶（disgust）等等——的景观[2]。

在此语境下，厌恶一词具有特别的暗示性。厌恶在六种“基本情绪”（其他五种分别是快乐、悲伤、恐惧、愤怒和惊讶）中之所以独一无二，是因为它既是一种看似直觉或者本能的反应，也是一种高度发达、受文化和社会浸染的歧视与道德判断工具[3]。厌恶是本能的、有力的且直接的，但它也是威廉·伊恩·米勒（William Ian Miller）所说的一种“与思想、感知和认知有关，也与那些孕育这种情感和思想的社会和文化背景有关”[4]的感觉。对诺贝特·埃利亚斯（Norbert Elias）来说，厌恶是文明进程中的一个关键动力。对玛丽·道格拉斯（Mary Douglas）而言，厌恶又是社会应对污染和禁忌概念的基础[5]。厌恶是一种在文化秩序系统的形成过程中起着非常重要作用的情绪，它建立并维持着等级制度，同时又是道德规范构建的根基[6]。因此，厌恶可以帮助我们探清不同景观类型价值判断背后所隐藏的系统，以及伦理或道德论据为何如此经常地出现在关于废弃或污染场地讨论中的原因。此外，由于这种既具备一定的生物性（因此是普遍的），又受到文化和社会影响（因此也是相对的）的双重属性，厌恶可能又会使我们把生物和文化之间既定的区别更加复杂化，进而也为统一那些生态的或是诸如认知、诗意以及能够影响景观品质的各类可量化的因素提供了策略。

厌恶的美学

英文中的“厌恶”（disgust）一词来源于法语词汇dégoût，因此在词源学的层面上厌恶与味觉有着密切的联系。这一词语的英文形式在17世纪初的25年间开始零星出现，伴随着人们审美观念的提升以及大家对其在美学判断中作用的讨论越来越感兴趣。1650年前后，厌恶一词便开始频繁地出现了[7]（**图2**）。“审美”（Aesthetics）这一术语在18世纪为亚历山大·戈特利布·鲍姆嘉通（Alexander Gottlieb Baumgarten）所创造，用来表示“通过感觉所获得的”，它定义了一门新兴的学科。其所专注的是人类对物体的直接反应，而不是对物体内在品质的反应，从而将美的标准重新解读为品位问题。

图2 — 詹姆士·帕森斯（James Parsons），“人类相貌阐释”，《皇家学会哲学会刊》（伦敦：C. Davis专刊，1747年）［亨利·亨廷顿图书与美术馆（Henry E. Huntington Library and Art Gallery）］

对于哲学家欧雷·寇奈（Aurel Kolnai）来说，厌恶对非存在性以及可感知性的强调使它成了“一种对审美要求极高的情绪”[8]。寇奈仔细地区分了丑陋的对象（丑陋源自对象的性质或特征）和令人厌恶的对象（其定义源于我们对物体的反应）。厌恶与美学有着特别密切的联系，因为它只关注受排斥对象“在我们看来”（appears to us）是什么样子，而不是它本身“是”（is）什么。这一解释得到了实验心理学家保罗·罗津（Paul Rozin）的证实，在他20世纪80年代进行的一项研究中，志愿者们被提供了某种看起来像是粪便的食物，并被要求将其食用下去。即使志愿者被告知这些看似粪便的东西实际上是由软糖制成的，人们对此的厌恶反应也是直接和普遍的。一旦令人厌恶的物体凌驾于我们的感觉之上，这种物体所引发的情感便会超越我们的理智，进而触发出一种惊人的即时且充满力量的情感。

进一步而言，正如欧雷·寇奈和卡罗琳·科丝美雅（Carolyn Korsmeyer）论证的那样，令人产生厌恶的东西是非常独特的，因为“即使在排斥我们注意力的同时，它也在吸引着我们”[9]。这可能是厌恶之所以具备吸引力的根源，正如寇奈观察到的那样，其原因“已经包含在我们对待厌恶这一情感的内在逻辑之中，即一种希望通过触摸、消耗或接纳，来积极地处置令人厌恶的对象的可能性”[10]。因此，厌恶是一种暗含着矛盾二元性的情感，一种排斥和诱惑并存的混合情感。当我们处于这种情感的控制之下时，我们既会充满排斥感，但同时也会目不转睛、呆若木鸡；我们在驱使自身尽可能迅速地远离那些令人恶心的物体的同时，也常常奇怪地驱使自己接近这些事物。在这种情况下，当从其审美的角度进行考虑时，厌恶便可能有助于解释垃圾填埋场或工业废弃地这种模棱两可、自相矛盾的魅力。

然而，在我们开始讨论厌恶能够为理解和参与这类废弃景观所提供的可能性之前，我们还必须先回到人们开始注意到情感和美学之间关系的那段时期。因为，在时间上，“厌恶”作为一个术语进行传播以及美学的发明，也与人们对待景观新的态度的产生不期而遇。情绪概念的提出则是这一发展的核心特征。

情绪与调式

对于把景观与情绪这一概念联系到一起，画家尼古拉斯·普桑（Nicolas Poussin）

是最功不可没的人物之一。1647年11月24日，普桑给他的保护人保罗·福莱尔·德·向特罗（Paul Fréart de Chantelou）写了一封信；而就在不久之前，普桑刚刚送了他一幅名为《加冕圣礼》(*The Sacrament of Ordination*）的画作（**图3**）。向特罗对这幅画并不满意，并且给普桑回了一封信（现已丢失）以表达自己的失望之情。向特罗指出，将《加冕圣礼》与普桑送给收藏家让·庞特尔（Jean Pointel）的《摩西的发现》(*The Finding of Moses*）相对比，自己更喜欢普桑送给庞特尔的那幅画（**图4**），并且想知道普桑做出这样的选择是不是意味着他已经不再爱戴自己了。在回信当中，普桑对向特罗进行了劝说，并反问道，"难道您看不出来，这是因为绘画对象的自然属性以及您现在的思维状态才导致了这种现象吗？而我为您作画这件事情需要（与绘画内容本身）进行区别对待。"[11]并不是一幅画就比另一幅画好，而是不同题材需要采用的不同绘画模式（modes），才是导致两幅画对观赏者产生不同影响的原因。

模式（modes，或译为调式）起源于古希腊乐理，根据普桑所言，它们能够产生"奇妙的效果"（marvelous effects）。然而，调式在视觉艺术中的应用在当时仍然是非常新颖的，普桑感到最首要的任务应该是对该词进行定义。他解释说，调式是"那些优雅的古希腊人创造出来的，他们发明了所有美好的事物"。这些古人观察到，特定种类的音乐旋律"具备唤起观众灵魂中各式各样情感的作用"，并且将"每一种调式赋予了不同的特征"。这些调式主要包括多里亚调式（Dorian mode），它代表着"坚定、勇敢与严肃"；弗里几亚调式（Phrygian mode），适用于"愉快和喜悦的事情"，因为"它的调式比任何其他调式都更加微妙，其效果也更加敏捷"；利地亚调式（Lydian mode），适用于"哀伤的事物"；下利地亚调式（Hypolydian mode），它"适合于神圣事物"，因为它"本身包含了一种特定的柔和与甜蜜，能够让听众的灵魂充满愉悦感"；以及爱奥尼克调式（Ionic mode），它适用于"舞会、酒会和宴会，因为它具备欢乐的特征"[12]。普桑并没有向向特罗透露他将哪种调式与《摩西的发现》或是《加冕圣礼》联系到了一起，但是他有关调式的讨论却在绘画的总体方面与其所能够产生的效果之间建立起了直接的联系。更为重要的是，正如安东尼·布朗特（Anthony Blunt）所谈到的那样，普桑对视觉艺术模式概念的扩展与早期的理论说法不同，因为尽管其他作家曾主张情绪或感情可以通过被描绘人物的体态来传达，但普桑关于调式的理论则认为一种情绪的反应也能够通过绘画的大致风格而明确地表现出来[13]。

图3 —（上图）尼古拉斯·普桑，《加冕圣礼》，1647年，布面油画，46英尺×70英尺（117厘米×178厘米）［爱丁堡，苏格兰国家美术馆（布里奇沃特贷款机构提供，1945年）］

图4 —（下图）尼古拉斯·普桑，《摩西的发现》，1647年，布面油画，46.5英尺×78英尺（118厘米×199厘米）（卢浮宫，巴黎，法国/布里奇曼图片公司供图）

除此之外，这也暗示了绘画能够引发特定情感反应的方法可以被系统化。意境和调式通过绘画艺术结合到了一起。

景观及其效应

虽然普桑以其风景画而闻名遐迩，《摩西的发现》中远处的背景以及围绕着被救助婴儿的人物也都被给予了同样程度的关注，但真正全面地将情感效应概念与风景画联系到一起的人物却是与普桑同时代的年轻艺术家罗歇·德·皮勒斯（Roger de Piles），而非普桑本人。1708年，皮勒斯在生命的最后时光里出版了一本名为《绘画的原则》（*Cours de peinture par principes*，翻译成英文是*The Principles of Painting*）的专著[14]。这本书的篇章结构就像是一系列的讲座，该书的目标读者是与皮勒斯一起共事的学者，这本书阐述了皮勒斯大部分职业生涯中所总结的绘画原则。德·皮勒斯的首要目的是能够与法国皇家绘画与雕塑学院（Académie royale de peinture et de sculpture）的目标一道，确立高雅艺术（high art）与工艺品（technically accomplished craft）之间得以拉开差距的理由，进而明确“真正的绘画”（true painting，法语为“la véritable peinture”）这一概念。除了有关线条、色彩、阴影和构图等绘画技巧的延伸讨论之外，这本书也包含了很多关于景观的内容。

风景画大师的作品风格各异，特别是尼古拉斯·普桑和克洛德·洛兰（Claude Lorrain）的画作。普桑画作中所表现出的理智景观和崇高主题唤起了一个消失的古典世界中完美的几何景象，是英雄式的典范。洛兰经典的风景画则以清澈的天空、明亮的光线、和谐的形式以及柔和的色彩，成为田园式风格的佼佼者。每一种风格都与特定的效果相关联：普桑通过对光辉思想和形象的凝思，提升了人们的心智；而洛兰则通过古典时期阿卡迪亚（Arcadia）宁静平和的景象，抚慰了观众的心灵[15]。

对这些效果进行讨论的主要方式便是通过德·皮勒斯所说的“整体效果”（tout ensemble，英文为“the whole together”）。整体效果是对事物进行组合的一种形式，该形式要求一幅绘画中的所有部分都要相互独立，并且画面中的任何一个元素都不能够支配其他的元素[16]（**图5**）。一个成功的“整体”要保证一幅画应该被观赏者同时全部看到，而不会让人的眼睛感觉到它只是一系列相互分离物

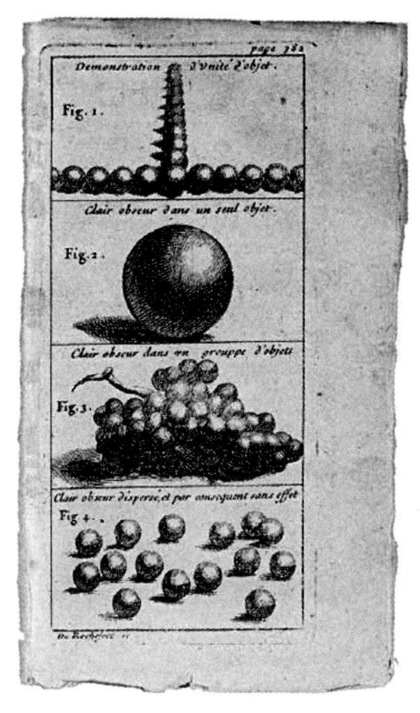

图5 — 罗歇·德·皮勒斯，《绘画的原则》（*Cours de peinture par principes*）（巴黎：贾可·埃斯蒂安，1708年）［艾弗里建筑和美术图书馆（*Avery Architectural and Fine Arts Library*），哥伦比亚大学］

体的组合（可以进行以下对比：画面中第四幅图中散布的球体无法产生任何效果，而第三幅图中的一束葡萄则产生了强烈的效果）。整体效果所要体现的方面正是绘画组合中所能够保证整体性效应的一面。

但是整体效果又远不只是一种对人类视觉法则的成功解析，因为，正是这种品质才使得绘画从手工艺中脱离出来，成为高雅艺术。整体效果与绘画的“精神部分”（the sprirital part）相似；正是这种整体效果才使得“真正的绘画”（true painting）与平凡的作品之间产生不同。德·皮勒斯在令人记忆深刻的阐述中曾经提到，一幅真正的画作能够召唤观众；能够驱使我们靠近它，并与之产生某种对话[17]。画家要在观众和作品之间成功地营造出这种强烈的对话，德·皮勒斯认为，画家们必须能够超越自我，沉浸在壮丽景象所带来的满腔热忱之中。这时，也只有在这时，他们才能在观众之中点燃相似的陶醉状态，使他们的作品与某种神圣的启示相类似。真正的艺术作品超越了它所描绘的客体，直接与它的观看者进行对话，去震撼他们，去召唤他们，去压制他们的理性，从而给他们注入一种壮丽景象所带来的陶醉[18]。因此，在德·皮勒斯的著作中，那些和美学效应有关的表述与景观的题材密不可分。

虽然德·皮勒斯的主要兴趣在于绘画本身，但在他的论文中，我们发现了一个更具广泛意义的转变，一种对景观理论和设计能够产生根本性影响的重要启示。在对一件艺术品质量高下的评判中，其所被接受的环境要比与制作有关的标准更加重要；换句话说，一件艺术品能够对观众产生情感影响的能力才是最重要的。这种观念的转变引发了两个重要的结果：第一，人们对艺术品的评判不仅从对产品本身的强调转向了对观众接受程度的重视，而且还引入了个人偏好这一问题；从而将对美的讨论重新转化为对于品位的争论。第二，人们对作品所呈现的效果的兴趣不断增加，这意味着对客观对象的价值判断也变成了对其情感影响程度的强调。因此，能够产生强烈响应的对象成了最受尊敬的对象。在文化意象当中，原先由青翠的草甸、蜿蜒的溪流和开花的灌木丛组成的田园风光，被参差的岩石、荒凉的平原、高耸的悬崖、轰鸣的瀑布和爆裂的火山等壮丽景观所取代。进而，通过情感的透镜来理解景观的方法，为那些被归于废弃地范畴的令人厌恶的景观带来了新的关注。

废弃地与厌恶

以下篇幅中的行文及其结论可以通过考虑三种类型的废弃地——沼泽、山川与森林——来进行说明，这些废弃地在近代早期的英国特别容易引起人们的关注。以上每一种类型的场地都能够与厌恶的不同形式相关联。

关于沼泽，一个臭名昭著的例子便是紧邻英格兰东部地区被称为芬恩（the Fens）的地方，那里尽是一望无际的泥沼。在关于这一地区特征的早期描述中，我们所读到的都是诸如泥泞的大地、腐臭的水体、凶残的野兽、感染的居民、恶臭的气味等词语。字里行间体现出来的是一种充满厌恶感的反应，这表明沼泽所引发出的恐惧远远超过了人们对其安全的关注，身体本能上的担忧演变成了触及污染、腐败和杂质的深刻观念。

排水是唯一的解决办法。威廉·达格代尔（William Dugdale）的两幅地图——“地图，被淹没的情形”（A Mapp of the Great Levell，Representing it as it lay Drowned）和“具有排水设施的地图”（A Map of the Great Levell Drayned），展示了一个雄心勃勃的计划在17世纪所产生的影响（**图6、图7**）。在第一幅图中，一大片低位沼泽（fen）、高位沼泽（moor）和普通湿地（marsh）渗出于景观之

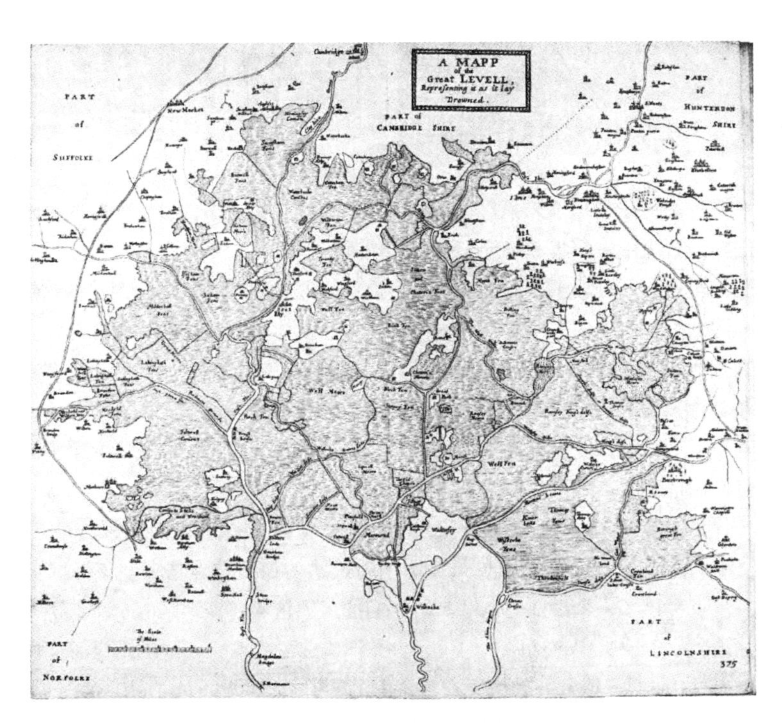

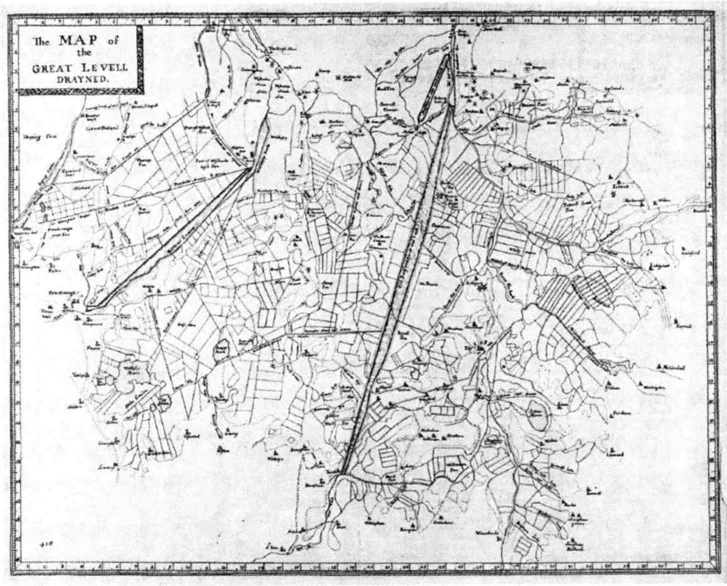

图6 一（上图）威廉·达格代尔，“地图，被淹没的情形”，《沼泽湿地的固岸及排水史》（伦敦：爱丽丝·沃伦印刷，1662年）
（威廉·安德鲁斯·克拉克纪念图书馆）

图7 一（下图）威廉·达格代尔，“具有排水设施的地图”，《沼泽湿地的固岸及排水史》

上，进而掩盖和抹杀掉了它自身的特色。在第二幅图中，一系列新的排水沟被镶嵌到景观之中，聚集和引导了平行河岸间的不规则水系。在其身后，数千英亩的肥沃耕地被划分成干净而整齐的小型地块。通过把这些元素分离并将它们划分到不同的类别当中——用堤渠和水坝将土壤和水体分开，这一综合性的计划旨在对这片难以控制的景观形成合理的管控；即通过将其划分为私有财产来消减其力量。这个案例的研究揭示了人类对于沼泽地存在一种天生的厌恶感，这种厌恶感激发了人们的行动，它催生了我们希望通过技术的应用来彻底改变景观以使其满足使用性和生产效率的原始资本主义观念。

另一方面，山川也为了解厌恶与审美之间的关系提供了切入点。德比郡峰区（Derbyshire's Peak District）是英国国内最早的旅游景点之一，该峰区为证实这一观点提供了一个很好的例子。游客们的兴趣被描述该地区七个“奇迹”的只言片语吸引着，其中包括两个洞穴、一条鸿沟、两处与众不同的山泉、一座“令人颤抖的山峰”，以及一处位于查茨沃斯的德文郡公爵（The Duke of Devonshire）住宅。他们体验着这些变幻莫测的自然景象，对自己在此的经历进行描述，并称之为宏大的地狱之旅。对这一地区最早的视觉表现之一是一幅被称为“普尔之洞”（Poole's Hole）的版画（图8），该版画被印在查尔斯·李（Charles Leigh）1700年出版的《兰开夏郡、柴郡与德比郡峰区自然史》（*The Natural History of Lancashire*，*Cheshire and the Peak in Derbyshire*）一书中。这幅插画表明，人类对洞穴的理解和观念是与怪物密切相关的——这幅画中的其他图像，如化石、一个带有胎记的男孩以及一个头上长出犄角的女人也印证了这一点。然而，在对这一地区的早期描述中，人们对于山川的情感并不是简单的恐惧或反感，而是一种排斥和迷恋的混合，因为在审美的维度上往往表现出厌恶的特征。因此，山川提供了一个强有力的情绪反应模板，它将排斥和恐惧结合在一起，直到18世纪后期这种反应才被认为是一种壮美（sublime）之感。这种厌恶形式的表达充满了艺术性：山川景象的文学刻画以及绘画、速写、水彩等视觉艺术作品等。这些表现行为中隐含的距离感是这种可怕魅力能够产生的重要原因，吸引性和排斥性的情感并存正是壮美的标志。因此，对山川案例的研究揭示了一种厌恶美学，这种美学通过艺术的技巧来产生表征：对具有一定距离的对象进行描绘的语言和图像，足以使其成为一个可以产生令人愉悦（甚至因恐惧而战栗）的注视的物体。

图8 — 普尔之洞，源自查尔斯·李，《兰开夏郡、柴郡与德比郡峰区自然史》（牛津：作者出版，1700年）（威廉·安德鲁斯·克拉克纪念图书馆）

图9 — 森林中的木炭生产. 约翰·伊夫林（John Evelyn），《林木志》（*Sylva, or A Discourse of Forest Trees*，第二版），（伦敦：J. Martyn and J. Allestry，1670年）（威廉·安德鲁斯·克拉克纪念图书馆）

然而，当我们转向森林时，情况则又有所不同。与那些被理解为上帝或自然赐予的废弃地的沼泽或山川不同，英国的森林被视为一种由文化所创造的废弃地。17世纪下半叶，英国的森林被肆无忌惮的砍伐、钢铁和玻璃业的发展以及英国内战的动荡所摧毁（**图9**）。当代的森林文学表明厌恶与景观之间并没有明确的指向性，这种联系仅仅存在于那些滥用森林资源的群体之中。此外，对森林空间内特定活动的谴责与社会阶级的分化也密切相关。狩猎（与皇室相关的精英活动）被称赞，而觅食、偷猎、采伐、森林空地中的农业和建设活动（与大多数平民相关的所有实践）则被谴责。

对森林的回顾为我们提供了一个早期的例子，它表明人类的工业被认为是有害的而不是有益的，并揭示了一种道德厌恶的表达，这种表达指向人类的工作和行为而不是前文化（precultural）景观本身。一项由英国皇家学会（Royal Society）研究员和园艺爱好者约翰·伊夫林（John Evelyn）所牵头的植树运动成为解决英国原始森林废弃地问题的方法。伊夫林于1664年出版了其权威著作《林木志》(*Sylva*)，这本书的创作是为了鼓励富有的土地所有者，出于经济、战略和美学的缘由在其庄园里种植树木。因此，在森林的案例当中，我们发现那些指向人类行为的道德厌恶感，引发了补偿条款中对园艺形式的部署。树木的种植将弥补这种肆无忌惮的文化所产生的罪恶，并造就一片“英国极乐之境(Elysium Britannicum)[1]”——一个新的伊甸园，以证明这个国家(或者至少是那些富裕的地主)曾经被积极地拯救过。

如今的废弃地

如今，我们对景观的理解已不同于近代早期的英国人。然而，尽管他们的沼泽已经变成了我们眼中的湿地，他们的危险也已经变成了我们的冒险；尽管气候的变化永久地混淆了“自然”和“文化”的思维产物，并将我们以前称之为民族国家(nation-states)的组织融合成一个共同的全球生态系统；但我们仍将继续以惊人类似的方式对我们称之为“废弃地”的景观做出反应。就像以前的人们对待沼泽地一样，我们也将继续寻求科学和技术的解决方案，以应对有毒物质或受污染的(以及正在被污染的)景观所带来的威胁。当我们在考虑石油泄漏、露天矿坑、尾矿渣场以及垃圾填埋场问题的时候，我们仍会使用艺术的解决方式来为人们创造愉悦，就像他们对山川所做的一样。并且我们仍将会使用园艺手段(或者按照我们如今的称呼——景观设计)来挽回那些激发我们内疚感的景观，因为我们已经把它们归类为废弃之物，就像他们对待森林的方式一样。但是，当面对有毒和废弃的场所时，仅仅转身离开，设想会有其他人来把它们清理干净，拍一些只能在博物馆或美术馆中展示的图片，抑或是用草地或树木等“自然”的替身来进行掩盖是不够的。我们必须做得更多。

厌恶的景观给我们增加了一种特殊的挑战(**图10**)。废弃地唤起了我们最强烈的感受：它既吸引着我们，又使我们产生厌恶之感。这种对废弃地定义至关重要的情感，既在生物的、普遍的层面上约束着我们，也在特定的文化层面上束缚着我们。它通过人类共同的本性联合着我们，但同时又允许个体差异性的存在。

---

[1] Elysium Britannicum一词源自约翰·伊夫林(1620—1706年)撰写的未完成的园艺知识和实践纲要——《英国极乐之境或皇家花园》(*Elysium Britannicum, or the Royal Gardens*)，该书被认为是英国园艺史上最重要的未出版文献。——译者注

图10 — Lachenaie垃圾填埋场，魁北克，加拿大，2008年6月
（维多利亚·迪·帕尔马摄）

除此之外，废弃地所引发的强烈情感也可以被注入行动之中；在构建出一种饱含激情、道德和政治动机的立场时，也凝聚着强大的力量，以应对当下的形势。最后，这些情绪意义双关的本质也有助于我们认识到，我们自身的愿望可能并不总是符合社会的认可，而且这种方式也可以帮助我们制定一个议程，以使自身避免成为道德自我正义这种更加简单化形式的牺牲品。在我们所有的当代环境中，正是废弃地使得我们最为充分地参与到当今景观所面临的挑战和可能性中。废弃地不仅向我们展现了过去人们对待景观的情感反应，而且还表明了景观的心境如何能够带领我们走向环境更加平等、社会更加公正的未来。

注释

[1] Ignasi de Solà-Morales Rubió, "Terrain Vague," in *Anyplace* (Cambridge, MA: MIT Press, 1995), 118–123;Antoine Picon, "Anxious Landscapes: From the Ruin to Rust," trans. Karen Bates, *Grey Room* 1 (Fall 2000), 64–83; Niall Kirkwood, *Manufactured Landscapes: Rethinking the Post-Industrial Landscape* (London: Taylor and Francis, 2001); Mira Engler, *Designing America's Waste Landscapes* (Baltimore: Johns Hopkins University Press, 2004); Alan Berger, *Drosscape: Wasting Land in Urban America* (New York: Princeton Architectural Press, 2007).

[2] Vittoria Di Palma, *Wasteland: A History* (New Haven, CT: Yale University Press, 2014).

[3] 参见：Andrew Ortony and Terence J. Turner, "What's Basic About Basic Emotions?" *Psychological Review* 97, no. 3 (1990) : 315–331; Paul Ekman, "An Argument for Basic Emotions," *Cognition and Emotion* 6 (1992) : 169–200; and Lisa Feldman Barrett, "Are Emotions Natural Kinds?" *Perspectives on Psychological Science* 1, no.1 (March 2006) : 28–58.

[4] William Ian Miller, *The Anatomy of Disgust* (Cambridge, MA: Harvard University Press, 1997), 8.

[5] Norbert Elias, *The Civilizing Process*, trans. Edmund Jephcott (Oxford: Blackwell Publishing, 1994) ; Mary Douglas, *Purity and Danger: An Analysis of Concepts of Pollution and Taboo* (London: Routledge, 1966) .

[6] 针对厌恶演进作用的近期评估，可以参见: Valerie Curtis, "Why Disgust Matters, " in "*Disease Avoidance*: *From Animals to Culture*, " ed. R. J. Stevenson, T. I. Case, and M. J. Oaten, special issue, *Philosophical Transactions of the Royal Society B* 366, no. 1538 (December 2011), 3478–3490.

[7] Miller, *Anatomy of Disgust*, 1.

[8] Aurel Kolnai, " The Standard Modes of Aversion: Fear, Disgust, and Hatred, " in *On Disgust*, ed. Barry Smith and Carolyn Korsmeyer (Chicago: Open Court, 2004), 100.

[9] Carolyn Korsmeyer, *Savoring Disgust: The Foul and the Fair in Aesthetics* (Oxford: Oxford University Press, 2011), 37.

[10] Kolnai, "Disgust, " in *On Disgust*, 43.

[11] Anthony Blunt, *Nicolas Poussin*, 2nd ed. (Washington, DC: National Gallery of Art, 1967; London: Pallas Athene, 1995), 368.

[12] Blunt, *Poussin*, 369–370.

[13] Ibid., 226.

[14] Roger de Piles, *Cours de peinture par principes* (Paris: Jacques Estienne, 1708), translated as *The Principles of Painting* (London: J. Osborn, 1743) .

[15] De Piles, *Cours*, 200–259.

[16] Ibid., 104–114.

[17] Ibid., 3, 6.

[18] Ibid., 114–121.

土地作为生命的基础设施

萨斯基娅·萨森
Saskia Sassen

生物圈更新土地、水体和空气的能力是卓越的，但是在过去几十年中，这种建立在特定的时间和生命周期基础上的能力，已经被我们的技术、化学和组织创新所超越。现在我们可以看到大片毫无生机的土地和水体——土地由于人们在其上过度而持续不断地使用各种化学物质而变得贫瘠，水体则由于各种污染导致的氧气匮乏而缺乏生机。本文中我将研究这类极端的土地状况。这是基于以下假设的一孔之见，即某些在一般情境中难以理解的状况，在极端的条件下会变得更加显而易见。因此，虽然我们星球上的大部分土地仍然看似保有生机，但实际上越来越多的土地正在走向“死亡”。

土地的消亡与收购

就像土地存在很多类型一样，土地退化也存在着多种形式。侵蚀、沙漠化以及种植园等单一种植模式下的过度使用，是造成农业破坏的关键原因。气候变化给地球带来了以往罕见的热浪，这不仅影响了世界各地的农业地区，也越来越多地波及那些拥有悠久历史的、发展成熟的食品生产地区。这些热浪及其所带来的后果可能正是农业生产地区土地退化的关键因素。相比之下，矿业和工业所导致的土地退化则大为不同。散见于新闻媒体的报道表明，我们这个星球土地的脆弱程度可能并未被人们所广泛地了解或承认。例如，民意调查显示，美国很少有人知道超过国土三分之一的土地，包括大部分珍贵而肥沃的中西部地区，因为科技手段的大量使用而早已不堪重负。在西部的大部分地区，也很少有人知道全球范围内的海岸带中至少有400个已经宣告死亡的沿海海域，而这种情况将导致沿海地区更加脆弱。创造这些脆弱和死亡的土地的正是我们人类。

为了开发种植园与矿山，动植物群落被人类驱赶出其原生地，大量的土地被

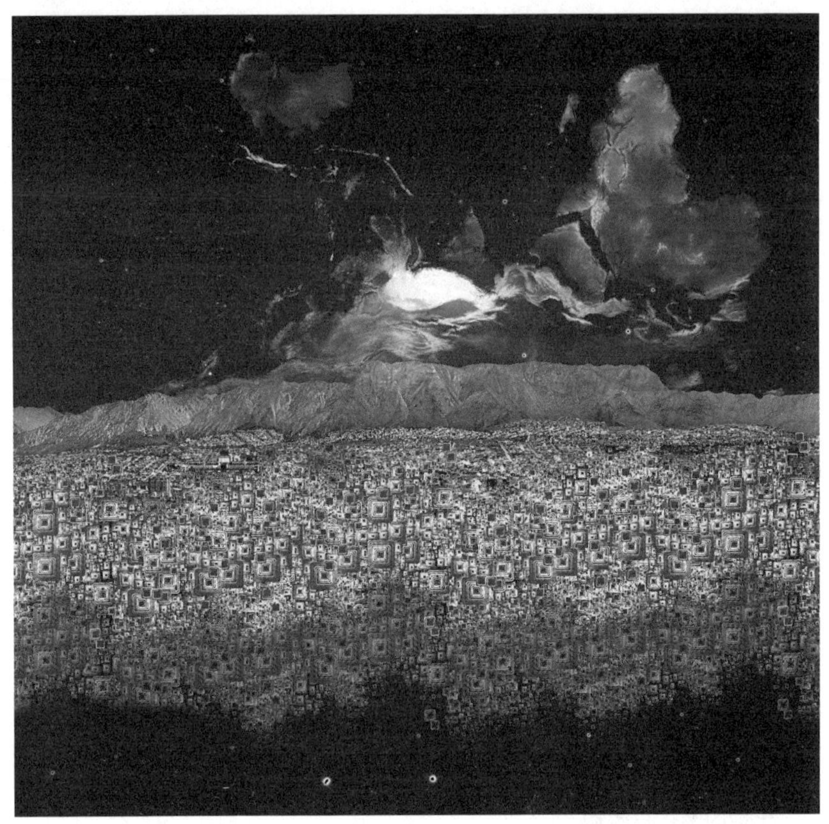

图1 — 希拉里·库伯·萨森（Hilary Koob-Sassen），“城邦的扩展”（Polis Extension），引自合辑中的系列模型作品，2005~2015年;《不断累积的错误》(*The Ascendant Accumulation of Error*)，犯错却自认正确的人绘制，当代艺术研究所，伦敦，2015年
（艺术家本人提供）

重新定位为单纯的开采地。如今，土地破坏所带来的问题是如此的严重，以至于已经有超过20个国家在国外收购了额外的土地，以种植养活本国国民所需要的粮食作物。一些国家，特别是日本和沙特阿拉伯，几十年前就开始在海外收购土地；但是过去的10年间，进行这种收购的国家和公司数量开始大幅增加。

2006年，这种情况开始发生了重大的转变，境外土地收购在数量和地域分布范围上开始迅速增长扩张，买家的多样性也不断增加。据估计，2006年至2011年间，外国政府和企业收购了超过2亿公顷的土地。大部分被收购的土地都位于非洲，但如今南美洲被收购的土地份额也在不断地增长。而且自“二战”以来，这种现象开始出现在欧洲和亚洲的几个国家，特别是俄罗斯、乌克兰、老挝和越

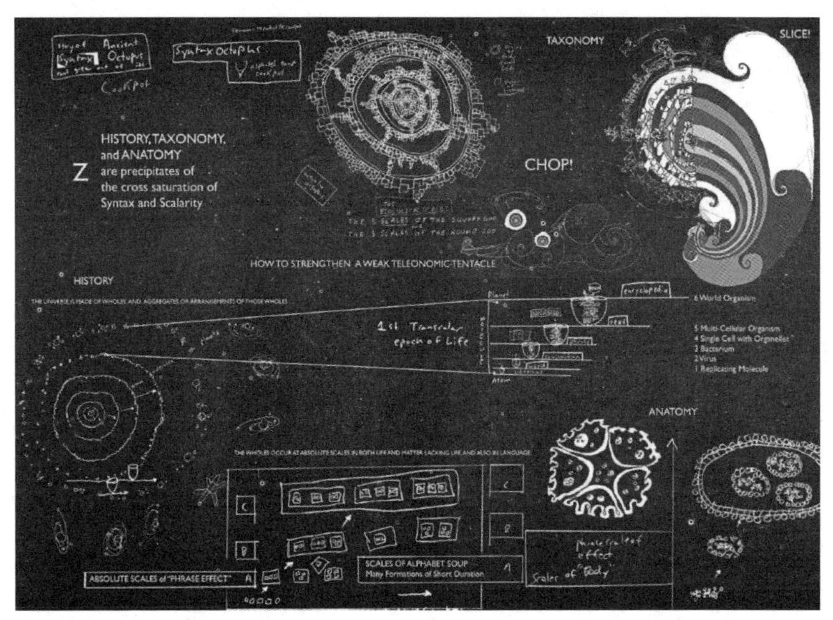

图2 — 希拉里·库伯·萨森，“句法和等级”（Syntax and Scalarity），引自合辑中的系列模型作品，2005～2015年；《不断累积的错误》（*The Ascendant Accumulation of Error*），犯错却自认正确的人绘制，当代艺术研究所，伦敦，2015年（艺术家本人提供）

南。最后还有一点，买家也越来越多样化，既有从中国到瑞典各地建立起来的采购商，也有从生物技术到金融的不同行业的公司。其中，两个重要的因素导致了土地收购的大幅增加：首先，工业原料作物的需求在不断地增长——主要是那些被用作生物燃料的棕榈和粮食作物，后者大部分仍主要来自波斯湾和中国。其次，随着人类对土地日益增长的需求以及21世纪初全球粮食价格的大幅上涨，即使仅是出于投机的心理，土地也成为理想的投资对象。

这种世界性的需求已经在从政府到企业、特别是金融界的各种各样的全球循环中，重新定义了土地的地位和价值。金融机构也在购买土地，但他们的目的并不是生产粮食，而是为了对其购买的土地进行商品化与价值投机。境外土地购买量的急剧增长不仅大大改变了当地经济特别是土地所有权的特征，也削弱了本国在其领土上的主权地位。这种通过收购流程来获得土地的行为可能比过去通过帝国征服的方式对土地施加的暴力和破坏性更小。但这并不意味着土地收购所造成的破坏性可以与那些表面看似温和无害的境外所有权案例所混淆，如在欧洲创造就业机会的福特汽车工厂或在巴西的大众汽车公司。土地收购的规模之大以至于在全球各地都留下了巨大的足迹，其标志便是数量繁多的个体农民和小型村庄被投资商从原始的土地上驱逐出去，以及那些建设在被收购土地上的种植园出现了土壤及水体毒性逐渐加重的情况。越来越多的农民流离失所，他们被迫搬迁到了城市的贫民窟，这一做法不仅摧毁了村庄和小农经济体系，而且从长远来看，也将留下很多枯竭的土地。

通常情况下，土地退化可以被定义为“生态系统功能和生产力的长期丧失……土地无法独立地进行自我恢复”[1]。大尺度上土地退化的情况是很难被精确估测的。那些试图对全球土地退化过程进行测绘的少数研究表明，世界上大约40%的农业用地已经严重退化。受影响最严重的地区是中美洲，那里有75%的农业用地是贫瘠的；非洲有20%的土壤在退化；亚洲有11%的土壤已经不再适合进行农业生产。相对于尚未工业化的18世纪而言，当今世界的气温已经上升了0.8摄氏度。在世界银行对全球土地的最近考察中，几位科学家的研究结果显示：“如果地球的温度增加2摄氏度（可能在未来的20～30年内就能达到），我们将面临普遍的食物短缺、前所未有的高温天气以及更加强烈的飓风等情况。我们可能只需要经过一代人的时间就能看到一个温度上升2摄氏度的世界。”

在过去的50年中，全球遭受干旱影响的土地面积已经有所增加，并且其速度比气候模型预测的结果要快得多。例如，2012年，美国大约80%的农业用地遭遇旱灾，这成为20世纪50年代以来美国最严重的旱灾。在撒哈拉以南的非洲，情况则是“随着21世纪上半叶之前气温上升近2摄氏度，农作物的总产量可能会减少10%。还有迹象表明，在变暖程度更高的情况下，所有农作物种植地区的产量可能会下降约15%～20%。”如果地球上升3摄氏度，热带草原的面积估计就会从“当前陆地面积的1/4减少到大约1/7”。

20世纪80年代末到90年代初期已经有了一些关于全球土地退化演变的详细研究。总体而言，研究人员估计（通过对特定变量进行了多种调控），1981年至2003年期间，全球24%的土地发生了退化。这一现象在白占国、戴维·登特（David Dent）、莱纳特·奥尔森（Lennart Olsson）和迈克尔·E·索普曼（Michael E. Schaepman）等人的文章中有所展现。他们的研究使用了一份在23年间收集的珍贵的归一化差异植被指数（NDVI）遥感数据，这一指数主要是通过卫星对绿色植被进行观测而获得[2]。该指数旨在对用来表征雨水调控利用效率的光合作用光谱吸收量进行测量，以创造一个可以在不同时间点进行监测的净初级生产力指标。除了总体性的发现之外，这些结果已经在几个互不关联的地方——中国北方、肯尼亚和孟加拉国得到了经验性地证实。

在过去的几年中，热浪已经成为农业土地退化的主要原因，该现象将导致全球粮食供应出现问题，对于贫困人口来说尤其如此。世界银行2013年的报告显示，根据对世界各地特定热浪的研究，过去十年已经出现了一些极端的热浪，并造成了重大的社会影响。"这些事件非常罕见，它们的月和季平均温度通常都要比当地正常的平均气温高3个标准差（sigma），即所谓的3-σ事件[❶]。如果没有气候变化问题，这种3-σ事件几百年才能一遇。"

热浪可以导致各种各样的问题。例如，降水量的下降已经成为部分地区的主要问题。关于此问题的极端案例包括非洲南部地区，"当温度提升4摄氏度，年降水量预计会下降高达30%……南部和西部非洲部分地区（预计）地下水的补给率将会下降50%～70%"。2050年全球将会变暖1.2～1.9摄氏度，这可能会使全球营养不良人口的比例增加25%～90%。为了应对这种粮食需求的增长，南亚各国将需要增加一倍的食品进口量以满足人均热量需求。"粮食供应的下降与受其影响的人口重大健康问题如儿童发育迟缓等息息相关，预计到2050年，比起没有气候变化的情况，这种症状的比例将增加35%。"

这些温度升高及其产生原因的事实已经毋庸置疑了。联合国政府间气候变化专门委员会（Intergovernmental Panel on Climate Change，IPCC）的第四次评估报告发现全球平均气温的上升以及气候系统的变暖已经是"无可争辩"（unequivocal）的了。此外，"自20世纪中叶以来，全球观测到的大部分平均气温上升现象很可能就是人类温室气体浓度增加造成的。"最近的相关工作也印证了这一结论。现在，全球平均气温比工业化前高出约0.8摄氏度。此外，詹姆斯·汉森（James Hansen）、佐藤真纪子（Makiko Sato）和雷托·鲁迪（Reto Ruedy）在2012年指出，在过去的五十年间，假设在没有人类活动影响的情况下，"太阳能和火山能量的总和可能会使地球变冷而不是变暖"[3]。

极端夏季气温的出现可能要归因于气候的变暖。格兰特·福斯特（Frant Foster）和斯特凡·拉赫斯托夫（Stefan Rahmstorf）等人指出，如果我们排除

---

❶ 数值分布在（μ-3σ，μ+3σ）中的概率为0.9974，因此3-σ事件即非常罕见的事件。——译者注

那些影响短期气温变化（太阳活动变化、火山气溶胶、厄尔尼诺现象等）的已知因素，仅凭自然因素其实是不能解释地球变暖现象的[4]。因此，我们在很大程度上可以把全球气候变暖归咎于那些与人类活动有关的因素（anthropogenic factors）——即人为因素（man-made factors）。20世纪60年代，夏季的极热现象（比气候平均温度高出三个以上的标准偏差）实际上并不存在，受其影响的地球表面也只有不到1%。2006年至2008年期间，受影响的地区增加到了4%～5%；到2009年至2011年期间，受这种极端情况影响的地面已经上升到了6%～13%。而如今，全球大约10%面积的土地都受到了这种极热现象的影响。

除了农业用地逐渐退化之外，还有一些过程也会对各类土地造成极大的破坏。矿业和制造业是世界上大部分地区土地问题的罪魁祸首。它们对土地造成破坏的能力是巨大的；土地很难再从它们所导致的退化类型中恢复过来。

例如，试想一下，经济合作与发展组织（OECD）成员国家在2001年产生了10亿吨的工业废物，其中的大部分在十多年之后仍然会与我们生活在一起。与农业、林业和电力生产发热产生的废物总和（combined）相比，工业产生的废弃物更多。

足够浓度的重金属、温室气体等工业废物会使环境变得有毒，使植物停止生长，甚至会导致人们无法生育。一些重金属（一个俗称，这个类别包括一些既不重也不是金属的元素），如铁和锌，在可控的数量下，对人体健康有着非常重要

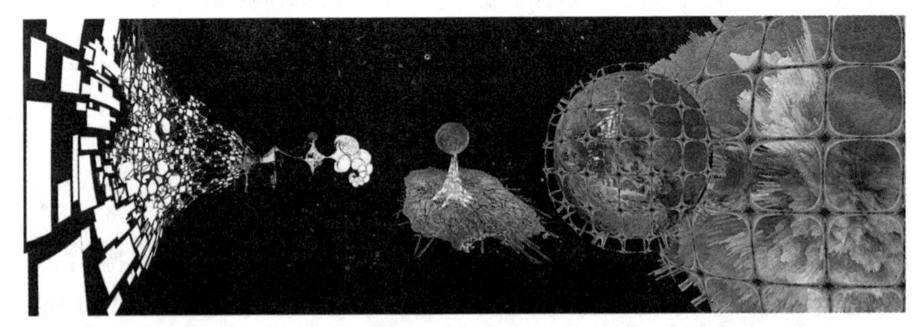

图3 — 希拉里·库伯·萨森，"跨尺度投资"（Transcalar Investment），引自合辑中的系列模型作品，2005～2015年；《不断累积的错误》（*The Ascendant Accumulation of Error*），犯错却自认正确的人绘制，当代艺术研究所，伦敦，2015年（艺术家本人提供）

的作用。而其他的一些金属，如汞和铅，在任何数量级下都是有毒的。然而，现代工业所造成的废物产量是如此的巨大，甚至可能使二氧化碳这类原本良性的物质变成毒物。

毁灭的多元空间

我们可以将这些毁灭和枯竭的土地看作是生物圈组织上的创口。在《驱逐：全球经济中的野蛮性与复杂性》(*Expulsions*)❶一书中（本文的撰写正是基于此书），我将这些创口设想为某种场地，这些场地被生物圈元素从其生存空间中驱逐了出去[5]。进一步来说，不管当地的政治经济组织或环境破坏模式如何，我认为地面上所显现的诸多事实，都是更加深层、不断割裂世界的地下趋势的表现。不管是在什么地方，都有一系列具体的问题呈现出这种结果。但是仅从概念上来看，所有这些差异都可以被看作是一种普遍的状态：一种存在于生物圈组织当中且在全球广泛分布的大批枯竭的土地和水体。

一方面，地球目前的状况与其自身资源之间存在着严重的脱离；另一方面，塑造当前政治反应的主导逻辑以及诸多政策之间也相互背离。被破坏的空气、土地以及水体已经成为一种普遍存在的情况，且正在成为一个从国家地缘政治景象和主流政治中脱离出来的事实。而国家却主要专注于如何从当今气候变化的基本共识政策方针，也就是所谓的碳交易（carbon trading）中获益。如今人们正在做出的努力不是为了减少破坏，而是为了最大限度地争取国家在破坏环境中的权利优势：政府对“合法”配额增加的推动工作，要么是为了增加自己污染的权利，要么是增加对那些想要进行更多污染的政府进行交易的权利。各类领导人似乎都觉得地球被破坏已经是一个无法被改变的事实，他们更愿意将自身的努力缩小到共识达成的最低点，因为这使得情况看起来更加可控。

在我们所讨论的案例中，是否存在某些形式的政治和经济组织阻止了这种破坏情况？当然是有的，但令人惊讶的是，这种保护的程度与破坏的规模相去甚远。这些组织为环境所做出的转变，大都低于在全球尺度上要达到减少土地破坏

---

❶ 中文版《驱逐：全球经济中的野蛮性与复杂性》一书已由江苏教育出版社于2017年出版，本文借鉴了该书部分的译法。——译者注

而应有的真正水平；相较于地球的整体状况而言，这些组织对于某些特定地区尤为重要。与旧有技术相比，较新的技术真的就可以避免更多的破坏吗？一些已经投入应用的最新和最为复杂的技术，并不比那些旧的、具有更基本生产模式的技术表现得更好。新旧技术之间的差异只存在于，新的技术可以劈裂或削除整个山顶，而传统的技术只能挖掘一小片煤矿。所有的这一切都显现出我们目前主导方针所存在的局限性，因为这些方针所强调的是国家之间的差异，并且都认为更先进的生产方式将使我们能够减少环境破坏。

毁灭的多元空间讲述的是关于生物圈破坏的故事，是所有国家和地区毁灭的具体方式，而远非是某一个个体的传说。在《驱逐》一书中，我考察了全世界几十个事例，它们共同构成了一个毁灭的空间，并割裂了我们地缘政治体系中所熟悉的各个部分。在有关环境的大部分讨论中，存在的往往是对那些已经熟知的差异性的过度强调，以及对国家具体做法和政策的指责（如中国的煤矿污染、俄罗斯的化学工业、美国的地面开采等）。

但事实上，在考虑地面问题时，真正需要被重点关注的是一个事物所具有的摧毁环境的能力。从这个角度来看，所有这些案例都是普遍适用的——它们都是负面的，不管这些国家的政治体制是怎样的，以及在联合国中获得的投票情况如何。我引用具有不同政治体制和经济组织的国家的情况是为了表明，虽然环境破坏的情况可能在每个国家具有特定的形式或内容，而且某些国家的情况可能会比其他国家更糟糕，但这些不同的案例对于环境本身的破坏能力才是我要分析的。虽然在俄罗斯产生污染的矿井看起来与在美国产生污染的矿井有所不同，但两者对环境的污染程度都是无法达到可持续发展的环境水平要求的。那么就这个意义上来说，我在本文所持有的观点便是：为了突破洲际体系及其国际条约中所强调的分歧，我们所有的讨论都要回归到土地这一本体之上。

感谢哈佛大学出版社允许本文使用《驱逐：全球经济中的野蛮性与复杂性》（*Expulsions: Brutality and Complexity in the Global Economy*，2014年）中的部分内容，特别是第4章“死亡的土地，死亡的水体”（Dead Land，Dead Water）中的相关材料。

注释

[1] Zhanguo Bai, David Dent, Lennart Olsson, and Michael E. Schaepman, "Proxy Global Assessment of Land Degradation," *Soil Use and Management* 24，no. 3（July 24，2008）: 223. 此段落中的其他引言均来自World Bank, *Turn Down the Heat: Climate Extremes, Regional Impacts, and the Case for Resilience, A report for the World Bank by the Potsdam Institute for Climate Impact Research and Climate Analytics*（Washington, DC: World Bank, 2013）. 额外的相关材料包括World Bank, *Turn Down the Heat: Why a 4° Warmer World Must Be Avoided*（Washington, DC: World Bank, 2012）；以及R. T. A. Hakkeling, L. R. Oldeman, and W. G. Sombroek, *World Map of the Status of Human-Induced Soil Degradation: An Explanatory Note*（Wageningen, Neth.: International Soil Reference and Information Center, 1991）.

[2] Bai et al., "Proxy Global Assessment," 223–234.

[3] James Hansen, Makiko Sato, and Reto Ruedy, "Perception of Climate Change," *Proceedings of the National Academy of Sciences of the United States*, 109（2012）: 14726–14727.

[4] Grant Foster and Stefan Rahmstorf, "Global Temperature Evolution 1979–2010," *Environmental Research Letters* 6，no. 4（2011）.

[5] Saskia Sassen, *Expulsions: Brutality and Complexity in the Global Economy*（Cambridge, MA: Harvard University Press, 2014）.

美国景观的去自然化

艾米丽·伊莉莎·斯科特
Emily Eliza Scott

> 景观是比历史更长久的存在，它超越了历史。在时间的长河中——就像土壤的功能一样——景观承受了在其表面发生的所有事件；它既埋葬了过去实践的痕迹，也携带着这些实践的踪迹。……景观是如此的理想主义，以至于它能够对历史进行分解。
>
> ——杰西卡·杜博（Jessica Dubow）

在过去的二十年间，无论是因为何种原因或者是出于何种目的，景观都已经牢牢地占据了艺术和建筑领域的中心舞台。在这两个领域，仿佛都产生了一种强烈的意识，即物质环境条件在不断地增强且变得越来越不稳定。而景观界对人类和非人类间关联的关注也许可以为我们提供一种解决方式，以超越后现代主义沉湎于表现形式的局限。美国景观中那些看似自然的场地中通常都存在着或隐蔽，或暴力的社会、政治、经济和历史问题，本文的重点即对揭示这些现象的现代艺术进行讨论。在这里，土地既不被理解为一种既定存在的物体——静止的、中立的或者说自然的——也不是指那些我们可以不经媒介就能够直接接触的事物。相反，土地应当被视为一种复杂过程的结果和表征。我将要提及的这些艺术作品引发了对于视觉表现形式（或者缺少一个由此）的力量，甚至可以说是其在空间中艰难的角色问题的讨论。更确切地讲，这些艺术作品主要探寻的问题是：当景观被视作自然的化身或者延伸的时候，设计师们该如何对其内部存在的各种冲突进行净化、掩盖以及再自然化，就如同在某些情况下不同的环境价值对同一场地来说会产生冲突一样[1]。

跨界艺术家、作家莎拉·卡努斯（Sarah Kanouse）的第一部长篇电影——《在克拉布奥查德附近》（Around Crab Orchard），拍摄于美国伊利诺伊州南部一个特殊的野生动物保护区，其内容探讨了自然意象是如何巧妙地隐藏了在其边界上所发生的令人不安的活动。在卡努斯此前的69分钟剪辑版本中，我们可以看到来自美国渔猎局（USFWS）的宣传视频，里面出现了我们熟悉的水鸟和其他野生动物在其原生栖息地中的镜头。随后镜头转向了地上的牧草，背景音中有一个声音在召唤："啊，远离了熙熙攘攘的城市生活，终于找回了内心的平和，欢迎来到克拉布奥查德国家野生动物保护区，一个独一无二的给予你自然体验的地方"[2]。但在这个场景出现不久之后，我们就会从影片中得知，克拉布奥查德同时也是通用电力公司（General Dynamics）的所在地，这是一个价值数十亿美元的国防公司。他们在这个野生动物保护区内进行军火生产，并且在生产过程中为场地留下了诸如多氯联苯（PCBs）、贫化铀以及各种泄漏物等危险污染物。这个野生动物保护区是极其特别的，因为它是美国渔猎局所有场地中唯一一个仍在进行武器生产的场地。当然这种"军火生产依附于动物保护"的地下活动其实是非常典型的，即前政府军事区被改建为野生动物和户外爱好者的栖息地[3]。在卡努斯对于这个场地的反官方描画中，我们会发现玛丽恩监狱（Marion Prison）也在附近，这意味着囚犯以及当地居民们已经长期地暴露在跨越了保护区边境的毒物泄漏环境之中。多孔性（Porosity）是卡努斯故事中的主要线索：保护区的概念——一个在被封锁在基准线内的、被保护的场所，游离于时间和政治之外，并以一维的方式被管理——实际上是一个麻烦缠身的乌托邦。

用卡努斯自己的话讲，该片的拍摄动力开始于"一种僵局"——一种对于视觉接触和信息获取的封锁。在试图对保护区内通用电力公司所拥有的一系列匿名的建筑物拍摄照片时，卡努斯和她的同伴们被一名私人保安拦住了，这名保安询问她们为什么想要拍摄除风景、植物和动物以外的东西——并且暗示他们这些事物才是恰当的"真正的摄影"主题（**图1**）。不久之后，两个联邦调查局（FBI）探员对卡努斯进行了一次突如其来的访问，并且表明她以后将被明令禁止在公园内进行任何的拍摄活动。在那一刻，电影《在克拉布奥查德附近》的拍摄动力成了卡努斯所面对的一个既直接又颇具概念性的问题：我们还能用什么其他方式来拍摄这样一个戒备森严的地方？

卡努斯通过将各种信息来源进行集成的方式来"回答"了这个问题。也许不均匀、不相似的混合构成才是描述这部电影更好的方式，这个想法在后期又通过她对于自己的研究富有表现力的思辨所加强——一种贯穿整部影片的地平线式的"元叙述"（metanarrative）❶。许多对当地居民、环境和社会活动家和文化地理

❶ 元叙述（metanarrative）是一类叙述策略，这种通过对旧有信息的构建来调节叙事节奏的叙述策略，其主要特征之一便是叙述中断；这种中断可以加强读者对故事的感受性，并能够对叙述内容进行冷静地思考和审视。——译者注

学家的第一手访谈资料与美国渔猎局及美国军方的官方新闻材料被散置在了一起——它们共同构成了这部影片中所出现的声音。美国渔猎局多次拒绝了卡努斯想与他们对谈的请求，并且最终停止回复她的任何信件和电话。虽然访谈是纪录片的主流形式，但《在克拉布奥查德附近》影片同时还展现了一些不是那么直接的内容片段。在影片许多重复的片段中，卡努斯将镜头指向了对“自然历史”的展示：在其中的一个镜头中，我们面对着一个身着传统印第安人服饰的立体模特的片段；而在另一个镜头中，我们又会在展示着当地植物的潮湿的植物园中徜徉；紧接着，我们又徘徊在实验室的走廊上——所有这些通过空间展现的关于克拉布奥查德的官方知识实际上都是骗局（**图2**）。艺术家自己的身影也在影片的很多片段中出现：我们看到她站在保护区的四个方向的边界上，拿着标志物来进行标记，然后，我们会看到她的手指在地图上指出这些边界的轮廓。我们看到她在微缩实体建筑模型上匆忙地描绘、切割和粘贴泡沫板，这栋神秘的白色建筑物引起了她的调查兴趣（**图3**）。在一个场景中，她拉开拉链并穿上了防污服；而在另一个场景中，她又通过扫描微缩胶片，发现了一则已经被人们遗忘很久的19世纪关于当地种族关系的新闻。所有的这些场景在影片中被组合到了一起，而这一系列的表演姿态和多样的素材更是进一步展现出了一个更大的认识论问题，确

图1~图3 — 电影《在克拉布奥查德附近》（*Around Crab Orchard*，2012）剧照，莎拉·卡努斯（Sarah Kanouse），高清视频，69分钟
（艺术家本人提供）

切地说，即什么才是有效的信息或证据——这是这部电影核心的潜台词之一。

从影片中我们可以越来越清楚地看到，卡努斯的目标并不是要展现一个因果明确的真相、一个清晰的影像，或者一个准确的故事。相反，《在克拉布奥查德附近》让我们意识到具象化的观察是多么的具有局限性（impossible）——只是站在一片土地上并观看它就会让我们错过多少背后未知的事物。在谈及那些特定地点所具有的复杂性、矛盾性以及不确定性的难题时，卡努斯在她的影片叙述脚本中提出了一些疑问：

> 我们应该从哪里开始这样的故事？关于这个场所的故事，它应该包含什么？它的作用是什么？这个故事没有情节，没有所谓的开始、中间和结束。相反，它是在空间中展开的。它由一系列事物组成且这些事物彼此间紧密连接。这种所谓的隔离现象其实是尺度的一种功能，我们可以自行选择聚焦哪里以及保持多远的距离。或者我们也可以说这是视差角度的问题，是由于观察者所处位置的不同而引起的对某一物体位置的感知偏移。我们的观察距离越近，我们的感知就扭曲的越多。视差通常被认为是一种错误，但它的优点是可以让探索者在没有地图的情况下进行自我导航。在某种视差角度上，如果我们后退得足够远，所有的地方看起来便都会和其他地方相连在一起[4]。

在这里，我所感兴趣的是对当代艺术家所使用的策略进行思考，他们选取了我们熟悉的景象或场地，使它们看起来变得不一样，或从新的角度对其进行解读——他们试图推翻这种看似“自然”（natural）的事物，这种景观领域的理想化工作是值得突出强调的[5]。与《在克拉布奥查德附近》类似的批判型纪录片通常都可以包含广泛且多方面的研究［我此刻能想到的其他类似的影片包括耳石小组（the Otolith Group）2012年的影片《辐射点》（*The Radiant*）以及露西·瑞文（Lucy Raven）2009年的影片《中国城》（*China Town*）］，它们是一种类型的纪录片；旅行类以及其他在现场进行“干预”（Interventions）的纪录片则是另一种类型[6]。作为一种媒介，绘画和摄影把事物转变成了二维的、静止不动的物体，但它们是否具有传达一个场所的摩擦、层次以及内在关系的能力对我来说依然是一个悬而未决的问题。使用这样一个本质上是把物体转换成景象的媒介是否有它原本内在的局限性？

我之所以以卡努斯的作品开篇，是因为它标志着近年来艺术家的关注点从景观（与创作、观点或表达相关）到土地使用（land use）的转变。长期以来，“景观”（landscape）一词一直与现代艺术所讲究的图画、构图以及美学相关联。人类学家迪姆·英戈尔德（Tim Ingold）把整个学科定位——在他看来这是一个严重的错误取向——归因于一个简单的语言学错误，尽管这个定位对学科发展产生了深远的影响：

> 在中世纪早期的起源阶段，“景观”原本指的是一片人们日常生活使用的土地或是为农村社区功能所服务的土地。然而，它后来融入了绘画艺术的语言——尤其是通过在17世纪的荷兰艺术界所发展起来的传统（Alpler，1983年）——这导致了一代又一代的学者误解了词尾（–scape）的含义，他们误认为“–scape”是一种用来对事物进行细致客观观察（Jay，1988年）的特殊“视觉方法”。他们似乎被“–scape”和“–scope”之间显而易见的拼写相似性所欺骗，事实上，这种相似性完全是一种偶然情况并且没有任何词源学的基础。“–scope”来源于古希腊经典的目的论（skopos），其字面解释是“弓箭手的目标，他所瞄准射击的标志”（Carruthers，1998: 79）。由此衍生出来的动词“Skopein”，其意思是“去看”（to look）。而“–scape”则完全不同，它来自于古英语“sceppan”或者“skyppan”，意思是“去塑造”（to shape）（Olwig，2008年）。中世纪所谓的雕塑家不是画家而是农民，他们的目的不只是单纯地对物质世界的面貌进行塑造，也是为了能够从土地中谋生。然而，土地的塑造及其外表间的等价关系——所看到的（the scopic）与所塑造的（the scaped），已经深深地融入了现代艺术史的语汇之中。因此，景观被当作风景以及一种在画布上通过描绘来展现世界的艺术。就像在制图学和摄影的后续发展中一样，景观被投射到了底片、屏幕或者地图集的页面上（**图4**）[7]。

我想要指出的是，根据英戈尔德的语义修正观点来看，当代艺术倾向于超越甚至是反对“描述式艺术”（the art of description）。与此同时，这种趋势不仅更加强调物质而非土地在视觉上的表现，而且还经常对劳工问题给予特殊的关

图4—老彼得·勃鲁盖尔（Pieter Bruegel），《收割者》（*The Harvesters*），1565年，木板油画，46英寸×63英寸（116.5厘米×159.5厘米）
［大都会艺术博物馆（罗杰斯基金会，1919年）提供］

注。到底是应该将景观作为自然的产物还是作为人类塑造的结果？文化理论家雷蒙·威廉姆斯（Raymond Williams）在其1980年发表的文章《自然的含义》（Ideas of Nature）中，指出了这两者间出现分歧的根本原因："有相当一部分我们称之为自然景观的部分其实是人类劳动的产物，在欣赏其自然这一方面时，非常重要的一点是，对于我们所看到的自然实际上为人类劳动成果的这一事实，我们是应该去压制它还是去承认它。"[8]

至少在过去半个世纪的美国艺术界，安塞尔·亚当斯（Ansel Adams）的风景摄影作品也许可以最好地印证这种压制（suppress）或清除景观塑造背后"劳动成果事实"的趋势。他精巧的黑白照片全面地描绘了美国西部的风景，并且其中通常没有任何人类存在的迹象。这些摄影作品的场景充满了纪念性，好像是在召唤那些看似原始的时刻——一个美国所特有的时刻，美国的民族认同感就是在这种荒无人烟的西部边疆景象中诞生的（威廉姆斯提出的自然、本土和民族之间的词源联系都来自拉丁语natus，意思是"出生"（to be born）——这个词在这里特别适用[9]）。在形式上，亚当斯的摄影作品不仅让人们回忆起19世纪哈德逊河学派（Hudson River School）画家壮丽的绘画风格，同时，通过对20世纪现代主义"直接式"（straight）摄影的深色调对比度手法的运用，使得作品产生了极端化的戏剧效果。

20世纪六七十年代，某些艺术家已经在试图与亚当斯具象式的图解和景观所体现的浪漫主义观念唱反调，其中一些人试图使用工业区和其他明显受人类活动影响的景观来表现这一观点[10]。1975年，纽约罗切斯特的乔治·伊士曼之家（George Eastman House）举办了一个极具影响力的新地形学展览：人造景观摄影中，参展的摄影师试图重新调整他们的视野（在某些情况下我们可以想象，哪怕是最轻微的调整），以捕捉那些在摄影作品中被亚当斯抹掉的人类劳动痕迹。与亚当斯不同，他们试图对郊区城市化、工业化进程和美国西部日常生活平凡而乏

图5 — 罗伯特·亚当斯（Robert Adams），《拖车式活动房屋》（*Mobile Homes*），杰斐逊县，科罗拉多州，1973年
（版权归罗伯特·亚当斯所有，旧金山市法兰克尔画廊提供）

味的一面进行描绘——以强调景观构成中的人地辩证关系（**图5**）[11]。

1973年，美国艺术家罗伯特·史密森（Robert Smithson）撰写了有关“辩证性景观”（dialectical landscape）的文章，这也是他生平发表的最后一篇文章。从20世纪60年代中期开始，他便明显有意识地开始关注那些“被扰乱的”或“破碎化”的场地（例如采石场、矿渣堆、部分建造的高速公路），这些场地容易激发出一种或是小心翼翼地被完成或是未被触动之美的情感[12]。他对当时迅速兴起的生态运动深恶痛绝，并嘲笑其为一个处于萌芽阶段的“荒野邪教”（wilderness cult）（用他自己的话说），因为他认为生态运动还原了人类与非人类世界之间的分裂，并且认为“唯心论（spiritualism）扩大了人与自然的分裂”[13]。史密森坚持认为直面当代环境中混乱的复杂性是非常重要的：“艺术家不能背弃日常生活中的矛盾。”[14]

如今，尽管原因不同于他们的前辈，许多艺术家也同样将关注点转向了美国西部。他们把西部当作一个充满戏剧化的变迁和破坏活动的场所，在这里，作为国界而长期流传的神话与当地系统化的殖民及军事化间的联系显得尤为突出（**图6**）。他们的作品展现了土地利用政策，进而提醒我们景观背后的政治力量在很大程度上是不可见的。艺术家们可能更倾向于感知景观中那些看起来并不明显的维度，他们会注意到自然过程如何演化成形式，会去挖掘和重新组合在此过程中发生在某种特定层面上被淹没或被抑制的事件——无论是历史上的或者是现代的（关于风景园林学可以如何诠释和放大景观背后事件的方法探索，我将把它留给本书中的其他作者进行解释）。

艺术家和“实验地理学家”特雷弗·帕格林（Trevor Paglen）利用前沿科技，比如极限远距摄影技术（limit telephotography），探测了美国军工综合体的“地下世界”（black world）——隐蔽的试验场地以及其他战时生产空间，这些地方都是“并不存在”（produced as nowhere）的空间。它们被官方从地图上抹去，隐藏在公众的关注之外[15]。他拍摄到的内华达州军用掩体或者在“其他夜空”（other

图6 — 埃默特・戈温（Emmet Gowin），《沉降坑・丝兰平原北端・内华达州核试验场地》（*Subsidence Craters, Northern End of Yucca Flat, Nevada Test Site*），1996年，调色明胶银照片，14英寸×14英寸（35.5厘米×35.5厘米）（版权归埃默特・戈温所有，纽约佩斯/麦吉尔画廊提供）

图7 — 特雷弗・帕格林（Trevor Paglen），《特遣小分队3》（*Detachment 3*），空军飞行试验中心，格鲁姆湖，内华达州，距约26公里，2008年，显色印刷，40英寸×50英寸（102厘米×127厘米）（由Metro Pictures，Altman Siegel，and Galerie Thomas Zander等艺术家提供）

night sky）绝密飞行的轨迹，这些模糊不清的照片说明了这些场地和活动的存在，同时也展现了视觉本身的局限性（**图7**）。

与此同时，文化景观历史学家和土著人权活动家尼古拉斯・布朗（Nicholas Brown）在蒙大拿州北部建立了一个冰川国家公园“重新摄影”（re-photographic）档案。他开始于2011年的“消失的印第安文明循环摄影项目”（*Vanishing Indian Repeat Photography Project*，VIRPP）是对“消失的逻辑”进行研究的一部分，这项研究巩固并结合了19世纪末有关土著居民消失的叙述——这些叙述由美国国家公园服务机构以及其他机构提供，同时还结合了今日冰川融化的现象。布朗解释说：

> VIRPP项目试图将殖民化作为一个不断进行的过程进行表达，而不只是将其当作一个历史事件，这反过来揭示了殖民者在殖民政策下的结构组成。通过探索冰川国家公园中消失的冰川及其与印第安人之间的联系，VIRPP项目突破了以前消失的印第安文明与现在正在消失的冰川之间的时间边界，并且坚信我们应该把这两者视为同一个故事的两个组成部分[16]。

布朗的“重新摄影”实践之所以意义重大，不仅仅是因为它已经被某些摄影师与“新地形图”（new topographics）结合起来以记录美国西部的历史发展，而且也因为它已经成为科学家研究气候变化的重要工具，比如随时间推移逐渐退却的冰川（**图8**）。

我想举的最后一个例子来自以波士顿为基地的无穷小事物研究所（the Institute for Infinitely Small Things）。2011年，在项目“穿越我们的边界”（*The Border Crossed Us*）中，他们于阿默斯特的麻省理工学院校园重新建造了美国南部亚利桑那州与墨西哥边境的一部分——“边境”，这样一个基础设施结构对于大多数美国人来说都是少有机会见到的，但其却真真切切地标志和组织着国家的地域空间（**图9**）。负责这个项目的艺术家们特别指出“这部分的边界尤其特殊，因为它沿着75公里的边界将托奥诺奥古姆土著社区（the Tohono O’odham indigenous community）划分成了不同地区，这不仅破坏了仪式路径、亵渎了神圣的墓地，也阻止了土著成员接受紧急的医疗服务”[17]。这种介入方式在大学公众与昂贵的临时置入物之间造成了直接的身体对抗。加上令人印象深刻的土著社区代表人举办活动的花名册，所有的这些为这个项目加入了一种对话的成分。“穿越我们的边界”这个项目不仅有着多维度的参与方，也对边界的政治和社会动态以及看似遥远的边界地区关系提出了棘手的问题[18]。

如今，塑造景观的力量可以说要比以往的任何时期都更加的分散、非物质化并且缺乏关联性。更准确地说，做出关于土地利用决策的地点与实施这些决策的地点间的距离已经被扩大。尽管英格尔德指出中世纪对景观进行塑造的工人们是

图8 — 尼古拉斯·布朗，“消失的印第安文明循环摄影项目”，2011年至今
（艺术家本人提供）

图9 — 无穷小事物研究所，“穿越我们的边界”，2011年
（艺术家本人提供）

"用脚、斧头和犁，在大地上踩、砍和划出景观的"，而他们所做出的劳动也都是"近距离的、直接的，全身都参与到对木材、草地和土壤的塑造中的"；但是在我们的时代，一系列在地理上分散的因素和动机——一些是虚拟的，另一些则是"实体"的（比如国际贸易和专利法、民工流、股票、运输系统），却都是发生在任何脚踏或耕犁土地前的时刻[19]。一些具有批判性的地理学家对于理论化这种"不平衡的发展"做出了巨大的帮助，他们揭示了当代全球化延迟和错位的特征，即暴力（对土地的、人类的及非人类的）经常从一个地方转移到另一个地方，并且进一步来看，这个过程是基于某种共同观点的[20]。文学家、后殖民理论家罗布·尼克松（Rob Nixon）进一步阐述了许多环境事件中所谓的"慢性暴力"（slow violence；例如，由于工业开采造成的长期污染，土著社区与他们的家园及生活方式之间联系的切断）。这些事件在形式和时间上都有着巨大的跨度并且往往难以察觉，但却使得其剧烈程度反而更加强化。尼克松指出，"这是一种逐渐发生且在人们视野之外的暴力，是一种分散在时间和空间上的延迟的破坏行为，一种通常不被视为暴力的暴力行为。"[21]

虽然全球化早已不是什么新的现象，但自20世纪八九十年代以来，各种新自由主义经济政策，如金融市场的放松管制，以及跨国公司的扩张和电信技术的进步，致使全球经济以前所未有的力量和速度运转，世界进入了一个新的经济时代。我们可以认为，当下的时代是由金融发展决定空间划分的程度来区分的。社会学家萨斯基娅·萨森形容道："金融是我们这个时代的蒸汽机"，它是一种"夷平我们周边一切"的巨大力量。如今的世界正在从一个由国家领土组织的世界转变为一个由全球化的连通与管辖定义的世界，在这样一种持续不断的转变中，金融贸易正侵蚀着一片又一片的领土[22]。随着一些偏远的地方在劳动力和资本的流动中越陷越深，将一个地方与另一个地方区分开来也变得越来越难以实现——在这种情形之下，我们需要一种更加基于地域性的分析方法。

作为本文的结尾，我想提一个当代土地使用实践中的案例，而非一个艺术项目的案例。高压水砂破裂法（Hydraulic fracturing），或者说是液压破碎法（fracking）——这种方法将水体和化学物质以极高的压力注射到地质层当中以"解放"包裹在岩石中的石油和天然气，这种操作正在创造出一种横跨美国景观的新地形。比起露天采矿或者削山活动，这种操作遗留下来的地形看起来并没那么的显眼和实在——它们表面上看来更类似于沙漠腹地重复的原子弹试验所留下

图10 — 高压水砂破裂法（液压破碎法）的垫状开采痕迹，Jonah气田，怀俄明州，2012年（EcoFlight组织提供）

的麻点，或是由于人类活动造成的冰川和极地冰冠快速的融化（由化石燃料燃烧并释放到大气中所导致的结果）而在其表面产生的孔洞（**图10**）。虽然该技术并非美国所独有，但这种资源提取方法在美国的应用的蔓延可以归因于特定历史发展的结果：从早期白人殖民者基于“天命论”❶（Manifest Destiny）传统对“开放土地”可供人免费获取的认知，到将土地进行栅格划分并分配给个人所有的历史背景的结合。地表以上及地表之下土地所有权的区分正伴演着前所未有的重要角色，因为能源公司正越来越频繁地与私人土地所有者进行接洽，并企图要购买或者租赁这些地面下的土地——这导致了普遍的后院（甚至是前院）开采现象，甚至有时这种情况还发生在人口稠密的住宅区内（**图11**）。这种新兴的液压破碎景观（frackscape）可以被看作是一种卓越的新自由主义经济景观（它所造成的结果是分布不均的，这对那些权力较小的人造成了不成比例的严重影响）。此外，

❶ “昭昭天命”（Manifest Destiny）又被译作天命论、天命观、美国天命论、天赋使命观、上帝所命、神授天命、命定扩张论。为惯用措辞，表达美国凭借天命，对外扩张，散播民主自由的信念；是19世纪美国民主党人所持的一种信念，他们认为美国被赋予了向西扩张至横跨北美洲大陆的天命。——译者注

图11 一位于居民区后院的一个深深的、水平高压水砂破裂井，密歇根州奥格莫县，2012年
［摄影师卢安尼·科兹马（LuAnne Kozma）与密歇根班恩液压公司（Ban Michigan Fracking）提供］

这也开始导致了一些意想不到的地震事件，如俄克拉荷马州中西部等地的频繁地震。这一现象不仅标志着自然基准线的撤退，同时也展现出了景观自身也正在以一种难以驾驭的、活跃的方式进行回退。正如我在文中所提到的艺术家所坚持认为的那样，不管是以前还是现在，美国的景观从来都不是坚实的、不证自明的抑或是中立的。如今，我们似乎正在进入一个前所未有的不稳定阶段，地球的深层被不断地渗透，新的、后自然的裂缝不断地催生，而我们脚下的土地也将不断地颤抖。

注释

文前引言：Jessica Dubow in "The Art Seminar" roundtable discussion reproduced in Rachael Ziady DeLue and James Elkins, eds., *Landscape Theory*（London: Routledge, 2007），100.

[1] 本文的早期版本曾在2014年2月14日发表于在伊利诺伊州芝加哥市举办的大学艺术协会年会，名为《还在坚实的陆地上吗？当代艺术中的美国景观》（Still on Terra Firma? The American Landscape in Contemporary Art）。在《批判性景观：艺术、空间和政治》（*Critical Landscapes: Art, Space, Politics*）一书的简介中我也表达了类似的观点，此书由我与克里斯滕·斯文森（Kirsten Swenson）合编（Berkeley: University of California Press, 2015，1-15）.

[2] 美国渔猎局（US Fish and Wildlife Service）是一个美国联邦政府机构，隶属于美国内政部，主要职责为管理国家野生动物救助系统，其官方表述是："为保护美国的鱼类、野生动植物而设立的横跨陆地和水域的全国性网络。"官方网站：http://www.fws.gov（accessed July 20，2015）.

[3] 许多这类"军事基地结合野生动物保护"（military-to-wildlife conversion，简称"M2W"）的场地也是"有毒废物堆场污染清除基金/超级基金"（superfund）的接受者，它们被政府认定为全美受污染最严重的地方。地理学家夏伊洛·克鲁帕（Shiloh Krupar）也出现在了卡努斯电影的几个片段中，她将这些场地称作"绿色的棕地"（green brownfields），并进一步解释说，人们在这类接受超级基金的场地

上所做出的清理工作是极其微小的，并且跟其他地方相比，所参照的是“一个不同的污染残留物浓度标准”。她自己的研究所关注的场地是位于科罗拉多州丹佛市附近的落基山兵工厂（Rocky Mountain Arsenal）和落基平原野生动物保护区（Rocky Flats National Wildlife Refuges），前者范围内有许多大型动物重驻进去，如秃鹰和美洲野牛。她总结道，这些生物，“作为清洁和本土的象征”，在这些地方的故事编造中起着至关重要的作用。她还解释道：“一个纯种野牛基因库将会把土地归还给神秘的起源，激起边境上的乡愁之情，并扭转历史上对野牛的大规模屠杀以及对依赖野牛生存的印第安人的驱逐的现实。”为了对这种熟悉的道德主义的自然保护主义范式进行还击，她呼吁一种环境伦理学（environmental ethics），来“应对M2W人类和自然部门这种无法对残留物浓度做出承诺的行为——军事化废物和物质残留物的管理”，这相当于承认了在这些地点仍有暴力行为的存在。见：Shiloh Krupar, “Where Eagles Dare, ” in *Critical Landscapes: Art, Space, Politics*, ed. Emily Eliza Scott and Kirsten Swenson（Berkeley: University of California Press, 2015），132–133。2011年，卡努斯和克鲁帕创立了一个协作研究项目，该项目主要研究美国军事工业综合体的有毒物质遗留问题，这些军工综合体通常以政府机构作为伪装。国家有毒土地/劳工保护服务署（The National Toxic Land/Labor Conservation Service），根据其任务声明，关注“正在进行的冷战和美国核试验州所产生的环境、经济和健康影响”。项目网站: http://www.nationaltlcservice.us/（accessed July 20，2015）.

[4] Sarah Kanouse, *Around Crab Orchard*（2012），HD video, 69 min.

[5] 在许多关于景观和意识形态的重要文本中，可以重点参见: Leo Marx, *The Machine in the Garden: Technology and the Pastoral Ideal in America*（New York: Oxford University Press, 1964）; W. J. T. Mitchell, ed.，*Landscape and Power*（Chicago: University of Chicago Press, 1994）; 以及Bruce Braun and Noel Castree, eds.，*Remaking Reality: Nature at the Millennium*（New York: Routledge, 1998）.

[6] 来自伦敦的艺术家科多·埃绍（Kodwo Eshun, Otolith Group的合伙人）曾写过关于此短片的影评——对于卡诺斯该作品的恰当描述——作为一种运动形象的体裁，该影片既包括了自我反思，又含有其主体的复杂性和偶然性。“我们可以将此短片设想成一个时空，在这个时空里我们可以实现在思考层面的冒险。主流电影的节奏过快。出于情节要求，事情应在正确的地点和适当的时间点发生。”除了反映出不同于典型电影的时间性之外，他还表明，这部短片在对于事件本身的理解上也与其他影片有着根本上的不同之处：“通过图像回到一个事件，并由此运用图像来激发新的事件：通过此类双重的逻辑，电影才得以继续进行。”见：Kodwo Eshun, “The Art of the Essay Film, ” *DOT DOT DOT* 8（October 2004）: 58. 该短片不仅对传统的影像生产和消费模式（例如，以往观众只是作为一个消极的观看者存在）做出了变革，同时——或者更概括地讲，我将其称为重要的纪录片实践——对另类的、高度流畅的对于过去、现在和将来的情景也进行了设想。

[7] Tim Ingold, “Landscape or Weather-world?” in *Being Alive: Essays on Movement, Knowledge, and Description*（London: Routledge, 2011），126.

[8] Raymond Williams, "Ideas of Nature, " in *Problems in Materialism and Culture*（London: Verso, 1980），78.

[9] Raymond Williams, "Nature, " in *Keywords: A Vocabulary of Culture and Society*（New York: Oxford University Press, 1976），219.

[10] Emily Eliza Scott, "*Wasteland: American Landscapes in/and 1960s Art*"（PhD diss., UCLA, 2010）.

[11] 这一重要展览自1975年以来多次被重新展出，最近的一次展览是2010年在亚利桑那州的图森创意摄影中心进行的，这次展览的标题为"新地形学"（New Topographics），此后该展览在若干国内及国际场合又继续进行了展出。可以参见：Britt Salvesen, ed., *New Topographics*（Göttingen, Ger.: Steidl, 2010）；以及Greg Foster-Rice and John Rohrbach, eds., *Reframing the New Topographics*（Chicago: Center for American Places, distributed by University of Chicago Press, 2011）.

[12] Liza Bear, ed., "Discussions with Heizer, Oppenheim, Smithson, " *Avalanche*（Fall 1970）: 53–54.

[13] Robert Smithson, "Frederick Law Olmsted and the Dialectical Landscape, " *Artforum*（February 1973）. Reprinted in *Robert Smithson: The Collected Writings*, ed. Jack Flam（Berkeley: University of California Press, 1996），163.

[14] Ibid., 164.

[15] Trevor Paglen, "Groom Lake and the Imperial Production of Nowhere, " in *Violent Geographies: Fear, Terror, and Political Violence*, ed. Derek Gregory and Allan Pred（New York: Routledge, 2007），246–247.

[16] Nicholas Brown, "The Vanishing Indian Repeat Photography Project, " in *Critical Landscapes: Art, Space, Politics*, ed. Emily Eliza Scott and Kirsten Swenson（Berkeley: University of California Press, 2015），136–137.

[17] The Institute for Infinitely Small Things, "The Border Crossed Us, " accessed July 20, 2015, http://www.ikatun.org/thebordercrossedus/.

[18] 在建筑学领域，泰迪·克鲁斯（Teddy Cruz）也在边境上做了同样令人信服的工作；比如，在他的一系列会议以及在圣地亚哥、加利福尼亚和墨西哥的提华纳地区间的"政治赤道"（political equator）上进行的一系列实地考察中，详见：http://politicalequator.blogspot.ch（检索于2015年7月20日）.

[19] Ingold, "Landscape, " 126.

[20] 地理学家尼尔·史密斯（Neil Smith）和大卫·哈维（David Harvey）第一次在

相关文本中阐明了不平衡发展理论，这些文本包括Smith's *Uneven Development: Nature, Capital and the Production of Space*（Oxford: Blackwell, 1984）。2010年，当代艺术史学家T·J·迪莫斯（T. J. Demos）和阿历克斯·法夸尔森（Alex Farquharson）以“不平衡的地理”（Uneven Geographies）为主题在诺丁汉当代艺术馆组织了一场展览：“Uneven Geographies,” at Nottingham Contemporary: http://www.nottinghamcontemporary.org/art/uneven-geographies（accessed July 20，2015）.

[21] Rob Nixon, *Slow Violence and the Environmentalism of the Poor*（Cambridge, MA: Harvard University Press, 2013），2.

[22] Saskia Sassen, “The Global Street: Where the Powerless Get to Make History, ”（keynote lecture, “Thinking the Contemporary Landscape: Positions and Oppositions” conference, Herrenhausen Gardens, Hanover, Germany, June 21，2013. 也见：T. J. Demos on the “naturalization of finance” and “financialization of nature” in “Art After Nature: The Post-Natural Condition, ” *Artforum*（April 2012）: 191–197.

伪造的自然?

苏姗·安，雷吉娜·凯勒
Susann Ahn and Regine Keller

哈代的飞蝇钓拟饵

制作一个逼真的飞蝇钓拟饵需要杰出的技巧、丰富的经验，以及最重要的——平稳的双手。制作者不仅需要捕捉到昆虫外部解剖结构的重点，以对其进行重新制造，而且还需要创造出一个能够与原物一样完美飞行的身体。经过几十年细致入微的努力，威廉·哈代（William Hardy）发展出了一套独一无二且无与伦比的拟饵制造工艺。他坚信自己制作出的拟饵要比大自然的原物好得多，别的方面不说，后者在只能被使用一次这一点上就输了。对哈代先生而言，如果真的蝇饵有任何建设性的存在理由的话，那也只不过是为捕捞鲑鱼的完美蝇饵复制品提供一个模型。1872年，哈代先生和他的技工在诺森伯兰郡的阿尼克成立了一家公司，并开始向世界各地输送手工制作的拟饵。飞蝇钓爱好者很快就迷恋上了哈代这种“真正的”（genuine）拟饵，他本人制作的拟饵在全世界也被以最高的价格进行交易。其中最重要的一点就是拟饵的“真实性”（authenticity），并且由此发展出了一种神秘的说法，据说鲑鱼们只认哈代的拟饵。很快，没有人对使用真实的蝇饵钓鱼感兴趣了，这使得这种昆虫的存在降低到了完全无意义的程度，至少就哈代而言如此[1]。

自然可以说是那些有创造性的人们最古老的老师，我们模拟自然以使其发展和服务于人类自身，哈代的拟饵就是一个相关的技术案例证明。但如果仔研究这些对自然进行模仿的故事，我们得到的绝不仅仅是技术层面上的启发；我们整个自然观的建立都取决于此。我们以自然或不自然作为标准对物体和环境进行分类的方式完全是由我们对自然的内在印象决定的。但如今看来，在这样一个高度城市化的世界中，那些被认为是自然的东西已经不再那么重要了。似乎只要某个事物能够显示出一种和自然的相似度就足够了（**图1**）。

但我们所说的“自然”（nature）或“自然的”（the natural）到底是什么意

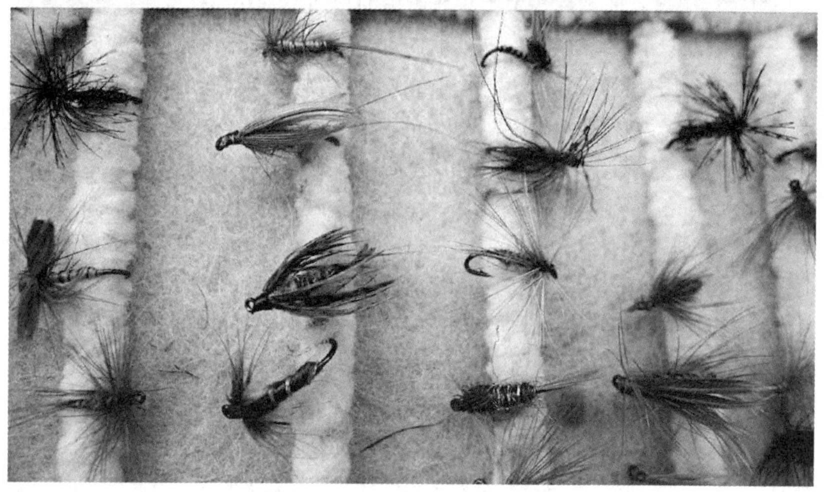

图1 — 哈代的鲑鱼拟饵
（雷吉娜·凯勒摄）

思呢？英国哲学家约翰·斯图尔特·密尔（John Stuart Mill，1806—1873年）很早以前就提出了这个问题，他指出跟这两个术语相关的许多含义都容易导致语义上的混淆，因为它们是基于道德概念、合法化和规范方面的混合[2]。然而，本文并不主要涉及密尔学派（Millsian）对自然的定义，在这个定义中，自然的特征是“一种情况的名称，部分为我们所知，部分未知，万物都在此情况下运行”[3]。相反，本文所要试图讨论的更多的是“自然作为意识形态”（nature as ideology）的概念，德国景观设计师乔基姆·沃尔什克·布尔曼（Joachim Wolschke-Bulmahn）对此的描述是，“自然，以这种方式被人们所理解，是一种（或多或少）由特定的社会、政治、文化及其他群体持有的系统的思想体系”[4]。以这种评价方式来看，自然代表着一种知性的概念（intellectual construct）❶。并且，根据沃尔什克·布尔曼的说法，正是因为有了人类对自然的反思，才产生了人类对自然的情感纽带和对自然的价值分配[5]。

“自然”（nature）和“自然性”（naturalness）这两个术语根据文化语境的不同会与或积极或消极的价值观念相关联。在欧洲，“自然”被赋予了正面的含义并且经常被作为一种对于产品和景观的赞许。尤其是城市居民经常表达的对“自然的”（the natural）的向往。但德国哲学家托马斯·施拉姆（Thomas Schramme）认为，当人们想到“自然的”（the natural）时，他们指的只是“自然”（nature）某个特定的部分——也就是说，只不过是大自然中对人类有益的部分。其他的一切，比如与自然界危险或令人不快等方面相关的部分则都被忽略掉了[6]。历史学家罗尔夫·彼得·西弗尔（Rolf Peter Sieferle）认为自然是“基础的、自给自足的、自发的、萌芽的、不可利用的、不可产出的，而另一方面则又是人工的、技术的、被安排和协议所约束、被制定和被强迫的、被设计和被开垦的”[7]。甚至那些具有积极内涵的“自然”事物也具有了不同的意义：“自然是生物的、不证自明的、非人工的、非文化的、非技术的”。当谈论一个景观项目中的“自然性”时，我们强调的往往是“非人工的”（non-artificial）方面。然而事实上，景观中长久以来存在的一种历史文化传统便是对人工表现自然的处理以及对假想的未触及的景观的模仿。风景园林师一直忙于创造一种暗示“自然”和“自然的”的形象，但实际上这些形象却都是通过考虑到最微小的技术细节以及由人类“人工地”（artificially）实施而实现的。

将景观作为自然的摹本进行展现是一种植根于中国园林的传统，它强调的不是一种对自然天堂的建造，而是致力于创造尽可能完美的真实景观副本，以表达对自然的尊重。中国园林设计师坚持风水原则，并且注重创造一个与传统的、隐喻的中国山水画紧密结合的理想缩影[8]。他们竭尽全力建造出人工的水面

❶ “知性”一词的德文是Verstand，也经常被译为“理智”或“悟性”。知性一词，原本是德国古典哲学常用的术语。康德认为知性是介于感性和理性之间的一种认知能力。——译者注

以及整个巨大山丘的巧妙复制品。在亚洲，遍布日本的“自然山水园”（natural landscape garden）随着时间的推移被那些泛滥的对其进行完美复制的景观作品所取代。人们将大规模的景观缩小或者对其单取某个方面进行复制，比如用沙石来象征水体，这让它们变成了一种人工制品。这种对“原始的自然”（raw nature）人工化的提炼代替了对自然的照搬模仿，并成为园林艺术的一种表现形式。

再自然化作为模仿自然的一种形式

在过去——现在也是如此——许多这类的事物让人们相信，在旁观者的眼中，通过模仿制造出来的事物要比其原型更好。这种“伪自然”或“完美模仿自然”的现象在再自然化的过程中获得了新的意义，当然这是基于自然是可以被恢复（无论多少次都可以）的假设[9]。许多再自然化项目的出发点都是关于设计和控制河流环境的，相关案例遍布于世界上的许多城市。这些案例通常与一座城市建立时的神话故事有关，许多河流曾经对当地居民的定居产生过很重要的影响。除了河流给人类带来的好处之外，通常这些影响也包括其对人类的威胁性。对河流的控制力代表的是一种权力以及对场地主权的维护。在许多地方，曾经一度作为基础设施要素必不可少的河流在今天已经成为一种障碍。曾经对河流的控制在今天受到了抨击，对这些河岸空间的自然改造与当今社会这种新的城市自然（new urban nature）的概念相符合——高度安全，但看起来仿佛又是荒野的一部分；处于城市环境中，但看起来却像自然风景或田园风光。

考虑到这一点，风景园林师和规划师组成的跨学科团队为绿色空间的发展提出设计概念，以试图尽可能完美地将生态系统的功能与人们的审美以及社会情况相结合。在这个目标与市民对新的城市自然的渴望之间进行调节是非常具有挑战性的，而这常常也是争议的根源，慕尼黑伊萨尔河（Isar River）的再自然化就是这样的一个例子。

慕尼黑的伊萨尔河

在进行了细致地研究之后，人们对伊萨尔河流经内城区段的再自然化提出了一个问题，即该用怎样的实际概念来对这样一条难以“驾驭”的河流进行模仿。人们对于河流的再自然化的期望是很高的，因此，我们必须首先在历史的语境中理解河流所蕴涵的本质内涵。

流动的河流

伊萨尔（Isar）这个名字最有可能源于印度日耳曼语系的词语es，或者说“is”，其最初的意思为“流动的水体”，后来也有“冰”的含义（当河流流入意大利的南蒂罗尔地区时则被称作Eisack，意大利语为Isarco）。由此人们开始质疑之前对这一河流名称的解释，即这个名字来自于凯尔特语的ys（湍急的）和ura（水）。伊萨尔河是一条发源于奥地利阿尔卑斯山的河流，它流经德国的那一段对巴特特尔茨（Bad Tölz）、慕尼黑、弗赖辛和兰茨胡特等城市的塑造起到了决定性的作用。在中世纪，河流是聚落扎根的推动力，而建造在其上的桥梁归根结底也是慕尼黑和弗赖辛建城的最初原因。一个能够控制河流的社会才是有力量的，因为只有少数的桥梁建造技术能够征服野蛮的河流，中世纪地区的权力中心也被限制在少数几个这样的地方。伊萨尔河最初被用作贸易路线，为贸易和物质供应提供了重要的水上运输动力。许多世纪以来，周边城镇的居民将伊萨尔河视为一种不可或缺的恶魔而不是一个浪漫的、令人愉悦的自然空间。因为河流的定期泛滥给人们带来了灾难，所以野蛮的河流带给人们更多的是恐惧而不是愉快的想象。

被驯服的河流

在中世纪大量的桥梁建造之后，文艺复兴时期的人们采取了许多措施来调节欧洲河流的流动，并修建了充满艺术气息的运河和堤堰。在慕尼黑，人们主要通过调节为伊萨尔河提供水源的支流来优化城市用水。直到18世纪晚期，慕尼黑的伊萨尔河才可以被称作是“被驯服”（tamed）了。为了减少河流的泛滥次数，并确保河流可以被用来提供水能，人们开辟了一个更深的河道并将河流引导至这个固定的运河中。18世纪下半叶，地形学家和工程师阿德里安·冯·里德尔（Adrian von Riedl）在伊萨尔河建造了巨大的水坝，这一工程最终使得城市完全免于洪水的侵袭，但同时也造成了城市和河流之间在距离和视觉上日益严重的分离。伊萨尔河，这个曾经为磨坊、制革厂、洗衣店以及初期小型工业提供水力资源的河流退化成了一个废水沟。1854年，在一场霍乱疫情袭击该市后，当地化学家和卫生学家马克斯·冯·佩滕科夫（Max von Pettenkofer）博士的理论被付诸实施，慕尼黑通过对下水道系统的建设给城市灾难性的卫生条件画上了句号。水质的提升以及那个浪漫的时代中自然观念的改变使得人们产生了一种看待河流的全新方式。由于河流两岸工业及其严酷的工作环境的消失，将河流作为一种浪漫的风景进行欣赏重新成为可能。在1856至1861年间，当时的宫廷园丁，后来成为巴伐利亚皇家花园负责人的卡尔·冯·埃弗纳（Carl von Effner）被任命负责对伊萨尔河的河岸进行景观设计，他创造了一个属于英国自然风景式园林的马克西米利安公园（Maximiliansanlagen，又称Maximilian Gardens）。1857年，新的伊萨尔河景观改造以及马克西米利安宫殿开始动工，后者是一座拥有学生基金会以及悠久校园历史的宫殿式建筑。这座建筑辉煌地矗立在伊萨尔河畔，它位于公园的正上方但却与河流没有任何直接的接触。与此同时，伊萨尔河的主要功能仍然是水利运输，人们利用河流将木材和煤炭从山间运送到城市和工业区。对此最好的证据是城市中心一个被称为“煤岛”的地方，直到1870年人们将其改造成娱乐和展览区之前，它一直是一个储存着大量燃料的仓库。该岛上的展览活动从1898年开始，这标志着将伊萨尔河从工业区转变为娱乐和文化场所的第一步。后续的防洪措施则使该岛更加适应新的展览及文化用途，1906年开始建造的德意志科学技术博物馆又使得该遗址经历了进一步的转变（**图2**）[10]。

在19世纪，伊萨尔河流经城市的全程都被进行了重新的规划，现在我们所看到的免受洪水侵袭的河岸在当时布满了一个又一个花园。受到园艺师及风景园林师弗里德里奇·路德维希·冯·斯克尔（Friedrich Ludwig von Sckell）和彼得·约瑟夫·伦纳（Peter Joseph Lenné）的启发，慕尼黑及其周边地区的皇家和城市公园部门都认为对现有景观的美化不仅能够创造出美丽的风景，还能对城市的卫生环境产生有益的影响。美丽的景观通常都被看作是一片完整的自然。自然的美常常被人们当作范本。这种信念植根于观察者的意识之中。

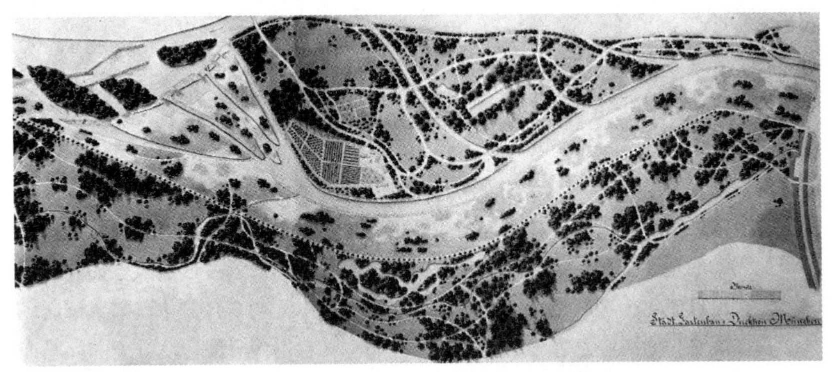

图2 — 雅各布·海勒（Jakob Heiler），慕尼黑伊萨尔河畔的市政休闲空间（局部平面图），约1900年
［规划图集（*Plansammlung*），公园建设（*Gartenbau*），慕尼黑城市档案馆（*Stadtarchiv München*）提供］

再自然化的河流

中世纪晚期，欧洲密集的地下和露天采矿活动将大片土地变得如月球表面一样坑洼不平，大片的森林被摧毁，某些场地甚至已经被完全破坏。直到16世纪和17世纪初，德国第一部林业管理法规的出台才使得自然枯竭的速度有所减慢[11]。重新塑造林地的措施是对恢复自然概念进行实践的第一个结果，并由此诞生了可持续性的概念。矿区景观是我们肆无忌惮地寻找原材料的重要主角，也是世界各国工业化的基础。采矿管理法规的“执行”以及为创造生态可持续的自然所做出的努力成了当今普遍的实践内容，并且常常受到法律的良好监管。

相比之下，在20世纪中叶，随着再自然化生态学作为一门科学学科的兴起，对河流的再自然化实践开始在德国得到青睐。人们热衷于再自然化的原因主要来自于环境运动，并与美国“恢复生态学”（restoration ecology）概念不谋而合[12]。自20世纪80年代末以来，河流、溪流、草地和沼泽地的复垦项目陆续实施，这些项目旨在恢复由于人类活动而被严重破坏或缩减的生态系统功能[13]。无论是直接的还是间接的，这都是一种基于完整的生态系统且将对人类福祉做出贡献的论点，而且从人类中心说的角度来看，生态系统能够给人们提供经济、物质、健康或心理上的益处[14]。再自然化生态学试图将基础生态学研究的规律与风景园林和规划的理论概念结合起来，并结合自然保护以试图用专门的技术理论影响社会和政治决策过程[15]。“再自然化”的趋势因其可持续发展的论点而变得非常流行，尽管事实上“生态规划”（ecologically planning）并不是什么新的概念，正如历史证明的那样。由此趋势产生的结果是，对河水流动的管制被解除了，鱼类的迁徙通道被建立以保证生物学所发现的迁徙模式完整性，缓冲区在水岸两侧被建造起来以建立有利于水域附近或者水下植被健康生长的水生与湖泊生态系统。因此，从生物学和工程学的角度来看，这些问题是有可能得到控制的。通过创造风景如画的乡村风光，再自然化的理念也得以推广。慕尼黑伊萨尔河的再自然化就与城市居民对“完整自然”的渴望息息相关[16]。虽然环保主义者仍然会就环境方面的问题产生争议，但大多数人还是希望能看到一幅浪漫的河流景观。这种需求在2003年的伊萨尔河第三版规划中变得昭然若揭，该竞赛试图为重塑伊萨尔河流经内城区段的设计征求意见。城市规划师、风景园林师和水利工程师组成的跨学科团队被要求对设计方案进行投标，以改造布劳诺铁路桥（the Braunau rail bridge）和德意志博物馆之间的延伸段，此外，设计方案同时还要凸显岸边保留的堤堰和建筑物。本次设计的目标是要将洪水保护与有吸引力的休闲区结合起来以创造一个拥有自然特征的河岸。最终的获奖项目来自于SKI+Partner、Reichenbach and Schranner Architects以及Mahl-Gebhard Landscape Architects所组成的跨学科团队，他们围绕Irene Burkhardt Landscape Architects的项目建议用砾石组成的岛屿和巨大的混凝土河床来塑造河岸，并且增强了水岸及日光浴场所的可达性。基于增加生态多样性的概念，现有的地基被改造并被加入到新的设计当中。然而，该设计同时也公开展示了所有的技术机制及其所需的建筑材料，如被用来建造堤堰和河岸的混凝土。被明确建造的、笔直的河流边界增强了河流和城市之间的边界可见性及实用性。

评审委员会以多数赞成票对获胜方案达成了一致，但该方案却受到了市民的阻碍，因为市民们将这种“简洁且现代的”构筑物看作是西方文明的某种衰落。在评审委员会选出获胜队伍两个月后，邻里社区的居民开始公开在委员会中表现出他们的不满，他们随后还发表了请愿书、公开信和报纸文章等，这引起了公众的注意。这些居民对获奖方案的主要批判点在于其缺乏“自然式的”（naturalistic）设计，并且将其等同于糟糕的游憩质量以及衰弱的生态系统功能[17]。最后，人们努力争取到委员会对第一和第二名的设计进行结合，这个新的设计中包括了弯曲自然式的河岸以及由自然石块组成的河岸边缘（**图3**、**图4**）。

最终的设计成果重现了往日带着木瓦板的河岸以及河流湍急景象。“因此从某种意义上说，这个项目是一个对150年前流经慕尼黑的那条河流的重建尝试。尽管一条未被驯服的河流所应有的自然属性已经完全丧失了，但人们对于以往河流的印象却被投射到了未来的河流改造中，尽管如今人们对于河流有着不同

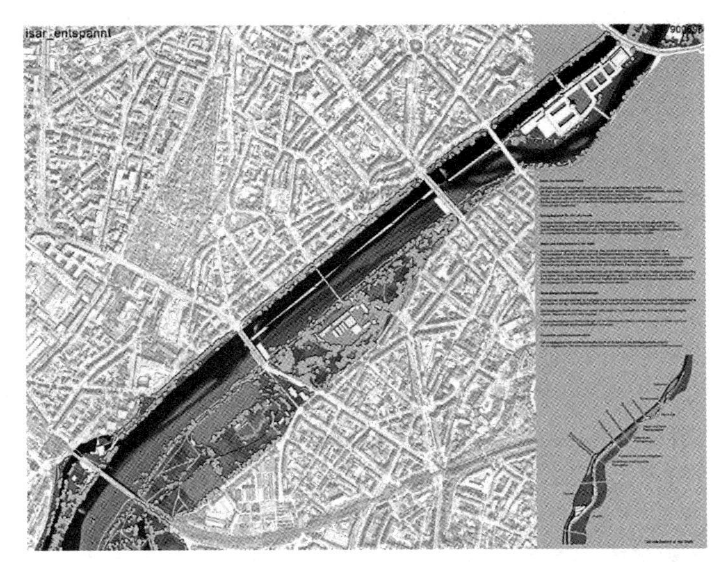

图3 —“伊萨尔河蓝图”竞赛第一名方案，2003年，Irene Burkhardt Landscape Architects with SKI+Partner，Reichenbach and Schranner Architects，and Mahl-Gebhard Landscape Architects

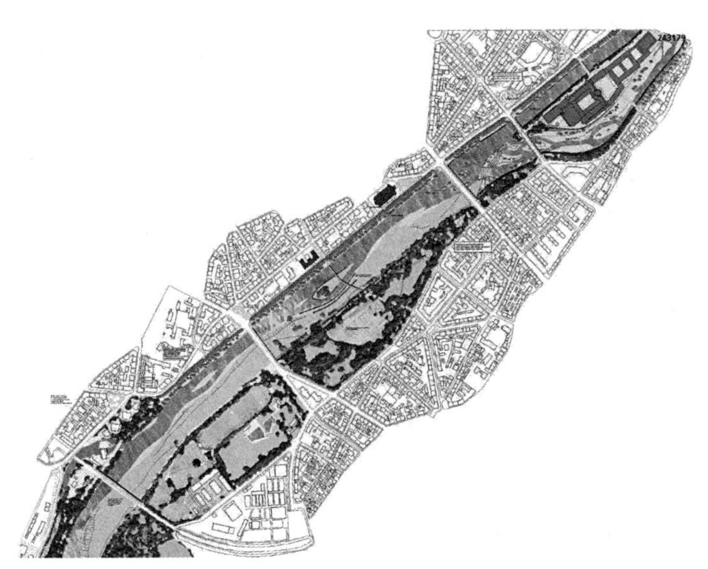

图4 —“伊萨尔河蓝图”竞赛第二名方案，2003年，Winfrid Jerney Landscape Architects with the Institute for Hydrotechnology，Prof. Dr.-Ing. Wilhelm Bechteler，Engineers，Dr.-Ing. Joachim Dressler，Prof. Dr.-Ing. Victor Lopez Cotelo，Dipl.-Ing. Stephan Zehl Architects.
（以上两图均来自于慕尼黑的州首府建造部，慕尼黑水资源管理局）

的安全要求标准[18]”。人们所看到的自然其实都是人工建造而成的假象：在建造过程中，被河流冲刷的石头必须费很大劲才能被‘粘’在固定的位置上，还经常需要使用大量混凝土来抵抗水流冲刷的作用力。因此对于这种再自然化景象的重塑介于一副自由并且不受约束的理想自然空间以及提供安全与庇护的补偿性空间两个极端之间[19]。专家们认为对伊萨尔河的再自然化改造是成功的，在慕尼黑市民中尤其如此[20]。毕竟，改造后的河流为人们提供了一幅自然式的图景，它既具有积极的内涵，也被公众所广泛接受。但是，我们是否应该接受这样一种人工化的自然，使其作为一种贴着自然和生态附加值标签的修复方法而被兜售呢？

走向新型城市自然

在这一案例中，景观是否只是作为一种提供公众所需的城市自然的伪造物而存在的呢？我们对风景园林设计的期望是否仅仅停留在了模仿自然且同时促进生态价值的层面上？人们可以想象得出这是最能让公众和政客满意的局面了——“自然”越具有欺骗性越好。我们应当这样来理解新的城市自然：带着自然外衣的生态系统服务。路德维希·特里普（Ludwig Trepl）说道，“如今，对自然和环境的保护基于提供生态系统服务的目的正在变得越来越合理化，这些‘服务’也通常被视为一种‘文化’。但实际上并没有文化性生态系统服务这一说法”[21]。在其著作中，特里普清楚地区分了自然科学学科对于生态系统的理解以及一个科学性的观念对于生态系统的理解的不同。他揭示了科学事实与文化期望的不同，即在公众的期望中生态系统一定是对人们有益的。但这种观点存在着明显的矛盾，并且这种矛盾也出现在目前非常流行的一种建立政治共识的方式上。因为许多自然保护运动的代表们在讨论生态系统的价值时，不仅经常把人为创造的自然场景与提供生态系统服务的能力等同了起来，而且造成了一种只有这样的生态系统才具有生态价值的印象。这种争论往往是在广大公众中进行的，因此人们在辩论中强调的重点并不是在科学层面可证的生态影响，大众们所关注的更多是其在社会文化现象层面的作用，尤其是对田园风光式的怀旧场景的创造。因此，对于一个风景园林师来说，设计一种满足人们对自然场景的怀旧情怀的项目——在这里我们称之为一种新型城市自然——是能够确保人们对该项目的高接受度的。

这种新型城市自然的场景在慕尼黑伊萨尔河的改造项目中是显而易见的，改造后的伊萨尔河作为其前身的替代品，所展示出来的形象是野生的、自然的，甚至是功能性的，并且承诺对受尽人们蹂躏的城市灵魂有治疗作用。但是这样一个人造物、一种自然景观的幻象，比如重新被自然化的伊萨尔河，是否欺骗了旁观者的眼睛？尼采把这类复杂的观察层次称为“外观意识”（consciousness of appearance）[22]。这违背了工程技术在设计中要清楚地显示其技术机制的“诚实性”（honest）原则，但在目前这一观点并没有受到大众的青睐。人们到底期望风景园林师履行怎样的职责，这一点还尚待澄清。他、她应该为自然设计出一种怎样的伪装？这些仿造自然的设计项目是否与所谓的生态美学思想相一致？就像彼得·芬克（Peter Finke）在其1986年的文章《景观体验与景观保护》（*Landscape experiences and landscape preservation*）中所提到的那样。这种观点最初来自于1969年伊恩·麦克哈格（Ian McHarg）的《设计结合自然》（*Design with Nature*）一书[23]。或者，它们仅仅是被用来满足詹姆斯·科纳（James Corner）批判性的叙述：“无论是出于怀旧的、消费主义的目的还是为了服务于环保主义议程，20世纪大部分的景观观念大多是以风景如画的乡村风光形式出现的”[24]。存在于景观设计行业内部的冲突似乎仍然持续不断。但仿佛公众长久以来一直知道自己想要的是什么。托马斯·豪克（Thomas Hauck）在他的论文《景观与谎言》（*Landscape and Lie*）中写道：“麦克哈格和科纳的立场阐明了景观设计界的辩证论点。使用理性的方法，麦克哈格试图创造出一种风景如画的有机景观，而科纳则希望利用直觉来为21世纪城市景观中的社区设计出可供服务和利用的场所或开放空间”[25]。就像人们只喜欢哈代先生的拟饵一样，人们就是喜欢人工仿制的自然。问题是，就像哈代先生的拟饵一样，人工模仿的自然是否会（以及何时会）使得原本的自然失去意义？

注释

[1] Andy Heathcote and Heike Bachelier, *The Lost World of Mr. Hardy*（London: Trufflepig Films, 2008），93 min.

[2] John Stuart Mill, “On Nature”（1874），in John Stuart Mill, *Nature*; *The Utility of*

Religion; Theism（London: Watts, 1904），9.

[3] Ibid.，8.

[4] Joachim Wolschke-Bulmahn, "The Nationalization of Nature and the Naturalization of the German Nation: 'Teutonic' Trends in Early Twentieth-Century Landscape Design," in *Nature and Ideology: Natural Garden Design in the Twentieth Century*, Dumbarton Oaks Colloquium on the History of Landscape Architecture, vol18，ed. Joachim Wolschke-Bulmahn（Washington, DC: Dumbarton Oaks Research Library and Collection, 1997），6.

[5] Ibid.，6.

[6] Thomas Schramme, "Natürlichkeit als Wert, " *Analyse und Kritik* 24（Stuttgart: Lucius & Lucius, 2002）: 257.

[7] Rolf Peter Sieferle, *Rückblick auf die Natur: Eine Geschichte des Menschen und seiner Umwelt*（Munich: Luchterhand, 1997）.

[8] Gang Chen, *Landscape Architecture: Planting Design Illustrated*（Irvine, CA: ArchiteG, 2011），145.

[9] Robert Elliot, *Faking Nature: The Ethics of Environmental Restoration*（London: Routledge, 1997），76.

[10] Regine Keller and Diana Huß, eds.，*Stadt und Fluss. Innerstädtischer Isarraum*, Landeshauptstadt München（Munich: Landeshauptstadt München, 2010）.

[11] Hans Carl von Carlowitz, *Sylvicultura oeconomica oder Haußwirthliche Nachricht und Naturmäßige Anweisung zur Wilden Baum-Zucht*（1713），ed. Joachim Hamberger（Munich: Oekom, 2013）.

[12] A. D. Bradshaw, "Restoration: An Acid Test for Ecology, " in *Restoration Ecology: A Synthetic Approach to Ecological Research*, ed. William R. Jordan III, Michael E. Gilpin, and John D. Aber（Cambridge: Cambridge University Press, 1987），23–29.

[13] Stefan Zerbe and Gerhard Wiegleb, *Renaturierung von Ökosystemen in Mitteleuropa*（Heidelberg: Spektrum, 2008），469.

[14] Naturkapital Deutschland-TEEB DE, *Der Wert der Natur für Wirtschaft und Gesellschaft: Eine Einführung*（Munich: ifuplan; Leipzig: Helmholtz-Zentrum für Umweltforschung–UFZ; Bonn: Bundesamt für Naturschutz, 2012），80.

[15] Zerbe and Wiegleb, *Renaturierung*, 9.

[16] Landeshauptstadt München, *Der Isar-Plan. Projektdokumentation* (Munich: Landeshaupstadt München, 2011) .

[17] Landeshauptstadt München, "Beschluss des Bauausschusses vom 27.09.2005, Munich 2005," in Susann Ahn, *Freiraum München: Perspektive, Plan und Praxis: Beteiligungskultur und Beteiligungsverständnis in München* (diploma thesis, Technische Universität München, Munich, 2007) .

[18] Julia Düchs, *Wann wird's an der Isar wieder schön? Die Renaturierung der Isar in München: Über das Verständnis von Natur in der Großstadt* (Munich: Utz, 2014), 59–60.

[19] Ibid., 45.

[20] Keller and Huß, *Stadt und Fluss*.

[21] Ludwig Trepl, "Es gibt keine kulturellen Ökosystemdienstleistungen, " *SciLogs*, accessed October 10, 2014, http://www.scilogs.de/landschaft-oekologie/es-gibt-keine-kulturellen oekosystemdienstleistungen/.

[22] Friedrich Nietzsche, *Die fröhliche Wissenschaft* (Berlin: Edition Holzinger, 2013), 66.

[23] Peter Finke, "Landschaftserfahrung und Landschaftserhaltung: Plädoyer für eine Ökologische Landschaftsästhetik," in *Landschaft*, ed. Manfred Smuda (Frankfurt: Suhrkamp, 1986), 266–298; Ian L. McHarg, *Design with Nature* (New York: Wiley, 1969), 77.

[24] James Corner ed., *Recovering Landscape: Essays in Contemporary Landscape Architecture*, (New York: Princeton Architectural Press, 1999), 8.

[25] Thomas Hauck, *Landschaft und Lüge, Die Vergegenständlichung ästhetischer Ideen am Beispiel von "Landschaft"* (PhD diss., Technische Universität München, 2012), 167.

机场中转景观

索尼娅·丁佩尔曼
Sonja Dümpelmann

20世纪初，机场设计面临新的挑战，当时的人们尚不清楚航空业将会如何发展和改变世界。与那些仍将19世纪的火车站作为20世纪航空站雏形的同行们不同，20世纪30年代，一些乐观前卫的建筑师，比如诺尔曼·贝尔·盖迪斯（Norman Bel Geddes）和理查德·诺伊特拉（Richard Neutra），开始将机场概念化，他们认为机场更像是一个中转点（a transfer point）而非一个终端（a terminal）。在1930年的机场项目“拉什城空转站”（Rush City Air Transfer）的设计中，诺伊特拉试图使其设计满足“从空中到地面的过渡阶段中的速度和流动性”，并希望给这个流动的过渡和时空的连续性提供一个与之相符的建筑。诺伊特拉并没有采用许多传统机场中典型的、静态的、纪念碑式的入口广场设计，而是以人流及货物在不同交通工具之间“平稳、快速、廉价”的转移为目标[1]。他的机场设计概念是建立在对时空压缩的感知以及对人流和货物高速运动的便利性上的。虽然“拉什城空转站”项目从未被建成，但其基本理念对于塑造现在的航空运输体系和基础设施产生了决定性的影响。然而，任何由于航班取消、错过航班或者仅仅是过境而滞留在机场的旅客都知道，航空旅行速度的增加也导致了航班延误和旅客滞留现象的出现。因此，虽然航空运输的目标一直是在尽量减少地面与空中，或者是航班与航班之间的转移时间，乘客们却经常发现自己几乎滞留在机场中那些为提升流动性而设计的后勤区域内。正是这种速度缓慢甚至是停滞之间的张力，以及用地理位置固定的机场来连接在全球范围内穿梭的航空运输服务的抱负，才激发了将机场设想为一个景观场所的尝试，机场可以成为一个展现当地的、地区的甚至是国家身份的地方。作为一个连接着本地与全球的联络点，机场既是全球经济的发动机和产品，也是乘客进入和离开飞行领空并进入地面空间的场所。

比起铁路、火车站、高速公路以及港口等其他交通基础设施，人们更倾向于把机场当作一种景观或者一片独特的环境来进行解读、理解和设计。人们对机场和航空业的理解一般与景观、环境和生态的概念紧密相连，即使机场在其演化过程中被许多人描述为反景观的（anti-landscape）、被逐步废弃的、甚至是“非场所”的（a “non-place”）[2]。实际上，风景园林师在机场环境设计中所遇到的问题正如提姆·克瑞斯威尔（Tim Cresswell）所说的，一方面机场是“一个很大的非历史和非场所的流动空间”，另一方面它又是“根深蒂固的历史空间场所”[3]。贯穿20至21世纪的机场景观发展谱系揭示了机场不仅是全球本土化（glocalism）的表现，而且是一种包含着技术和自然、工程以及设计之间所存在的摇摆不定的关系的场所。

飞机场

许多对动力飞行的早期尝试都是在能够提供适当的风力以及软着陆区域等自然条件的环境中进行的，比如基蒂霍克附近的北卡罗来纳海岸区域便是这样。在他们搬进俄亥俄州代顿的一个牧场之前——这个牧场也是第一个飞行场地，1903年威尔伯和奥维尔·莱特（Wilbur and Orville Wright，莱特兄弟）在那里进行了他们的第一次短途飞行。虽然奶牛群可以被赶到牧场的南端，场地中间一棵现存的荆棘树仍然成为飞行的障碍，然而不久之后他们却发现这棵树可以作为他们第一次椭圆飞行路线计划的主要指示物（**图1**）。技术和自然终究会在多个层面上产生碰撞的事实在哈佛航空场地（也就是今天的Squantum Point Park）1911年的一幅地图中被预见到了，这幅地图在哈佛航空学会召开的1910届哈佛波士顿航空会议上被首次使用（**图2**）[4]。在这个为比赛的飞行员划定的1.5英里长的航线上，地面上的五个电缆塔标志着航线的转折点。在地图上，电缆塔被精确且笔直的虚线所连接，而地面上的自然构筑元素，包括小河和蜿蜒的海岸线，则被忽略了。负责第一次航空会议的是哈佛大学气象学教授、哈佛航空学会第一任主席雅培·劳伦斯·罗奇（Abbott Lawrence Rotch），他将航空业与环境科学特别是气象学方面的探索结合了起来。18世纪至19世纪后期许多较早的气球上升实验对探索大气起到了一定的帮助。在其1884年创立的大蓝山（波士顿西南部）天文台上，罗奇用风筝、热气球和气球探测仪研究了天气、风以及大气（**图3**）。他针对气候所做的部分研究是为了帮助穿越大西洋的飞行。只有通过上升到高层的大

图1 — 上排左图：莱特兄弟（the Wright brothers）位于俄亥俄州代顿的第一个飞行场地平面图，包括场地中央的荆棘树

［约翰·沃尔特·伍德（John Walter Wood），《机场》（*Airports*），纽约：Coward-McCann出版社，1940年.］

上排右图：莱特兄弟1904年试飞的飞行者二号飞机（Flyer II），位于西姆斯站霍夫曼草原，约距俄亥俄州代顿东北方10英里（16公里）

（美国国家航天航空博物馆（NASM 84-2385），史密森学会提供）

下排左、中、右：威尔伯·莱特（Wilbur Wright）日记内页，1904年，气候情况和飞行数据记录，其中的草图分别记录了1904年9月20号、10月1号和10月11号的飞行路线

［《日记和笔记：1904-1905年》（*Diaries and Notebooks: 1904-1905*），威尔伯·莱特，威尔伯和奥维尔·莱特论文，手稿部分，美国国会图书馆，华盛顿特区］

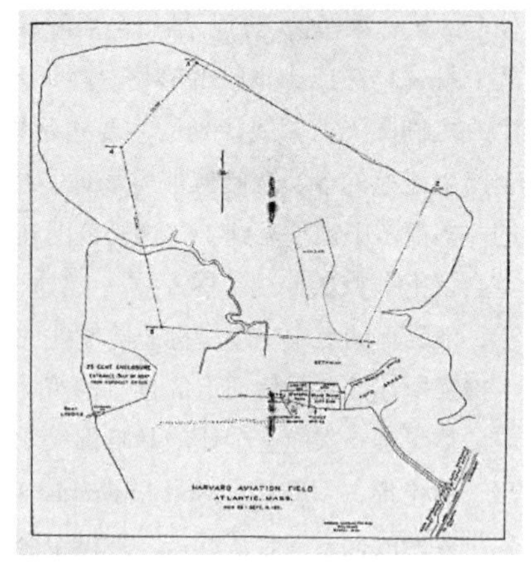

图2 — 哈佛航空场地地图，1911年

（HUD 3123 Box 1，哈佛大学档案馆提供）

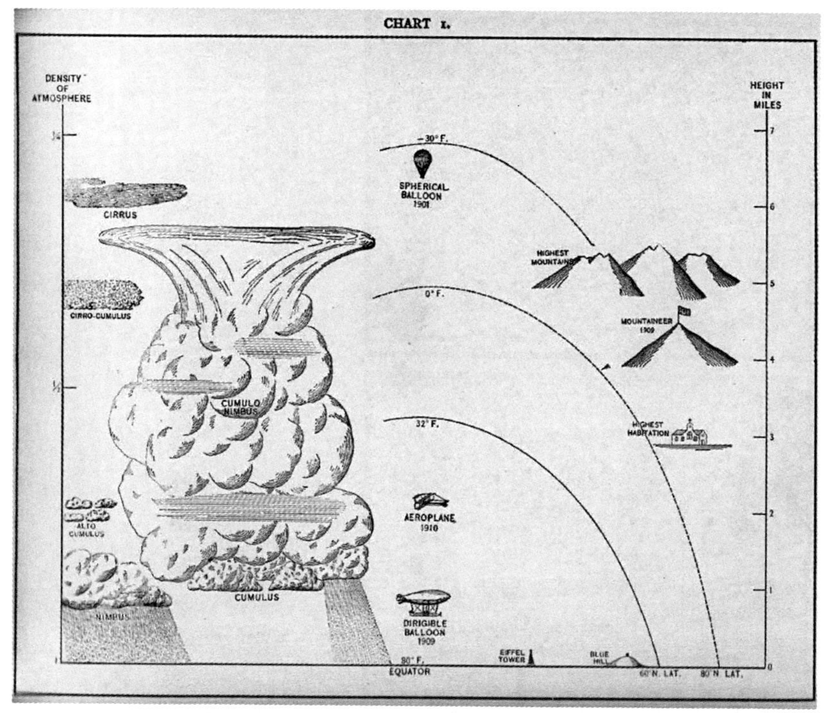

图3 — 雅培·劳伦斯·罗奇，展示不同类型云层及气象观测站的图解
[雅培·劳伦斯·罗奇及安德鲁·H·帕尔默（Andrew H. Palmer），《航空及飞行员气象图》，纽约：Wiley出版社，1911年.]

气中，人类才能更好地了解大气及其气体组成状况，而只有了解了有关天气、气流以及云层形成等方面的知识，航空领域才能进一步地发展。因此，早期的大气探测促进了热气球和飞机的发展。

人造飞行场地

第一个飞机场选址，是因为它们本身的自然条件就有助于飞机的起飞和降落。正如工程师阿奇博尔德·布莱克（Archibald Black）在1929年的汇报中所说，适于飞行的理想“自然”（natural）条件包括一片开阔场地上的平坦区域、能够自然排水的土壤、“紧密生长的常绿草地”、较低或均匀分布的降水，且没有雾和阵风[5]。因此，第一个机场便是一片长满青草的、约750米宽1000米长的平坦场地，其外围配有简单的轻型建筑。这类机场通常由直径约45米的白色圆圈

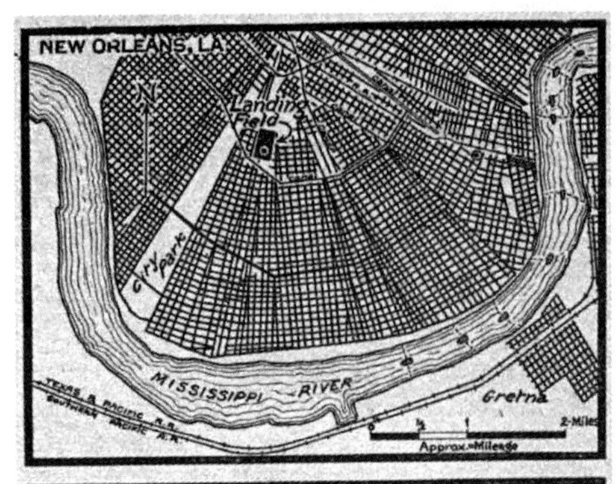

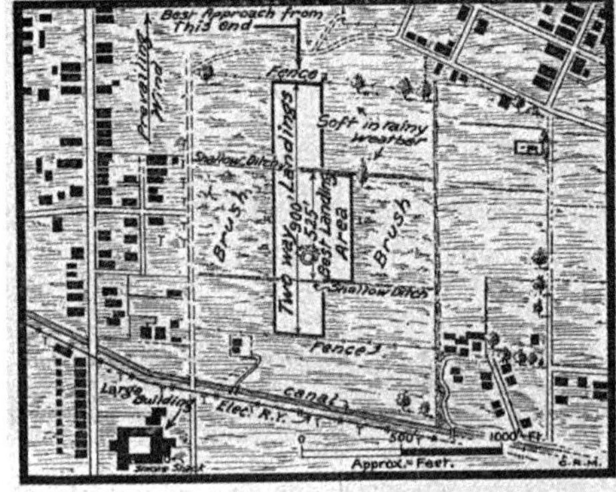

图4 — 彼得斯和克莱伯恩机场跑道环境及细节地图草图，新奥尔良
［航空局局长办公室，华盛顿特区，《航空公报》（*Aeronautical Bulletin*），第119期，1924年1月2日.］

以及由机场名称组成的巨大字母所标志出来。场地中央位置的发烟罐指示着风向。除了航空条形图，美国早期的飞行员还会研究航空公报中公布的小型机场地图，这些地图标明了各个机场的条件和方位，以供飞行员们起飞和降落使用。早期的机场草图中突出标志了坑洼、丘陵、森林和树木、沼泽、小溪与河流、道路、电线、耕地，甚至在某些情况下会注明作物的种类（**图4**）。后来，公告中还加入了风玫瑰图来表示主导风向。简言之，机场的缩略地图不仅展现了它们所处的环境背景及其与最近城市的关系，也成了传递场地地势和环境条件信息的速记。

随着飞机变得更大、更重和动力更强，早期的人工飞行机场最终需要配备水泥和沥青跑道以及大面积的排水系统，机场设计也或多或少需要变得越来越完善。机场这种基础设施逐渐脱离自然条件，从原先借由牧场上羊群就能维持着低矮草地和压实地面的“牧场风光”，转变成了一个“人类必须将机器和材料带到工地上来纠正自然场地的不足，宽阔、笔直、深埋的跑道在大地上不得不留下伤疤，树木以及其他可能影响快速移动的飞行器阻碍物都被移除的地方”。正如英国航空工程师西德尼·E·维尔（Sydney E. Veale）在1945年所评论的那样，“现代机场必须是人造的”[6]。唯一剩下的由自然决定的因素只是与机场跑道方向、长度和强度并行的主导季风，而这又是由海拔导致的不同大气密度所决定的。

机场景观

20世纪20年代，当风景园林师认识到机场设计可以为他们提供进行设计实践的机会时，机场作为景观的概念便由此开始发展起来。建筑师和设计师们迅速地意识到机场设计是一个综合性的问题，其内容应当包括飞行场地、航站楼和机库以及周围开放空间和种植设计等各个方面。将美国城市美化运动（City Beautiful movement）的理念应用到机场设计当中，美国的设计师们甚至把机场设计理解成一个类似于17世纪法国园林设计般的复杂问题。许多设计师都把机场设想成为景观和城市。20世纪20年代后期，工程师们根据机场的扩张需求对不同的跑道模式进行了模块化的设计实验，建筑师和风景园林师则负责将这些跑道设计嵌入更大的景观之中。美国建筑师弗朗西斯·基利（Francis Keally）发展出了一套富有远见的机场设计方式，他将机场纪念性的圆形着陆场地定位成一个以17世纪法国园林为原型的大型观赏型花园。从风景园林转型到城市规划领域的美国设计师约翰·诺伦（John Nolen）也提出了一个机场的原型，该机场原型有着四角形的飞行场地以及附属在其周边的卫星城镇，其中卫星城镇的布局呈鹅爪状（patte d'oie），类似于17世纪的凡尔赛花园和城镇的街道布局[7]。

20世纪50年代后期，作为后期建成的喷气机机场之一的纽约国际机场（如今的纽约肯尼迪机场）也确实在其中置入了一个经过设计的国际公园，建筑评论家雷纳·班纳姆（Rayner Banham）嘲笑其为一个模仿17世纪法国园林的“毫无意义的马里昂巴德（Marienbad ）小径”[8]。这座89公顷的国际公园，外部被停车场所包围，同时还连接了道路和航站楼，并沿着国际航站楼建筑和机场透明的中央供暖和制冷设备之间的轴线伸展开来。其中的种植池以及三个大小和位置都不同的圆形喷泉在中轴线上勉强地创造出了一幅远景。

如同早期的航站楼及其室内装饰设计一样，从20世纪20年代末开始，机场外部空间的设计也越来越受到重视。事实上，风景园林师雅各布·约翰·斯布

（Jacob John Spoon）早在20世纪30年代初就曾说过，“华丽的室内或室外装饰”在机场必要的“美化”中并不是最重要的，因为机场“不规则散布的机库、稀稀疏疏的焦黄草地，以及煤渣和灰尘”使得机场经常呈现出一种“令人厌恶的场景”。根据斯布的说法，对航站楼建筑内部和外部建筑细节的重视其实是可以“为了室外精心设计的场地而被忽略”的。虽然确保机场的运作是重要的，但他认为“保持机场运作的分组和安排的方法，与机场景观设计几乎是同等重要的”[9]。然而，为了缓和乘客紧张的神经，使他们感到舒适和自在，早期的候机楼候机室通常被设计得如私人客厅一般，其中甚至还包含了扶手椅、沙发和壁炉（**图5**）。同样，室外空间的设计往往也都是本土现代主义的表现形式，它们的设计试图达到和室内空间相同的效果，并帮助乘客进行定位以找到各自要去的地方。机场景观设计不仅促进了当地、区域乃至国家身份象征的建立，同时也成为日益规范化的机场技术环境中的本土对照物。在过去以及今天，机场景观设计往往或多或少以充满想象力的方式将机场与其周围环境联系起来，它们试图通过对

图5—洲际航空客运站室内，韦诺卡，俄克拉荷马州，约1929年
［美国国家航空航天博物馆（NASM 00133605），史密森学会提供］

当地景观特质和特征的突出来对机场特有的无场所感（placelessness）特点进行反击。因此，机场花园和景观对机场作为一个“从全球转移到本地，反之亦然”的传送器功能发挥了巨大的帮助[10]。

例如，在里约热内卢的桑托斯-杜蒙特机场（Santos Dumont airport），其水上飞机航站楼前便坐落着一座热带花园。花园里有一个水池，里面栽满了“稀有且典型的巴西植物”，比如维多利亚睡莲（Victoria water lilies），这个花园就是在20世纪30年代末被建造出来的[11]。本土现代主义园林提出了这类以艺术装饰为特色的现代主义航站楼建筑风格。从20世纪20年代开始，许多设计师将机场视为一种具有现代主义和本土特征的对比，并且具有一种如今被称作全球本土化（glocalism）表达风格的混合（hybrid）景观（**图6**）。20世纪60年代，火奴鲁鲁国际机场的航站楼被建在一个三角形的地面上，这块场地便是由风景园林师理查·唐（Richard Tongg）设计而成的所谓的文化花园。整个场地被划分为三个部分，文化花园中包括一个“中国花园”、一个“日本花园”以及一个“夏威夷花园”，它们被认为是塑造岛屿多样化文化生活的代表[12]。这些花园遵循了唐及其合著者洛兰·E·库克（Loraine E. Kuck）1939年出版的《热带花园》（*The Tropical Garden*）一书中所表达的观点。他们注意到，热带地区的文化融合程度是很高的，因此“将一种文化中的设计细节放到另一种文化中并不会显得很奇怪”[13]。在火奴鲁鲁国际机场，虽然当时的夏威夷土著习俗和文化受到了广泛的压制，并且自日美战争中的珍珠港事件发生后，夏威夷岛上的美日局势也越发紧张，但文化花园仍然将当地的文化和自然展现给了乘客。

图6 — 桑托斯-杜蒙特机场水上飞机航站楼前的花园，里约热内卢，约1937年
［《巴西民航》（*Civil Aviation in Brazil*），圣保罗：Graphicars出版社，罗密蒂&兰扎拉（Romiti & Lanzara），1939年，第33页.］

机场风景

虽然机场景观是供人们在地面上进行体验而被设计的，但它的设计还必须结合从空中俯瞰的视角。在建筑师在航站楼建筑中自由地使用艺术装饰和本土风格——如西班牙殖民复兴风格的同时，风景园林师也同样将第一个商业机场作为实验场地，并且对与现代主义和地域主义相关的新型表达形式进行了尝试。新的交通方式为挑战习以为常的设计形式和观点提供了新的机会。机场设计为风景园林师提供了一个从空中视角设计新型景观的机会。1930年，厄恩斯特·赫明豪斯（Ernst Herminghaus）在堪萨斯州的堪萨斯城为费尔法克斯机场进行了一批为数不多的早期现代主义景观设计。根据他的观察，黄色和橙色是最容易从空中识别出的颜色，而一些细节设计在高速飞行中则是不容易被乘客察觉的，因此他建议种植大量色彩鲜艳的植物。他在航站楼前的区域设计了一些基于对称布置的几何形状，它们可以很容易地从空中被识别[14]。同样，他的美国同事雅各布·约翰·斯布则通过使景观适应空中的视角和高度而进一步地促进了机场景观的设计。斯布认为机场周围的条形地带——根据美国商务部的要求应至少要有91米宽，是将机场变成一个有吸引力的景观基础设施的理想区域。在那里，数米宽的树篱、宽阔的草带、五颜六色的花朵以及白色的沙子，形成了在空中很容易被识别出的、吸引人的几何形状[15]。与赫明豪斯和斯布不同，德国的风景园林师赫尔曼·马特恩（Hermann Mattern）则试图加强机场建筑与地面的连接性。他在新斯图加特机场的种植设计中进一步强调了建筑师恩斯特·扎格比尔（Ernst Sagebiel）的设计意图。其设计部分需要考虑空袭防御的需求，因此在使机场建筑适应景观环境的同时，也需要设计出一种可以融入周围环境的轮廓。长长的、弯曲的观景平台轮廓、鲜明且有纪念感的窗台被散布的灌木种植所打破和“软化”（softened）。乔灌树种的选择以及不规则的种植方式都与该地区的郊野特征相适应。地区主义理念（regionalist ideas）和空袭防御措施促成了这样一个试图将机场融入周围环境的景观设计。在第二次世界大战期间，为了使机场不被敌军察觉，人们尝试了各种各样的方法。当机场需要伪装以抵御空袭时，假的篱笆以及整个仿造的房屋都被装上滚轮并被推到跑道之上，人们将化学试剂和颜料倾洒到草地上，并且还用不同的表面纹理对混凝土跑道进行伪装[16]。

作为公园的机场

在动力飞行的早期，一些风景园林师和规划师不仅将机场与公共城市公园联系起来，而且还将机场视为公园系统的一部分。早在1913年，德国风景园林师莱伯里切·米吉（Leberecht Migge）就提出机场可以成为城市开放空间系统的一个组成部分。公民们将受益于这种把机场纳入公用场地的措施，因为其能为居民带来前所未有的兴奋感，并提供不同以往的进行消遣的可能性。根据米吉的说法，像露天博物馆、游乐园和赛马场一样，人们可以通过将机场纳入城市的开放空间而对其进行管理[17]。在20世纪20年代的美国，一些风景园林师对由不同专业团体和市政机构领导的机场选址和管理问题展开了激烈的辩论。尽管机场在概念上被理解为开放空间，但即使是在风景园林师的内部也不能就这种说法达成一致。一些人认为机场既是娱乐设施，也是商业设施，因此应该将其纳入公园系统，并由公园部门进行管理。就像20世纪20年代的纽约区域及周边规划者们所标榜的那样，这样做的好处之一是那些通常建在过去的公共场地之中或者周边的过时的废弃机场，可以随时被转变回“永久性的公共开放空间”[18]。但其他的规划师和风景园林师却注意到了将休闲公园的使用和空中交通相结合的危险，并指出它们两者是互不相容的。尽管如此，这一意见最终还是获胜了，一些小型机场确实是与高尔夫球场和公共公园联合建造而成的。美国俄亥俄州的托雷多市便决定忽视这种认为飞机场将对游客产生安全隐患的怀疑声音。该市将机场纳入其公园系统计划，并将其设置在城市莫米河（Maumee River）入海口北边的海湾景观公园（Bay View Park）中。

作为环境的机场

虽然许多关于机场的早期阐述主要集中于实际的机场区域范围内，工程师、规划师和设计师们很快便意识到，出于对安全和飞机技术的要求，机场附近的区域也需要是无障碍物的空域。事实上，早在20世纪30年代，机场就开始被认为是一个与其相关的更大范围环境的中心，并且这一观点并不仅限于那些较大的国家机场和航线系统。噪声污染在当时已经成为一个热门话题，并且很明显的，机场周围的土地使用必须得到控制，以防止在飞机升空与着陆路径的空域中可能产生的危害物和障碍物。因此，20世纪初的城市不仅需要为未来的机场获取和留出土地，还必须对机场相邻地区的土地利用进行统一管理（**图7**）。机场分区指的便是从机场边界开始一直延伸至跑道末端3.2公里长的半径的范围内，需要对机场内所有构筑物的高度进行确定。在美国，1928年加利福尼亚州阿拉米达市（Alameda）通过了第一个机场区划条例。该条例要求在任何公共机场边界305米的范围以内不应设置任何超过15米高的障碍物[19]。

到了1960年，当美国开始建造第一座喷气式飞机时，建筑师和建筑评论家批评道，机场是“过时的”（雷纳·班纳姆），是“城市的寄生虫”（保罗·索莱里，Paolo Soleri），缺乏视觉刺激并且像是一片废弃地（刘易斯·芒福德，Lewis Mumford）[20]。在这些评论家眼中，机场与公园和景观是完全相反的事物。为了达到这个效果，刘易斯·芒福德讽刺道：“公园和田野已经有了新的含义”。根据他的解释，如今的公园意味着“由沥青组成的沙漠，被设计为临时的车库”，而“田野”则意味着“另一种人工荒漠，一个种植了大量混凝土条带的贫瘠区域，振动着发出噪声，为飞机的到达和离开而服务”。对于芒福德来说，停车场和机场都是“以每个大城市周围的公用场地为代价”的废弃地。他说，如果按这种方式继续发展下去，地球将成为一个“不适合人类居住，不比月球表面好多少的荒漠地带。”[21]

因此，尽管种种迹象已经预示着新的喷气式飞机时代的到来，在战后以及20世纪六七十年代，机场在环境和美学方面对许多人来说仍是一种反乌托邦景观（dystopian landscapes）。人们开始对机场建设进行环境影响评估。1968年，在美国佛罗里达州进行的第一次环境影响评估阻止了在大柏树沼泽（the Big Cypress Swamp）中的喷气式飞机场的建造，原因是机场的建造将摧毁大片的沼泽地。仅仅三年后，就在1969年制定的《国家环境政策法案》（the National Environmental Policy Act）刚被纳入法律体系后不久，1971年联邦航空管理局（the Federal Aviation Administration）就宣布“环境问题……很可能是20世纪70年代航空业面临的最大挑战”[22]。现在，机场规划的主要意图是整合环境、航空以及区域规划。除了缓解噪声、水和空气污染，以及对土地利用、水文和野生动物的影响外，人们对机场视觉环境的关注也在不断增加。美国交通部在1972年的一份报告中指出，机场的“未被定义的、无组织的开放空间”、机场与城市之间“不令人印象深刻”的联系以及机场附近无计划的随意发展都需要被逐步清理。此外，该报告还指出机场对邻近社区的视觉影响与飞机噪声和机场相关交通的影响也是相关的[23]。面向城市方向的景观或者地形上的特征，以及关于飞机和机场的视觉效果都应该被设计，以

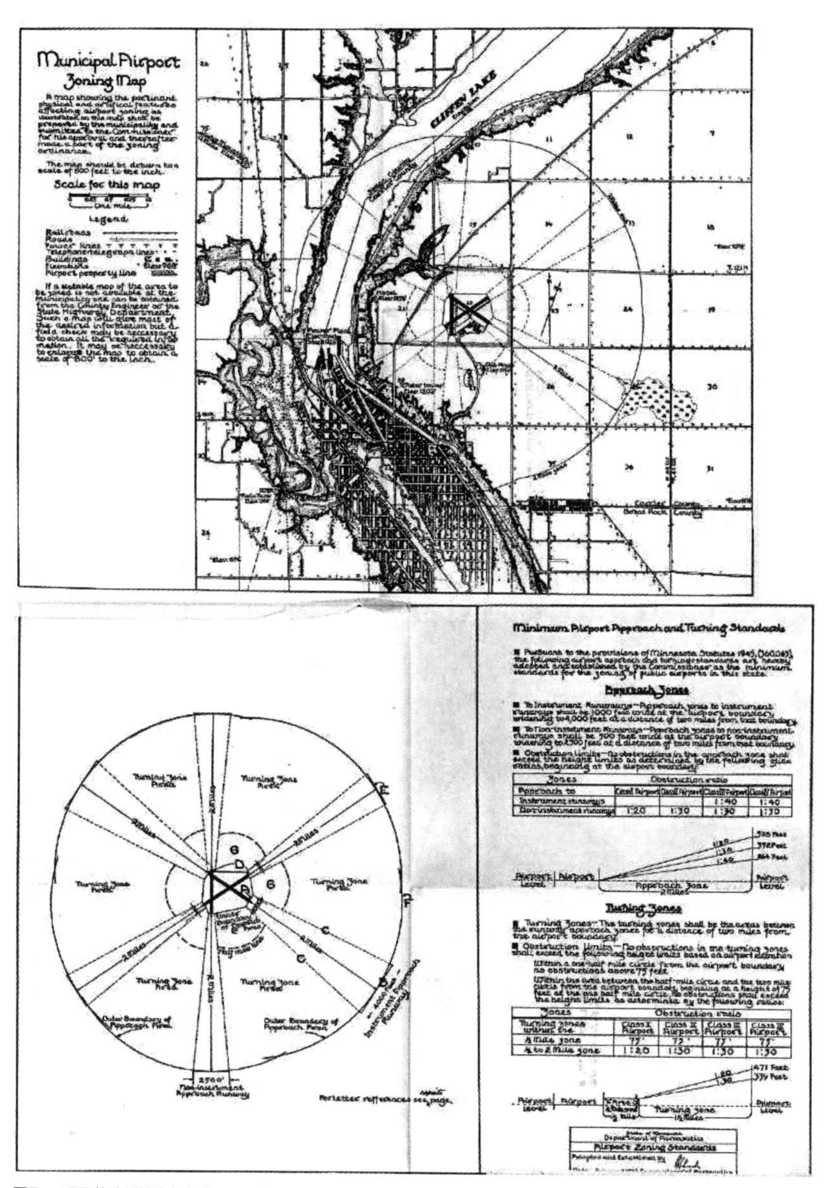

图7 — 明尼苏达州城市机场分区原型图

［J·尼尔森·扬（J. Nelson Young），《机场分区》（*Airport Zoning*），厄巴纳：伊利诺伊大学，1948年.］

“表现出空中旅行的体验”并“反映该机场区域的城市或地理特征和身份感”[24]。

在20世纪60年代就已经出现了反对将机场作为反乌托邦的想法，例如，曼哈顿的建筑和工程公司蒂皮茨-阿贝特-麦卡锡-斯特拉顿（Tippetts-Abbett-McCarthy-Stratton）便对这种观点持支持态度。1966年，他们邀请艺术家罗伯特·史密森（Robert Smithson）就达拉斯/沃斯堡国际机场的初步研究和概念规划进行磋商。结果是，史密森发展出了一个被认为是新兴大地艺术运动（Earth art movement）中非常关键的项目[25]。机场设计项目为史密森提供了新的设计尺度和视角。他着迷于机场纪念性的巨大规模以及跑道的延伸尺度，正如他所指出的那样，这些尺度可以与纽约中央公园相媲美。正如规划官员、建筑师和工程师们所强调的那样，如果这个机场位于曼哈顿岛之上，其规模将远远大于该岛（**图8**）。史密森

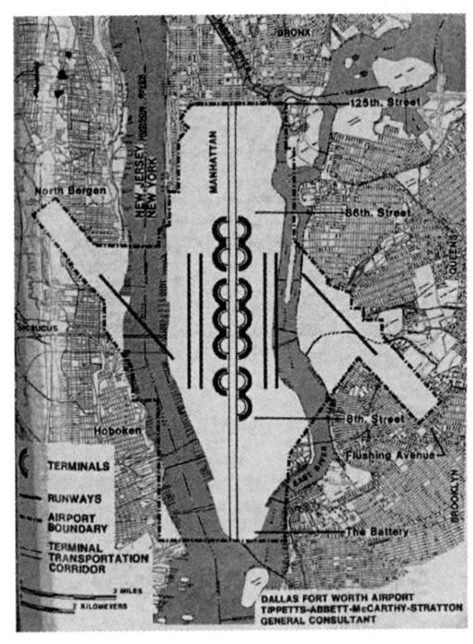

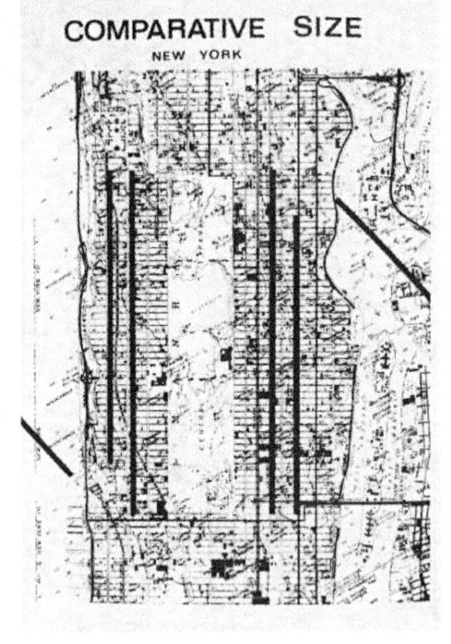

图8 — 左图：达拉斯/沃斯堡国际机场平面与曼哈顿地图叠加
[斯坦利·科恩（Stanley Cohen），《达拉斯/沃斯堡将于此月开放世界上最大的飞机场》（*Dallas/Fort Worth to Open World's Largest Airport this Month*），《工程咨询师》期刊41，no.3，1973年，第72-81页.]
右图：罗伯特·史密森（Robert Smithson），达拉斯/沃斯堡国际机场平面与中央公园地图叠加，1967年
[罗伯特·史密森，《关于机场航站楼场地发展》（*Towards the Development of an Air Terminal Site*），《艺术论坛》杂志，1967年第6期，第36-40页.]

在1966至1967年间为机场设计的雕塑式干预设计理念是为飞机着陆和升空的视觉效果而考虑的，而不是为了从垂直高度上进行观看。该设计包括半埋在地上的巨大的、浅浅的水平向玻璃盒子——盒子里有一排排黄色的雾灯，还有巨大的位于沥青路面上的方形图案和由白色砾石铺成的路径网络，以及由地面上的三角形混凝土板（航空地图）组成的巨大螺旋形状。除此之外，该设计还包括一个名为《游动的土球和砾石路径》（*Wandering Earth Mounds and Gravel Paths*，1967）的提议，即一种介于跑道之间及周围的、低矮变形虫状的土丘图案[26]。

史密森通过自己以及他所邀请参与该项目中的艺术家们的作品，努力“以一种新的方式界定航站楼的极限”，并“开创了一种先例，创造了一种机场景观美学设计的独特手法”[27]。他解释说，自己的“空中艺术”（aerial art）灵感来自于鸟瞰景象、独特的场地条件以及他个人对场地的感知，从而取代了“17—19世纪艺术中的自然主义概念”。在“空中艺术”中，史密森争论道：“景观开始看起来更像是一个三维的地图，而不是一个朴素的花园”[28]。史密森所设计的机场，就像他的同行托尼·史密斯（Tony Smith）描述的那样，是一个“没有传统存在的被创造出来的世界”以及“没有文化先例的人造景观”[29]。

然而，在20世纪20年代商业航线开通的时候，风景园林师和建筑师们已经将机场理解为一种整体的、需要被深入细节设计的文化景观。此外，自商业飞行开始以来，建筑师、风景园林师以及文化评论家就特别关注如何将17世纪法国大尺度的土地规划以及花园设计项目作为机场景观设计范例，为设计师与广阔的设计场地打交道而作出指导。而第一架喷气式飞机机场的诞生正好为设计师提供了新的机遇。

在达拉斯/沃斯堡国际机场的景观设计中，风景设计师丹尼尔·U·基利（Daniel U. Kiley）试图沿袭史密森对机场景观设计创造的最初尝试。早在华盛顿附近的弗吉尼亚州尚蒂利的新杜勒斯国际机场（1958—1962年）设计中，基利就已经为机场景观设计开创了自己的先例。1968年，他又为达拉斯/沃斯堡国际机场设计了另一个景观项目（**图9**、**图10**）。在这个项目中，规划者是故意将机场选址在生态和农业价值较小的土地上的[30]。虽然比史密森以前的想法更现实，但该项目仍然由于纪念感太强且尺度太大而难以实现。基利的设计将机场的中央高速路中脊线转变成了一个有着纪念性倒影池的倾斜轴线。出于对17世纪法国园林的着迷以及对大尺度机场设计工作的擅长，基利成为给新建喷气机场景观提供

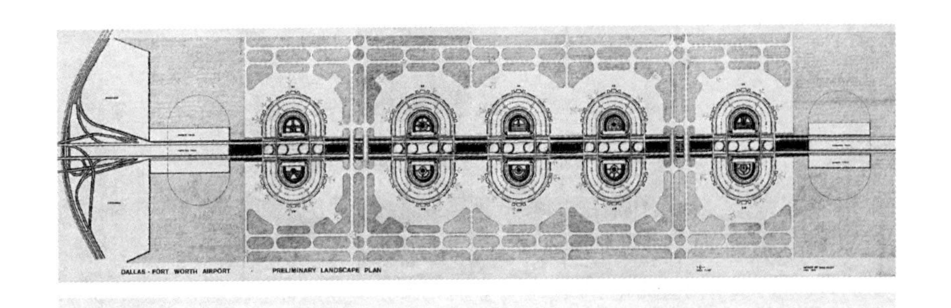

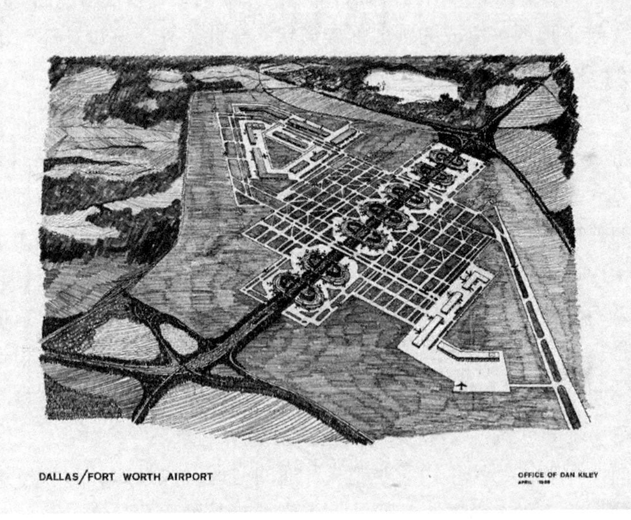

图9 — 丹尼尔·U·基利（Daniel Urban Kiley），达拉斯/沃斯堡国际机场景观设计，1969年4月
［弗朗西斯·罗卜实验室（Frances Loeb Library），哈佛大学设计研究生院提供］

图10 — 丹尼尔·U·基利，达拉斯/沃斯堡国际机场鸟瞰图，得克萨斯州，1969年4月，用铅笔及墨线在绘图纸上绘制而成
［弗朗西斯·罗卜实验室，哈佛大学设计研究生院提供］

新设计的理想候选人。在杜勒斯国际机场和达拉斯/沃斯堡国际机场的景观设计中，他利用成群的植物种植来平衡巨大的机场建筑和道路尺度，并且将其作为进一步强调场地巨大尺度的元素。植物种植和水景成为颂扬航站楼建筑的重要方式，并且以此将机场建筑、道路和停车场嵌入到更大的景观中。

在达拉斯/沃斯堡国际机场中，基利设计的矩形水池被双排树木环绕。呈格网状的树木被种植在垂直穿过高速公路的滑行道桥处。各种形状的水池坐落在中央高速公路中脊线两侧航站楼环的中心，与之相搭配的种植设计则包括条状、圈状和格网状的树木，且每个航站楼环的设计都不一样。与杜勒斯国际机场的设计类似，在这里乘客将受到各种乔灌木以及花团锦簇或硕果累累的缤纷果树的欢迎，这些植物位于入口道路以及由沙里宁联合公司设计的标志性航站楼建筑的两侧，在达拉斯/沃斯堡国际机场的设计中基利也将开花的树木布满高速公路中脊线从南至北的道路两端。高速公路的南部入口被常绿植物块所包围，而巨大的矩形区域的两侧则被用来种植苗木以作为机场未来的储备用地。基利的设计与1965—1969年建筑和工程公司蒂皮茨-阿贝特-麦卡锡-斯特拉顿（TAMS）以及1968年开始的由HOK和霍普夫&阿德勒建筑公司设计的航站楼建筑并存。与7122公顷广阔的机场规划面积一样，基利的景观设计也发展出了一套关于后续扩展的概念，一种就像规划者们在1973年机场开幕式上所说的能够使机场最终可以容纳航天飞机着陆的扩展范围[31]。一份机场管理局1973年发布的小册子里写道，覆盖地面的大量植物、灌木丛和树木为机场提供了一个功能性的且充满吸引力的层次，其中包括了高速公路入口处的常绿橡树、机场中心及控制广场（control plaza）附近的紫薇，以及航站楼区域的双排硬叶榆[32]。虽然基利纪念性的设计试图将芒福德口中的废弃地转变为一个功能性的、标志性的且吸引人的景观，但这个想法只有部分得以实现。尽管如此，该设计仍然证明了在20世纪五六十年代，当第一架超音速飞机将各大陆连接起来的时候，人们也开始将机场理解为一个综合景观及环境的事实。

机场再利用的新浪漫主义设计

在过去的四分之一世纪里，地缘政治的变化以及日益增多的大规模空中旅行导致许多以前的机场和航站楼变成了公共的城市公园。在商业飞行开始的最初阶段，人们对机场的预期在兜了一圈之后又回到了原点。以前的机场经常位于城市的外围，而如今这些机场为周边正在进行城市化的地区提供了巨大的新型公共开放空间。虽然这些机场的再利用为许多城市政府既提供了机遇也带来了挑战，但设计者在许多情况下都会将其作为新概念的试验场地。这些旧机场的改造设计大都基于建造或恢复生态系统和自然文化遗产的希望，如旧金山市的克里斯公园（Crissy Field）；设计师们还在机场的改造中对生态理论的利用进行了实验，这些理论强调时间的变化、自组织性和不确定性，如多伦多的当斯维尔公园（Downsview Park）；一些设计师考虑到机场的规模、开放性和水平性，在设计中倾向于将其阐释为一种空白的图版，以在其上对地形和水文进行设计和干预，比如巴基斯坦OML公司为雅典设计的海伦尼康大都会公园（Hellenikon Metropolitan Park）。一些设计试图将都市农业融入设计中，以创造城市生活的中心，如基弗事务所（Büro Kiefer）设计的柏林加图（Gatow）公园。他们不仅为城市发展提供了新的模式，也使得市民参与到未来的城市景观塑造之中，如柏林的滕珀尔霍夫公园（Tempelhofer Feld）。

位于柏林市中心东南部的滕珀尔霍夫公园以及约翰内斯塔尔自然景观公园（the Nature and Landscape Park Johannisthal）是德国最早的机场所在地之一，该机场的改造既是当地政治和新型城市发展模式的复杂过程产物，同时也是新浪漫主义在景观设计中的应用反思[33]。基弗事务所（Büro Kiefer）在1996年设计的约翰内斯塔尔自然景观公园把原机场的核心地区变成了自然保护区以保护该地区罕见的生境类型。人类被禁止进入这个区域，场地为人们提供了一个高架的木质环形全景步道，而场地外围边缘则设置了球类游戏和游乐场等各种小型娱乐空间。通过对羊群进行精心的管理，不仅保护区核心区域的干草生境被维护了下来，一种与德国19世纪以来对于原始自然以及文化景观理想的浪漫主义概念类似的乡村风景也被创造了出来。通过更多的绘画和文学作品，比如特奥多尔·冯塔纳（Theodor Fontane）的《伯兰登堡漫游记》（*Walking tours through the March of Brandenburg*，1862到1889年间出版了五卷），干草和荒野在20世纪早期的德国思想中呈现出了标志性的景观地位。这种景象被认为是典型德国式的，并且被保守和反动的园林设计师、艺术家、作家和艺术评论家们视为国家的有力象征，这些人在后来通常都变成了纳粹政治的支持者[34]。第二次世界大战后，这种羊群在干草地和荒野中觅食的景象，以及与之相联系的浪漫主义和乡愁情怀，通过德国第一个自然公园的建立而被推进。这个公园将吕讷堡荒原（Lüneburg Heath）的一部分包括在内，在这里工业和现代农业被禁止以保证传统牧羊活动的进行[35]。由于保守的中产阶级对工业社会的批判以及对城市生活健康的关注，人们开始建造自然公园以提供可被掌控的“有序”（orderly）休闲活动，如徒步旅行，以及跟保护风景有关的美学享受[36]。原约翰内斯塔尔机场的景观设计既有国家景观美学在其中，同时又有可以追溯到19世纪和20世纪早期浪漫主义的自然保育和维护的理念。

由英国景观设计公司Gross.Max.设计的滕珀尔霍夫机场改造获奖方案（2011年）非常符合竞赛方对投标者的要求，抛去其他方面不说，该竞赛不仅要求设计师特别关注场地上的历史遗迹，同时发展出一套“新的审美标准”，还要将当时艺术界的“新浪漫主义风格”作为艺术灵感的源泉[37]。这种流派的出现被认为是对当时社会流动性的增强和缺乏持久社会联系的应对、对随之而来的安全和亲密的探索以及对“一个天堂般的美丽、童话般的状态”的向往。而与这类流派有关的当代艺术家的作品在这些田园诗背后所隐藏着的则是“深不可测的、怪异的、神秘莫测的”情感，但公园设计师们并没有设计这种在情感上给人造成不安的景观[38]。相反，他们是在对一个有着多样的且有着在某种程度上给人带来不安感的历史场地进行设计。这个公园改造项目一方面是“二战”之前、之中及之后的愁思、怀旧以及忧虑的结果，另一方面也是基于其未来潜在的巨大期望和愿景而创造出的设计方案。在计算机绘图程序的帮助下，通过图层和滤镜的渲染，该设计不仅向公众展示出了一个充满浪漫和梦幻氛围的朦胧图景，更激发出了一种广阔的、健康的公园景观类型。这一景观设计似乎为个人的沉思和反思提供了空间，并为艺术史学家玛蒂娜·维哈特（Martina Weinhart）所描述的作为“感知超越”（perceiving the transcendent）的新浪漫主义思潮提供了试验场地[39]。通过光线、迷雾和模糊景象的方式，该方案不仅让人回想起了威廉·特纳（William Turner）、托马斯·科尔（Thomas Cole）、艾伯特·比尔兹塔德（Albert Bierstadt）以及当代艺术家格哈德·里希特（Gerhard Richter）的风景画，也使人们想起了图画主义摄影（pictorialist photography）。通过城市农业的融入以及对干草生境的保护，滕珀尔霍夫公园的设计看起来就像是一个现代化的装饰性农场。事实上，该公园的设计特征和动机还包括一段标志着浪漫主义时代花园的哈哈墙（ha-ha）。除此之外，设计者在场地中还放置了一块人造岩石，以向普鲁士牧师和哲学家威廉·冯·洪堡（Wilhelm von Humboldt）以及他的弟弟——自然主义者和探险家亚历山大·冯·洪堡（Alexander von Humboldt）致敬。这块双层的岩石既是一所攀岩训练场地，也是一个观景点，这让人联想到德国画家卡斯帕·大卫·弗里德里希（Caspar David Friedrich）的浪漫主义绘画经典之作《云海中的旅行者》（*Wanderer Above the Sea of Fog*，1818年）。似乎这些关于浪漫世界观的参照物还不够，在众多廉价的效果图的一张里，Gross.Max.的设计师又将维姆·文德斯（Wim Wenders）1987年拍摄的电影《柏林苍穹下》（*Wings of Desire*）中的天使达米尔雕像放在纪念岩石的顶端。以20世纪80年代的柏林为背景，通过建立一个虚拟的、由聆听那些凡人痛苦思想并试图安慰他们的温柔天使组成的世界，文德斯的这部电影成了一个反现实主义作品。这部电影是对柏林过去、现在和未来的沉思，而Gross.Max.的分期公园设计则试图在对过去和现在进行构建的同时，也对未来进行展望。滕珀尔霍夫公园的设计师们，就像18世纪末到19世纪期间浪漫的先辈们以及当代新浪漫主义的倡导者一样，努力创造“从个性化的反世界到幻灭的现实”，并试图建立“一种新的人与自然的关系”[40]。就像浪漫时期一样，设计的焦点在于个体及其自身的情感。

机场中转景观旨在为机场提供空中与陆地间的过渡空间。它们的目的是将乘客运送到地面并为其导航，进而创造出快速空中旅行的对照物，同时此类景观还非常强调机场的地理位置和文化背景。建筑师和设计师们试图将促进了流动性世界的新技术根植到机场这样一种特定的地点之中。这些专业人士不仅将机场理解为换乘站，而且还将其看作是需要被创造和保护的地域化景观、场所和环境。如今，一些建立在旧机场上的公园不仅正在试图将土地归还给当地社区以供其使用，而且还将其纳入区域生态网络以成为其中的一部分。

这篇文章基于索尼娅·丁佩尔曼的著作《飞行想象》（*Flights of Imagination*）及其两个展览：“喷气式飞机场”（*The Jetport Landscape*）和“从飞机场到绿地：机场景观的谱系”（*From Airfields to Greenfields: A Genealogy of Airport Landscape*），哈佛大学设计研究生院，2013年10月31日至12月19日。另参见索尼娅·丁佩尔曼的文章《作为景观的机场》（*Der Flughafen als Landschaft*），引自《生态与艺术》（*ökologie und die künste*），达妮埃拉·哈恩（Daniela Hahn）、爱瑞珂·费尔里尔希特（Erika Fischer-Lichte）编，慕尼黑：威廉·芬克出版社，2015年，71-92.

注释

[1] Richard Neutra, “Terminals?—Transfer!” *The Architectural Record* 68，no. 2（1930）：100，104；Norman Bel Geddes, Horizons（Boston: Little, Brown, 1932），79–108.

[2] 美国航空史上关于生态和环境问题探讨的信息详见：Sonja Dümpelmann, “Airport, Landscape, Environment,” in *Airport Landscape: Urban Ecologies in the Aerial Age*, ed. Sonja Dümpelmann and Charles Waldheim（Cambridge, MA: Harvard Graduate School of

Design, 2016）, exhibition catalog.

[3] Tim Cresswell, *On the Move: Mobility in the Modern Western World*（New York: Routledge, 2006）, 225.

[4] Records of the Harvard Aeronautical Society, HUD 3123, Box 1.

[5] Archibald Black, *Civil Airports and Airways*（New York: Simmons-Boardman, 1929）, 29–30. 也见Archibald Black, "Air Terminal Engineering, " *Landscape Architecture* 13, no. 4（1923）: 225–38. 直到20世纪20年代，当航站楼的出现标志着商业航空时代的到来时，机场"airport"一词才开始被人们频繁的使用。见：Deborah G. Douglas, "Who Designs Airports... Engineers, Architects, or City Planners? Aspects of American Airport Design Before World War II, " in *Atmospheric Flight in the Twentieth Century, Archimedes 3*, ed. P. Galison and A. Roland（Dordrecht; Boston: Kluwer Academic Publishers, 2000）, 303. 关于飞行场地（airfield）、飞机场（airport）、小型飞机场（aerodrome）、（小）机场（airdrome）等词语的使用，详见：Wolfgang Voigt, "From the Hippodrome to the Aerodrome, from the Air Station to the Terminal: European Airports, 1909–1945," in *Building for Air Travel: Architecture and Design for Commercial Aviation*, ed. John Zukowsky（Chicago: The Art Institute of Chicago, with Prestel, 1996）, 27.

[6] S. E. Veale, *Tomorrow's Airliners, Airways and Airports*（London: Pilot Press, 1945）, 247.

[7] 更近时期，在1999年，已故的文化地理学家丹尼斯·科斯格罗夫（Denis Cosgrove）将希思罗机场比作一个格鲁吉亚庄园。科斯格罗夫作出这个比较不仅仅是为了展示18世纪的风景园和20世纪的机场在形态学上的相似之处——尺度以及开阔的草地；同时也是为了指出它们各自对于土地开发来讲是一个重要的经济动力。从理论层面讲，研究机场设计能够如他所主张的"用一个综合性的想法、一个灵活的概念来对景观进行恢复"，这里所提到的景观涵盖了社会、政治和经济层面。见：Denis Cosgrove, "Airport/Landscape, " in *Recovering Landscape: Essays in Contemporary Landscape Architecture*, ed. James Corner（New York: Princeton Architectural Press, 1999）, 221–231.

[8] 见：Reyner Banham, "The Obsolescent Airport, " *Architectural Review* 132, no. 788（1962）: 253. 班纳姆所指的是电影《去年在马里昂巴德》（L'année dernière à Marienbad）中的场景，该场景在慕尼黑的施莱因海姆、尼芬堡和阿曼纽尔堡宫殿花园中拍摄。

[9] Jacob John Spoon, "Landscape Design for Airports, " *Parks & Recreation* 17, no. 8（1934）: 267, 271, 273.

[10] Sven Kesselring, "Global Transfer Points: The Making of Airports in the Mobile Risk Society, " in *Aeromobilities*, ed. Saulo Cwerner, Sven Kesselring, and John Urry（London:

Routledge, 2009), 41.

[11] 见: Civil Aviation in *Brazil*: *Its Beginning*, *Growth*, *Present State* (S. Paulo, etc.: “Graphicars,” Romiti & Lanzara, 1939), 22.

[12] 见: “Cultural Gardens, ” Honolulu National Airport, accessed July 21, 2014, http://hawaii.gov/hnl/customerservice/cultural-gardens.

[13] Lorraine E. Kuck and Richard C. Tongg, *The Tropical Garden* (New York: Macmillan, 1939), 54.

[14] 见: Ernst Herminghaus, “ Landscape Art in Airport Design, ” *American Landscape Architect* 3, no. 1 (1930) : 15–18; Sonja Dümpelmann, “Der Blick von oben: versteckte und entdeckte Landschaft zwischen 1920 und 1960, ” in *Kunst Garten Kultur*, ed. Gert Gröning and Stefanie Hennecke (Berlin: Dietrich Reimer Verlag), 239–264; Sonja Düempelmann, “ Between Science and Aesthetics: Aspects of ‘ Air-minded’ Landscape Architecture, ” *Landscape Journal* 29, no. 2 (2010): 161–178; and Sonja Dümpelmann, *Flights of Imagination*: *Aviation*, *Landscape*, *Design* (Charlottesville: University of Virginia Press, 2014) .

[15] 见: Spoon, “Landscape Design, ” 273–274.

[16] 见: Sonja Dümpelmann, “ The Art and Science of Invisible Landscapes: Camouflage for War and Peace, ” in *Ordnance: War + Architecture and Space*, ed. Gary Boyd and Denis Linehan (Farnham: Ashgate, 2013), 117–135; and Dümpelmann, *Flights of Imagination*.

[17] 见: Leberecht Migge, *Die Gartenkultur des 20*: *Jahrhunderts* (Jena: Eugen Diederichs, 1913), 7, 35.

[18] 见: Committee on Regional Plan of New York and Its Environs, *Regional Plan of New York and its Environs*, vol. 1, Atlas and Description_ (Philadelphia: William F. Fell, 1929), 371.

[19] J. Nelson Young, *Airport Zoning* (Urbana: University of Illinois, 1948) .

[20] Reyner Banham, “The Obsolescent Airport, ” *The Architectural Review* 788 (1962) : 252–253; Paolo Soleri, “The City as the Airport, ” in *Master Planning the Aviation Environment*, ed. Angelo J. Cerchione, Victor E. Rothe, James Vercellino (Tucson: University of Arizona Press, 1970), 11–13.

[21] Lewis Mumford, “The Social Function of Open Spaces, ” in *Space for Living*: *Landscape Architecture and the Allied Arts and Professions*, ed. Silvia Crowe (Amsterdam: Djambatan, 1961), 24, 26; Lewis Mumford, “ Die soziale Funktion der Freiräume, ” *Baumeister* 58 (April 1960) : 324, 328.

[22] Federal Aviation Administration, *National Aviation System Plan*: *Ten Year Plan 1972–1981*（Washington, DC: US DOT, FAA, March 1971），23.

[23] CLM/Systems and United States Department of Transportation, *Office of Environment and Urban Systems, Airports and their Environment*: *A Guide to Environmental Planning: Prepared for the U.S. Department of Transportation*（September 1972），183–184.

[24] Ibid.，186.

[25] 关于史密森的“空中艺术”以及他的第一个大地艺术作品，见:Suzaan Boettger, *Earthworks*: *Art and the Landscape of the Sixties*（Berkeley: University of California Press, 2002），45–101.

[26] 为了使他的空中艺术对于身处航站楼的旅客同样可见，史密森计划安装摄像机，将户外的空中艺术影响传送至航站楼内。

[27] Robert Smithson,“Proposal for Earthworks and Landmarks to be Built on the Fringes of the Fort Worth-Dallas Regional Air Terminal Site（1966–1967），”in *Robert Smithson: The Collected Writings*, ed. Jack Flam（Berkeley: University of California Press, 1996），354.

[28] Robert Smithson,“Aerial Art,”*Studio International* 177（April 1969）: 180.

[29] Samuel Wagstaff Jr.,“Talking with Tony Smith,”*Artforum* 5, no. 4（Dec. 1966）: 14–19.

[30] CLM/Systems, Inc., *Airports and their Environment*, A1-137.

[31] National Air and Space Museum Archives, F4-824000-01“Texas, Dallas-Fort Worth IAP.” Brochure entitled“*Dallas/Fort Worth Airport Opening 1973*,”146.

[32] Ibid.，60.

[33] 关于此类及其他在原机场场地上进行公园设计的讨论，详见：索尼娅·丁佩尔曼（Sonja Dümpelmann）《飞行想象》（*Flights of Imagination*）。

[34] 关于德国19—20世纪在花园和艺术设计中对荒野景观的运用，人们对此的感知及其意义，详见：Gert Gröning and Uwe Schneider, *Die Heide in Park und Garten*（Worms: Wernersche Verlagsgesellschaft, 1999）.

[35] 德国首个自然公园，即海德公园（the Heidepark），参见：Jens Ivo Engels, *Naturpolitik in der Bundesrepublik*（Munich: Schöningh, 2005），102–103.

[36] 关于自然保护及战后自然公园的历史，详见：Engels, Naturpolitik; on nature parks see in particular pp. 93–154；Sandra Chaney, *Nature of the Miracle Years*（New York: Berghahn Books, 2008），114–147.

[37] Senate Department for Urban Development, Tempelhof Parkland Open Landscape Planning Competition Followed by a Negotiated Procedure Invitation to Tender（Berlin, 2010），25.

[38] Max Hollein, "Preface, " in *Wunschwelten: Neue Romantik in der Kunst der Gegenwart*, ed. Max Hollein and Martina Weinhart（Frankfurt: Kunsthalle Schirn Hatje Cantz, 2005），17.

[39] Martina Weinhart, "The World Must Be Made Romantic, " in *Wunschwelten*: *Neue Romantik in der Kunst der Gegenwart*, ed. Max Hollein and Martina Weinhart（Frankfurt: Kunsthalle Schirn/Hatje Cantz, 2005），35–36.

[40] 见 for example, the artists Justine Kurland, David Thorpe, and Laura Owens; Eelco Hoftman with Kaye Geipel and Doris Kleilein, "Urban agriculture ist ein heikles Stichwort," *Stadtbauwelt* no. 191（2011）: 34.

景观都市主义思考

查尔斯·瓦尔德海姆
Charles Waldheim

对于作为一门学科和行业的风景园林学来说，《当代景观思考》一书为其学术追求和求知欲望提出了最基本的问题。这本书中所提及的不同立场，展现的是景观在塑造当代城市中新晋角色的相关定位。近期，有关景观都市主义的论述暗示了一种回归到场地自身起源的回溯。而在历史上，风景园林学（Landscape Architecture）这门"新艺术"（new art）的创始人却特意将这门新专业归类于建筑学（Architecture），以作为其最恰当的文化身份。这样做的结果是，他们提出了一个新兴的混合专业身份。这个新的自由职业创立于19世纪下半叶，被用来应对工业城市的社会、环境和文化所面临的挑战。在这种社会环境下，风景园林师被设想成一群负责整合民用基础设施、改善公共空间和环境的新型专业人员。风景园林师这种最初是为塑造当代城市而诞生的职业起源，为将景观作为一种城市化形式的论述和实践提供了饶有趣味的启示。

近期对北美最大城市中心的建设调查证实了风景园林师也是城市设计师的这一说法。近年来，通过一系列的景观项目，包括纽约、芝加哥和多伦多在内的几个北美城市阐明了一种公认的景观都市主义立场。其中一些项目把景观当作城市化的媒介，并暗示了城市形式中所存在的局限性，而另一些则明确地对与景观进程相关的建筑形式、街区结构、建筑高度和立面退让进行描述。其中最清晰易读的例子便是多伦多的滨水空间改造案例，该场地正沿着明确的景观都市主义路线而被改造。

纽约市一直是景观都市主义实践最重要的场所之一。继迈克尔·布隆伯格（Michael Bloomberg）2002年当选纽约市市长后，该市便开始了一系列为期十年的、以景观带动且具有国际意义的城市发展项目。其中的许多项目都是景观都市化与生态功能、艺术慈善以及设计文化的交叉产物。纽约斯塔滕岛清泉垃圾填埋场（Fresh Kills Landfill）的修复和重建竞赛为风景园林师在城市发展的尺度上进行操控提供了一个早期的范例。虽然詹姆斯·科纳场地运作事务所（James Corner Field Operations）为清泉公园（2001年至今）的提案专注于景观的修复及其生态功能，但同时在很大程度上它也被认为是一个编程化的城市空间。该公园旨在适应其周边地区正在进行的城市化进程，同时也承担着日益增长的休闲娱乐和旅游业需求。在这个早期的景观都市主义项目中，公众认为，相较于一个公园的需求，设计出一个随时间发展的公园演替过程也同样重要。在这一背景下，奥尔巴尼州长办公室和纽约市长办公室的共和党领导人罕见地为纽约的斯塔滕岛提供了一个公共赞助项目[1]。

场地运作事务所与迪勒·斯科菲迪奥+恩富罗公司（Diller Scofidio+Renfro）以及皮特·奥多夫（Piet Oudolf）合作的高线公园项目（2004年至今）不仅拥有着更加精致的、步行范围内的景观尺度，也更加直接地涉及城市的发展及其建设形式（**图1、图2**）。当地的社区组织对曼哈顿铁路西侧肉类加工区（Meatpacking District）废弃高架货运铁路线的拆除计划表示反对，这个项目便是这一抗议活动的结果。虽然上届政府的规划者将废弃的高架铁路构筑物理解为阻碍发展的因素，但高线之友却认为这个构筑物是一份潜在的资产，并成功地说服了即将入驻的彭博管理局（Bloomberg administration）放弃对其进行拆除的计划。高线之友举办了一个旨在将该遗址作为一个架空景观长廊而进行重新开发的国际设计竞赛，这让人联想起了巴黎植物大道（Promenade Plantée）的开发模式。虽然该市在高线公园的设计和建造上投入了数百万美元的公共税收，但据报道，即使在经济衰退最严重的时期，该项税收的增值回报率也达到了6：1。虽然该项目可以被归为一个风景园林作品，但其在城市层面上的意义却也同样明显，因为该项目的设计干预手法不仅促进了城市的发展，也激发出了等同于北美最密集地区的活动强度，并且这一切并不是通过传统的城市设计手法而是通过景观来实现的。高线公园对艺术、设计文化、发展和公共空间的整合为风景园林师作为都市主义者这一激烈的议题提供了有力的支持[2]。

在过去的十年中，纽约市通过多种规划机制打造了一系列的公共景观项目。在这些项目中，肯·史密斯工作室（Ken Smith Workshop）与SHoP建筑事务所的东河滨水区（East River Waterfront，2003年至今），是值得我们关注的。同样值得注意的是迈克尔·范·瓦肯伯格事务所（Michael Van Valkenburgh Associates）对哈德逊河公园（Hudson River Park）所作的发展规划（2001—2012年）。横跨整个

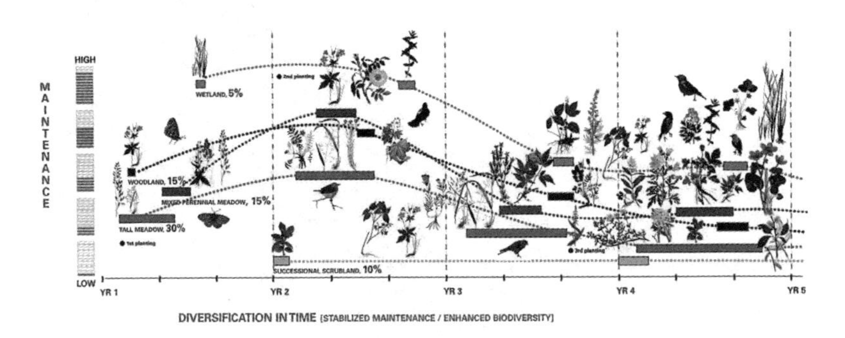

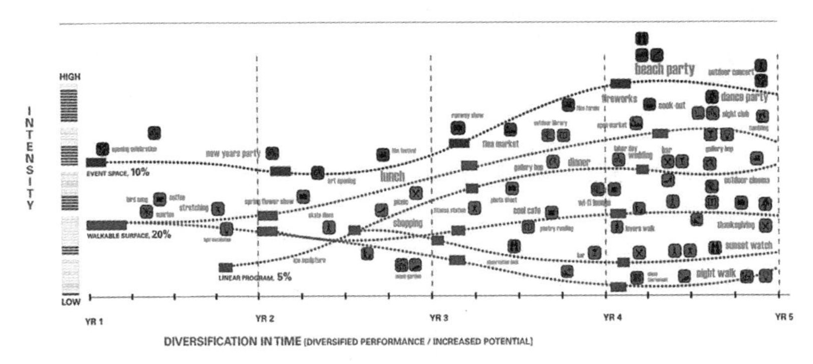

图1 一（上图）场地运作事务所与迪勒·斯科菲迪奥+恩富罗公司，高线公园，景观类型，纽约，2004年

图2 一（下图）场地运作事务所与迪勒·斯科菲迪奥+恩富罗公司，高线公园，多样性随时间变化图解，纽约，2004年

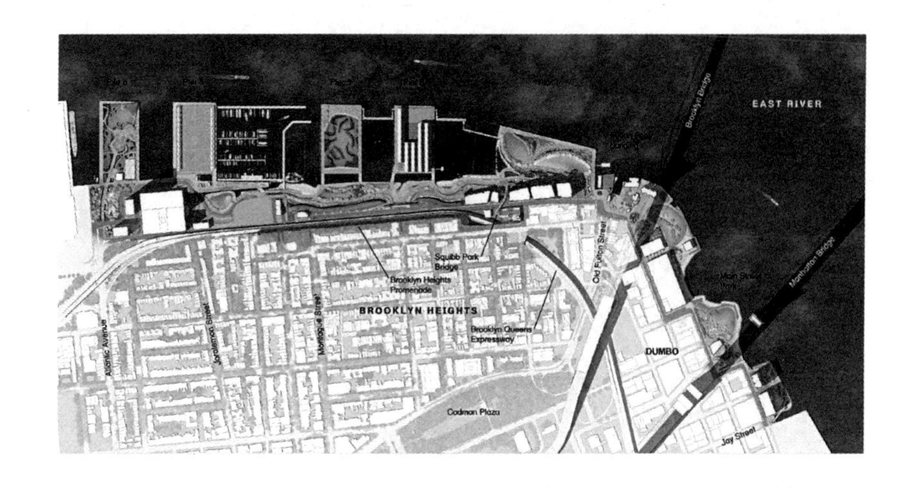

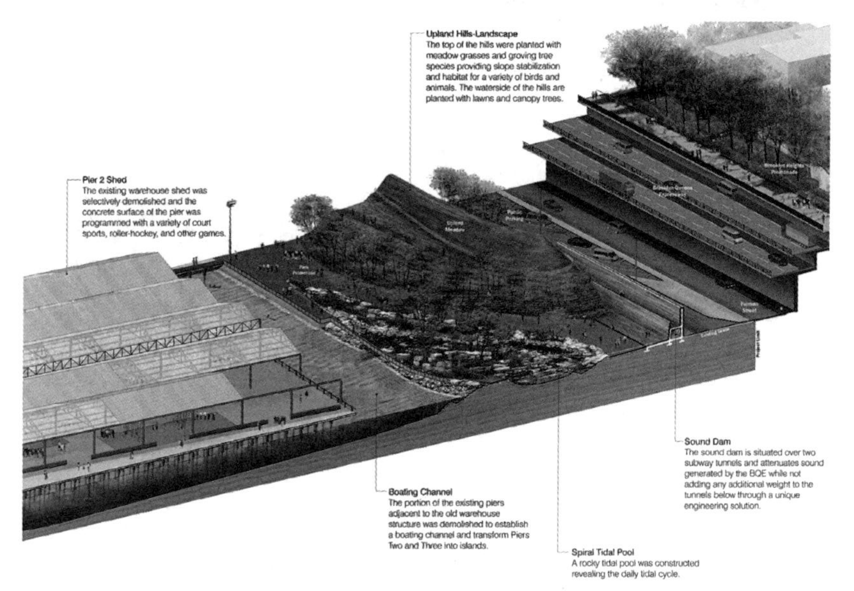

图3 一（上图）迈克尔·范·瓦肯伯格事务所，布鲁克林大桥公园，场地平面，纽约，2014年

图4 一（下图）迈克尔·范·瓦肯伯格事务所，布鲁克林大桥公园，剖透视，纽约，2006年

东河，迈克尔·范·瓦肯伯格事务所设计的布鲁克林大桥公园（Brooklyn Bridge Park，2003年至今）展现了一个成熟的景观都市主义作品。这个作品不仅凝聚了社区、促进了发展，也修复了新公共空间的环境条件（**图3、图4**）。最近，阿德里安·高伊策（Adriaan Geuze）/West 8事务所的州长岛规划（Governor's Island，2006年至今）预示着景观舒适度、生态改善和城市发展同样重要的融合[3]。

芝加哥为北美的景观都市化实践提供了另一个典范。芝加哥市市长理查德·M·戴利（Richard M. Daley）倡导开发了一系列引人注目的景观项目，这些项目与正在崛起的景观都市主义论述和实践相一致。这些项目中最早的一个便是千禧公园（Millennium Park），该公园最初由斯基德莫尔、奥因斯&梅里尔（Skidmore，Owings & Merrill）设计而成，他们在格兰特公园（Grant Park）内一个废弃的铁路遗址上设计了一个可持续的、低预算的人工艺术公园。在芝加哥几个文化艺术界知名人士参与后，这个项目演变成了国际性的设计文化圣地。随后产生的方案将凯瑟琳·古斯塔夫森（Kathryn Gustafson）设计的卢瑞花园（the Lurie Garden）、皮特·奥多夫（Piet Oudolf）的种植设计（2000—2004年）、由弗兰克·盖里（Frank Gehry）和伦佐·皮亚诺（Renzo Piano）完成的建筑设计以及安尼什·卡普尔（Anish Kapoor）、豪梅·普兰萨（Jaume Plensa）和其他艺术家设计的艺术装置并置到了一起[4]。最近，芝加哥市域内的一条废弃高架铁路线——布鲁明德尔轨道线（the Bloomingdale Trail），正由迈克尔·范·瓦肯伯格事务所进行改造（2008年至今），该事务所期望将其改造成一个类似纽约高线公园但更加均衡且多样的景观项目。同样值得一提的还有詹姆斯·科纳场地运作事务所领衔的芝加哥海军码头再开发项目（Navy Pier，2012年至今）以及甘建筑设计工作室（Studio Gang Architects）的北岛（Northerly Island，2010年至今）项目，这些类型的项目展示了人们是如何长期将景观作为媒介来对城市滨水公共空间进行改造和开发的。

当代的多伦多市为风景园林师作为城市设计师进行工作提供了极为清晰有力的例子。加拿大人口最多的城市后工业滨水区正在由多伦多湖滨开发公司的一个公共团体进行开发。多伦多湖滨开发公司委托包括阿德里安·高伊策、詹姆斯·科纳和迈克尔·范·瓦肯伯格等在内的一批重量级风景园林师来对城市滨水空间的再开发进行塑造。在这些项目中，新城区中的公共区域和建造物是由塑造城市成长的湖泊与河流生态系统的复原而决定的。第一个设计委托项目被交给了阿德里安·高伊策/West 8和DTAH事务所，其任务便是对中心滨水区（the Central Waterfront，2006年至今）进行开发（**图5、图6**）[5]。以明确的城市形态的生态论证为起点，高伊策的提议在一小众国际建筑师候选人中获胜，因为这个方案是唯一一个考虑到了鱼类栖息地、零碳运输、空间易读性及文化含义的方案。目前该项目正在建设中，高伊策的项目保证了基础设施的连续性、雨水的管理，并为多伦多树立了新的文化形象。在高伊策项目的东部末端，詹姆斯·科纳场地

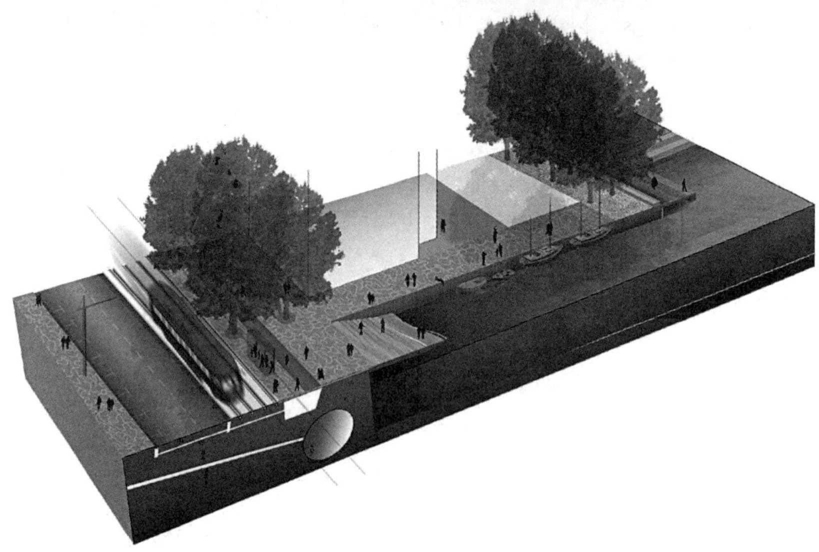

图5 —（上图）West 8及DTAH事务所，中心滨水区竞赛，场地平面，多伦多，2006年

图6 —（下图）West 8及DTAH事务所，中心滨水区竞赛，剖透视，多伦多，2006年

运作事务所被委托设计一个1000英亩的公园。安大略湖公园项目（Lake Ontario Park，2006年至今）在严重退化的工业场地及拥有当地最丰富的生物多样性和鸟类栖息环境的背景下提出了一种拥有新的娱乐设施和生活方式的景观。在高伊策的中心滨水区项目和詹姆斯·科纳的安大略湖公园项目中间的低唐河地区（the Lower Don Lands），迈克尔·范·瓦肯伯格和肯·格林伯格（Ken Greenberg）展开了新的项目（2005年至今）（**图7**、**图8**）。唐河河口目前已经不具备任何生态能力，低唐河项目便是针对该河口的再自然化而进行的国际设计竞赛，此外，该项目还计划在此修建一个可以容纳三万居民的新住宅区。这一独特的设计方案不仅兼顾了雨洪管理、生态恢复和城市化的需求，也为景观都市化的实践研究提供

图7 一（上图）迈克尔·范·瓦肯伯格和肯·格林伯格，低唐河地区，平面图，多伦多，2007年
图8 一（下图）迈克尔·范·瓦肯伯格和肯·格林伯格，低唐河地区，鸟瞰图，多伦多，2007年

了一个鲜明的案例。虽然一些低唐河项目的决赛入围方案对我们以前见到过的景观都市主义论述进行了演进，但迈克尔·范·瓦肯伯格团队的方案却为当今北美地区建成物和景观进程间的融合作了示范。因此，它体现了当代景观都市主义实践的承诺，风景园林师组织了一个由城市设计师、建筑师、生态学家和其他专家组成的多学科设计团队，旨在创造一个密集的、步行尺度的、可持续化的社区，并与多样化和功能化城市生态系统相协调的景观[6]。

近年来，东亚地区景观都市化实践的发展尤为迅猛。在这一地区的城市中，很多风景园林师开展了一系列的项目。许多风景园林师和规划师都会为新加坡海湾重建计划以及中国香港及周边地区的发展提出景观策略。在过去的十年中，韩国和中国台湾的一系列设计竞赛也为复杂的城市和环境问题提供了丰富的景观都市主义策略。

在中国，深圳是近年来最致力于景观都市主义建设的城市之一。深圳龙岗中心城的设计竞赛为当代景观都市主义实践提供了一个国际性的研究案例。深圳市规划和国土资源局评选出的名为“厚土”（Deep Ground）的获奖方案（**图9、图10**）是由AA建筑联盟的景观都市主义小组、伊娃·卡斯特罗/等离子工作室（Eva Castro/Plasma Studio）、爱德华多·里科（Eduardo Rico）、阿尔弗雷多·拉米雷斯（Alfredo Ramirez）以及张扬（Young Zhang）等人组成的土地实验室（Groundlab）联合团队合作完成的[7]。在龙岗项目中，卡斯特罗、里科等人提出了一个关系数字模型。通过这种模型，城市形态、街区结构、建筑高度、建筑退让（setbacks）等与期望的环境指标结果产生了关联。土地实验室并没有提供竞赛方所要求的实物模型，取而代之的是给出了一个数字化的动态关系和参数模型，这一模型能够通过特定的公式对生态数据、环境基准和发展目标进行计算以得出其相关结果。关联性及相关性数字模型的发展不仅位于景观都市主义实践的前沿，而且有希望对生态过程与城市形态的关联进行更加精确地校准。最近一个阶段，深圳前海深港现代服务业合作区的设计竞赛就体现了将景观生态学作为一种整合特大城市发展媒介的持续性投资项目。来自雷姆·库哈斯OMA事务所（Rem Koolhaas/OMA）、詹姆斯·科纳场地运作事务所以及胡安·布斯盖兹（Joan Busquets）的三个入围决赛的方案都提议首先通过恢复流入大海的河流支流的生态功能和环境健康来组织这个可容纳一百万居民的新城。通过景观生态学的手段，获胜的詹姆斯·科纳场地运作事务所方案（2011年至今）以及其他两个

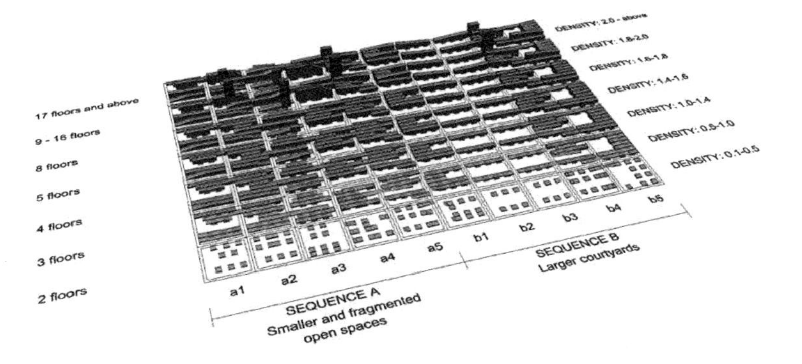

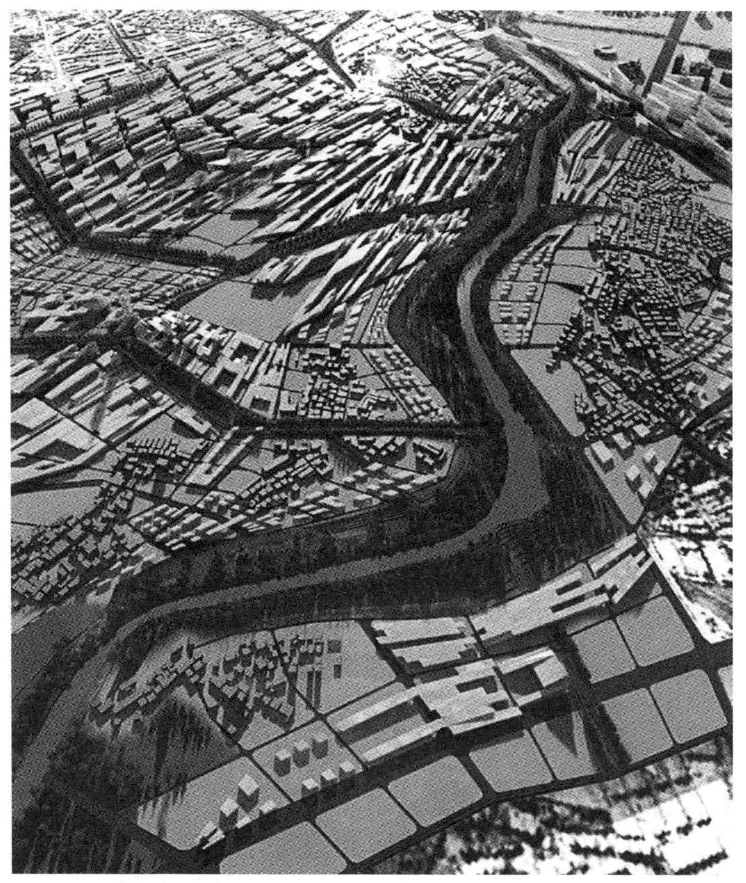

图9 —（上图）伊娃·卡斯特罗，阿尔弗雷多·拉米雷斯/等离子工作室、爱德华多·里科/土地实验室，厚土，龙岗中心城，深圳，国际城市设计竞赛，相关性都市模型，2008年

图10 —（下图）伊娃·卡斯特罗，阿尔弗雷多·拉米雷斯/等离子工作室、爱德华多·里科/土地实验室，厚土，龙岗中心城，深圳，国际城市设计竞赛，鸟瞰图，2008年

决赛方案给予了这个原本不受关注的城市用地以形式和实质。在这一点上，在深入如何最好地组织和表达城市场地自身之前，三个决赛方案都将流域以及总体的城市形态作为一个相对的切入点。虽然这些方案分别来自由建筑师、风景园林师和城市规划师组成的不同团队，这种设计手法的相似性却是引人注目的。

这些实践项目的共同点是什么？他们共同表现了风景园林师作为城市设计师的身份，并且适时且从根本上提出了关于此领域的学科以及专业身份的认同问题。虽然关于“景观”（landscape）一词的各种词源问题在近几十年中占据了我们领域的主导地位，但“风景园林学”（landscape architecture）作为一种专业身份在近几年中却越来越少地受到人们的诟病[8]。

自19世纪本专业成立以来，风景园林学专业术语的问题就一直困扰着这种所谓的新艺术的支持者们，而关于景观规制的长期辩论也揭示了专业身份和风景园林师工作范围之间的紧张关系。这个新领域的创始人拥有着多重身份，包括从融合了传统园林和乡村环境提升的传统设计师，到那些支持将景观作为建筑和城市艺术的倡导者。该领域中许多来自美国的支持者都对英国自然风景式园林持有一种文化上的亲和力。相比之下，来自欧洲大陆区域的那些城市与景观结合的改造项目则为风景园林师这个新职业提供了一种完全不同的工作范围。更为复杂的是，许多参与其中的人都渴望能拥有一个清晰且独特的身份，一个不会让人轻易与现存的专业和艺术类别混淆的身份。

在美国，风景园林师身份的诞生被认为是一种应对快速城市化所带来的社会和环境问题而产生的结果。虽然人们对于解决这些问题的这种新的专业身份抱有极大的热情，但人们并不清楚该如何称呼这种职业及其相关的研究领域。到了19世纪末，许多人都认为当时可用的专业身份（建筑师、工程师、园艺师）都不足以适应新情形。当时的新情形（城市的、工业的）要求一个明确的跟景观相关的新职业。这个新领域的创建者声称要将风景园林学作为一种建筑学是什么意思？对于他们来说还有哪些可供选择的身份？他们的这些选择在今日如何继续给予我们领域的专业视野和行业诉求以启示？

在19世纪末期，美国景观新艺术的支持者们将这个新职业赋予了和旧的建筑艺术相关的身份。这种把建筑学作为相近专业群体和新艺术类型文化透镜的决定对于当代理解风景园林学“内核”有着重要的意义。这一历史为城市规划的后续发展提供了令人信服的启示。作为在20世纪初期从风景园林学中解体出来的一个独特的职业身份，它同时也对景观在20世纪末作为城市化的一种形式提供了辩题。

1857年，弗雷德里克·劳·奥姆斯特德（Frederick Law Olmsted）被任命为纽约“中央公园主管”（Superintendent of the Central Park）。当时因涉足农业和出版业而负债累累的奥姆斯特德非常急切地想要得到这个由他家人的朋友、同时也是新成立的纽约中央公园委员会成员的查尔斯·威利斯·埃利奥特（Charles Wyllys Elliott）推荐的职位。通过严格的投票，埃利奥特和中央公园委员会在随后的一年里授予奥姆斯特德[以及他的合作者，英国建筑师卡尔弗特·沃克斯/（Calvert Vaux）]新公园设计竞赛的一等奖。获奖后，奥姆斯特德的头衔被提升为“首席建筑师及主管”（Architect-in-Chief and Superintendent），而沃克斯则被任命为“顾问建筑师”（Consulting Architect）[9]。

在奥姆斯特德1857年被任命为主管之后，以及1858年被提拔为首席建筑师期间，奥姆斯特德一直没有提到风景园林师（Landscape Architect）这一专业称呼。虽然奥姆斯特德可能已经知道风景园林师的法语词汇构成是architecte-paysagiste，并且肯定也知道其由吉尔伯特·莱恩·梅森❶（Gilbert Laing Meason）和约翰·克劳迪厄斯·劳登（John Claudius Loudon）最早定义的英语词源，但没有证据表明奥姆斯特德在1859年11月访问巴黎前曾把这个术语当作一种职业身份使用过。直到奥姆斯特德考察欧洲公园之后，以及同年11月在布洛涅公园（Bois de Boulogne）与阿道夫·阿尔方（Adolphe Alphand）的多次会晤中，这个词语才开始出现。和布伦园林的改造相关，奥姆斯特德很可能是在那里看到了“景观师服务”（Service de l’architecte-paysagiste）的印章。更重要的是，奥姆斯特德认识到了景观园林（Landscape Gardening）在与基础设施改进、城市化以及大型公共项目管理相关联的更大实践范围扩展的可能性。在考察欧洲公园及城市改造项目时，奥姆斯特德参观布洛涅公园的次数多于任何其他项目，他在两周内造访了这座公园八次[10]。1859年12月返回纽约之后，奥姆斯特德对随后接受的每一个关于城市改造的专业委托都会特别提到风景园林师（landscape architect）这一专业词汇。

❶ 吉尔伯特·莱恩·梅森（Gilbert Laing Meason）在1828年首次使用了景观设计（landscape architecture）一词，参见杨锐的文章《论风景园林学发展脉络和特征——兼论21世纪初中国需要怎样的风景园林学》一文。——译者注

在美国，最早有记录的对风景园林师这一专业名称的使用证据出现在1860年7月奥姆斯特德与他父亲约翰·奥姆斯特德的私人信件中。这封信以及随后的信件，提到了1860年4月“纽约岛上城区规划委员”（Commissioners for laying out the upper part of New York island）将奥姆斯特德和沃克斯任命为“风景园林师”（Landscape Architects）的事实。这些负责曼哈顿北部155大道以上部分的规划委员中有一位是亨利·希尔·埃利奥特（Henry Hill Elliott），他是最初推荐奥姆斯特德为总管的纽约中央公园委员会委员查尔斯·威利斯·埃利奥特的哥哥[11]。埃利奥特兄弟很可能在风景园林学的发展中扮演着同样重要的角色，一个是通过委托奥姆斯特德负责纽约中央公园的设计，另一个则是授予他“风景园林师”的称号并委任他负责城市延伸部分的规划。在美国，风景园林师的第一份工作不是设计公园、游乐场或者公共花园。这种新职业的第一份委托项目是曼哈顿北部的规划。在这一背景下，风景园林师最初是作为专门设计城市形态的职业而存在的，而不是设计田园风光般的外部空间。

虽然对风景园林学新的规定做出了转变，奥姆斯特德仍然“每时每刻都被风景园林学悲惨的命名所困扰”并且渴望有一个新的可以代表这种“林木艺术”（sylvan art）的名词。他抱怨说：“景观（Landscape）不是一个好词，建筑（Architecture）不是，二者组合起来也不是；园艺学（Gardening）这个词更糟糕”。他渴望对景观一词的法语术语进行精确的英语翻译，以便更加充分地捕捉到其中所包含的关于新的城市秩序艺术的微妙之处[12]。因此，问题依然存在，鉴于长期以来将景观与建筑合并的焦灼情形，为什么这个新行业的支持者最终选择将景观归类到建筑大类之下？奥姆斯特德确信，采用建筑师的名头能够帮助这个新的领域更好地进入公众视野，并且可以避免那种将风景园林师的工作误认为主要与植物和花园有关的倾向。奥姆斯特德认为，这种命名方式也将防止景观未来潜在的与建筑“脱钩”（disalliance）的“更大的危险”（greater danger）。奥姆斯特德确信，这一通过不断增长的对科学知识需求而产生的研究领域，将迫使新的职业越来越依赖于专门的技术知识，并且会导致其与艺术和建筑的疏离[13]。

在19世纪最后的十年间，人们开始为建立风景园林师这一新的职业而热情高涨。虽然大西洋两岸早就有许多先例，但第一个这样的专业机构——美国风景园林师协会（the American Society of Landscape Architects）直到1899年才成立。基于奥姆斯特德对法国词语规制的成功倡导，该领域的美国创建者最终采用法语“风景园林师”（Landscape Architect）来代替“景观园艺师”（landscape gardener）作为最适合这门新艺术的专业术语。基于这一规制以及景观对于都市秩序和基础设施安置的实践要求，该行业第一次在美国得到充分认可。

东亚的奥姆斯特德

正如我们所看到的那样，景观作为建筑的起源和抱负来自于特定的文化、经济和社会条件，并且是伴随着西欧和北美的工业现代化而产生的。风景园林学的“悲惨命名”是最近才被用于东亚城市化的背景之下的。虽然日本、韩国和中国存在许多园艺传统，以及特殊的文化构成，但这些文化都没有产生一种现代风景园林学的等价物。直到最近，随着西方城市化和设计知识的转移，英语中的landscape architecture一词才在中国被采用。毫不令人惊奇的是，在过去十年中，中国第一个专业的景观实践项目正好呼应了基于生态保护的城市规划实践需要。

俞孔坚是中国第一个效仿西方设计咨询模式成立私人景观公司来进行设计规划实践的设计师。因此，俞孔坚不仅代表了历史上的一个稀有的现象，同时也可以说是当今中国最重要的景观师之一。在过去十年里，英语国家的观众已经把他认定为中国的第一位景观设计师。俞孔坚/土人景观利用了这个独特的历史地位去游说中国的政治精英，尤其是国家领导人和市长，在大都市、省甚至全国尺度上采用了西方式的生态规划方法进行实践。他对这一想法最充分的表述在2007—2008年的《国土生态安全格局》规划中得以体现。通过十年间在全国市长研修学院（1997—2007年）中的讲座和他出版的《城市景观之路：与市长们交流》（与李迪华合著，2003年）一书，俞孔坚向国内和国际读者阐述了一种科学的生态规划议程[14]。

俞孔坚是哈佛大学研究生院（GSD）1992年秋季接收的攻读设计博士学位的七名学生之一。他在此期间的几位博士同学都是生态学和规划学方面的研究者，并且在日后也都拥有着成功的学术或职业生涯，包括克里斯蒂安·希尔（Kristina Hill）、杰奎琳·塔坦（Jacqueline Tatom）、罗德尼·霍恩克斯（Rodney Hoinkes）和道格·奥尔森（Doug Olson）等。

这个设计博士学位是一个基于研究的学位，并以提交论文的形式毕业，但是卡尔·斯坦尼兹（Carl Steinitz）建议参与者定期进入他的景观规划工作室工作，以作为他们课程的一部分。除了接受斯坦尼兹的教导之外，俞孔坚也将在理查德·福尔曼（Richard Forman）的课堂上学到的景观生态学原理融入设计之中。他还对通过地理信息系统（GIS）将具有大量数据的生态信息进行表现和电脑计算的问题非常感兴趣。

正是在GSD攻读博士学位期间，俞孔坚整合了斯坦尼兹严谨的规划方法、福尔曼对复杂的景观矩阵的分析语言、计算机绘图研究所所使用的数字地理信息系统的工具和技术以及博弈论的概念。通过对这些方法的集成，俞孔坚率先为中国构想出了一个全国尺度的生态安全格局。在卡尔·斯坦尼兹、理查德·福尔曼和斯蒂芬·欧文（Stephen Ervin）的指导下，俞孔坚通过他的博士论文为这个项目发展出了一套概念、方法论问题、表现方法以及分析手段。他的论文还包括了对中国红石公园（Red Stone National Park，即广东省韶关市丹霞山）的案例研究，其目的是为了表达一种跨越区域、省份及全国尺度的生态安全规划的方法论。论文中的方法论集合了俞孔坚在北京林业大学和哈佛大学所受到的多方面的影响，包括伊恩·麦克哈格的“分层”（layer）方法、凯文·林奇的视觉分析方法、理查德·福尔曼的生态分析方法、斯蒂芬·欧文的地理信息系统方法及其实验室通过杰克·丹杰蒙德（Jack Dangermond）和其他人留下的GIS宝贵遗产。

俞孔坚博士论文的创新点在于对特定“安全点”（security points，“SPs”）的确认，因为其阶梯函数的形式处于特定的阈值变化范围之内，这些安全点通过对生态功能的分析而得出。识别出特定的生态功能能够帮助场地承受巨大的冲击而不发生根本性变化，但某些特定的冲击会导致阈值的急剧变化，俞孔坚的论文提出了三类不同的安全点：生态的（ecological）、视觉的（visual）和农业的（agricultural）[15]。通过这一点，他预感到自己为中国生态安全格局的规划所包含的有关生态、旅游和食品安全的主题将会整合到一起。因此，俞孔坚为中国提出的这种生态安全格局的规划在西方世界是找不到先例的。在GSD学习期间，通过斯坦尼兹的课程，俞孔坚接触到了许多历史上区域和全国尺度的景观规划先例，包括沃伦·曼宁（Warren Manning）1912年为美国提出的国家计划[16]。

在完成博士学位之后，俞孔坚作为景观设计师在SWA位于加利福尼亚拉古纳海滩（Laguna Beach）的办公室工作了两年。在此期间，基于他的博士论文，俞孔坚又发表了一系列的期刊论文[17]。1997年，俞孔坚回到中国并创办了土人景观咨询公司。自成立以来，除了国家生态安全规划外，土人景观还参与了一系列大规模的生态规划项目[18]。土人景观的规划实践项目，不仅体现了国家层面的生态安全规划以及对各地区、大城市和市政的建议，也表达了对具有重大历史意义的科学和文化知识的传递。除了其高效的技能、预测的准确性或是易于实施的特点，这些规划也体现了俞孔坚在个人及专业方面所处的独特历史环境。具有讽刺意味的是，在美国接受景观生态和规划教育的中国第一代景观专业人士，现如今却代表了将传统规划再次关联的最大可能性，而这一点在美国已经黯然失色了。自1978—1979年中国发布“四个现代化”宣言以来的几十年里，美国的政治、经济和文化条件已经越来越偏离以科学为基础的空间规划实践，而这种实践是有利于新自由主义、集中和私有化空间决策经济的发展的。在过去几十年中，令人难以置信的是，通过对设计和规划的高等教育输出，空间生态规划的实践已经在中国找到了影响公众和政治意见的沃土。当代中国独特的自上而下的政治结构、集中整合的决策方式、对西方科技观念的开放和快速的城市化，使其能够充分的接受俞孔坚发展出的西方生态规划策略。无论俞孔坚规划策略的科学可行性和实施前景如何，单就他对中国的生态安全规划的提议这一事实，他就已经代表了一种看似矛盾但又充满希望的回溯——景观学重新回归到了自该学科出现长久以来的、在西方世界濒临灭绝的城市规划这一传统上。他的策略进一步加强了景观设计师作为我们这个时代的都市主义者的历史宣言。

本文中的部分论点来自查尔斯·瓦尔德海姆的《作为建筑的景观》（*Landscape as Architecture*）一文，《哈佛大学设计杂志》，第36期（2013年春）：17-20，117-178页；和查尔斯·瓦尔德海姆《编后记：生态规划的持久承诺》（*Afterword: The Persistent Promise of Ecological Planning*）一文，该文来自《设计生态学：俞孔坚的景观》（*Designed Ecologies: The Landscape Architecture of Kongjian Yu*）一书，威廉姆·S·桑德斯（William S. Saunders）主编（巴塞尔：Birkhäuser出版社，2012年），250-253页；以及查尔斯·瓦尔德海姆《景观是都市主义吗？》（*Is Landscape Urbanism?*）一文，该文来自《景观是……？关于景观身份的文集》（*Is Landscape...? Essays on the Identity of Landscape*）一书，加里斯·多尔蒂（Gareth Doherty）和查尔斯·瓦尔德海姆主编（伦敦：Routledge出版社，2015年），162-189页。

注释

[1] 见：“Freshkills, ” NYC Parks, accessed December 31，2013，http://www.nycgovparks.org/parkfeatures/ freshkills-park.

[2] 见：Joshua David and Robert Hammond, *High Line: The Inside Story of New York City's Park in the Sky*（New York: Farrar, Straus and Giroux, 2011）.

[3] 备注: East River Waterfront Esplanade, Ken Smith Workshop with SHoP（2004–present）; Hudson River Park by Michael Van Valkenburgh Associates（2001–2012）; Michael Van Valkenburgh Associates's Brooklyn Bridge Park（2003–present）; 以及 Adriaan Geuze West 8's plan for Governor's Island（2006–present）.

[4] 见：Timothy J. Gilfoyle, *Millennium Park: Creating a Chicago Landmark*（Chicago: University of Chicago Press, 2006）.

[5] 见：“Toronto Central Waterfront, ” West 8，accessed December 31，2013，http://www.west8.nl/projects/toronto_central_waterfront/; and “Central Waterfront Design Competition, ” WATERFRONToronto, accessed December 31，2013，http://www.waterfrontoronto.ca/explore_projects2/central_waterfront/planning_the_communitycentral_waterfront_design_competition.

[6] 见：“Lower Don Lands, ” WATERFRONToronto, accessed December 31，2013，http://www.waterfrontoronto.ca/lowerdonlands; and “Lower Don Lands Design Competition, ” WATERFRONToronto, accessed December 31，2015，http://www.waterfrontoronto.ca/lower_don_lands/lower_don_lands_design_competition.

[7] 见：http://landscapeurbanism.aaschool.ac.uk/programme/people/contacts/groundlab/（accessed December 31，2013）; and http://groundlab.org/portfolio/groundlab-project-deep-ground-longgang-china/（accessed December 31，2013）.

[8] 约瑟夫·迪松齐奥（Joseph Disponzio）就此话题进行的追溯风景园林师这一职业起源的研究是极为少见的。他的博士论文及后续就这一主题发表的出版物都为法语词汇*architecte-paysagiste*的出现标示着风景园林师职业的起源这一论点提供了明确的解释。见：Disponzio, “*The Garden Theory and Landscape Practice of Jean-Marie Morel*”（PhD diss.，Columbia University, 2000）. 另见Disponzio, “Jean-Marie Morel and the Invention of Landscape Architecture, ” in *Tradition and Innovation in French Garden Art: Chapters of a New History*, ed. John Dixon Hunt and Michel Conan（Philadelphia: University of Pennsylvania Press, 2002）135–159; 以及Disponzio, “History of the Profession, ” *Landscape Architectural Graphic Standards*, ed. Leonard J. Hopper（Hoboken, NJ: Wiley & Sons, 2007），5–9.

[9] Charles E. Beveridge, ed.，*The Papers of Frederick Law Olmsted*, vol. 3，*Creating*

Central Park 1857– 1861, ed. Charles E. Beveridge and David Schuyler (Baltimore: Johns Hopkins University Press, 1983), 26–28, 45, n73.

[10] Ibid., 234–235.

[11] Ibid., 256–257; 257, n4; 267, n1.

[12] Beveridge, *Papers*, vol. 5, *The California Frontier*, *1863–1865*, ed. Victoria Post Ranney (Baltimore: Johns Hopkins University Press, 1990), 422.

[13] Beveridge, *Papers*, vol. 7, *Parks*, *Politics*, *and Patronage*, *1874–1882*, ed. Charles E. Beveridge, Carolyn F. Hoffman, and Kenneth Hawkins (Baltimore: Johns Hopkins University Press, 2007), 225–226.

[14] 见：俞孔坚1997—2007年每年2～3次在全国市长研修学院的讲座；俞孔坚，李迪华. 城市景观之路——与市长们交流. 北京：中国建筑工业出版社，2003.

[15] Kongjian Yu, " Security Patterns in Landscape Planning: With a Case in South China, " doctoral thesis, Harvard University Graduate School of Design, May 1995. 1995年6月1日，在卡尔·斯坦尼兹、理查德·福尔曼和斯蒂芬·欧文教授的建议下，俞孔坚将他的博士研究和博士论文题目"景观规划中的安全格局和地表模型"(Security Patterns and Surface Model in Landscape Planning) 作了区分。

[16] 来自2011年1月20日卡尔·斯坦尼兹与笔者的访谈，关于斯坦尼兹教授给俞孔坚的从劳登和莱内 (Lenné) 至奥姆斯特德和埃利奥特的西方景观规划概念的发展系谱. 详见：Carl Steinitz, "Landscape Planning: A Brief History of Influential Ideas, " *Journal of Landscape Architecture* (Spring 2008) : 68–74.

[17] Kongjian Yu, " Security Patterns and Surface Model in Landscape Planning, " *Landscape and Urban Planning* 36, no. 5 (1996) : 1–17; 以及Kongjian Yu, "Ecological Security Patterns in Landscape and GIS Application, " *Geographic Information Sciences* 1, no. 2 (1996) : 88–102.

[18] 更多关于俞孔坚/土人景观的区域规划方案资料. 详见：Kelly Shannon, "(R) evolutionary Ecological Infrastructures, " in *Designed Ecologies: The Landscape Architecture of Kongjian Yu*, ed. William Saunders (Basel: Birkhäuser, 2012), 200–221.

极端的城市

约克·雷基特克
Jörg Rekittke

在必不可少的政治正确的态度下，对都市的思想家和设计师开始区分正规城市（formal city）和非正规城市（informal city）的确切时间点进行确认并不容易。毋庸置疑，一些先锋的学术和实践项目的核心部分诞生于20世纪六七十年代。就这一方面来说，时间上的严谨性并不是最重要的，为了做到对基础问题的理解，我们并不需要对此问题进行深究，仅仅一个免费的在线词源词典就能为我们提供说明。19世纪初，棚户区（shantytown）一词便已经在一些地区开始出现了。作为一个贬义的词语，它来源于加拿大的法语“chantier”一词，意思是“伐木工人总部”（lumberjack’s headquarters）。而“chantier”一词又来源于拉丁词语“cantherius”，意思是“椽子”（rafter）或“框架”（frame）——这一点解释得非常在理，因为它仍与全球历史上多数非正规庇护所的建造方式有关（**图1**）[1]。非正规性并不仅限于贫困地区，每一个城市都有正规的和非正规的区域，但是当我们听到专业同事谈及棚户区或城市非正规居住区时，他们极少是和资金或者让人满意的事物挂钩的[2]。相反，非正规居住区，代表的是穷人们恶劣的生存环境中所充满的困扰——非正规建造的房屋、易被破坏的环境以及必要基础设施的匮乏。

图1 — 名为巴里亚自由城（Freistadt Barackia）的棚户区，柏林，在1872年9月被皇家警察清空。L·吕弗勒（L. Loeffler）1872年绘
［马克思·林（Max Ring），《巴里亚一游》（*Ein Besuch in Barackia*），《花园凉亭》（*Die Gartenlaube*）期刊，1872年第28期，458-461.］

德国人发明了一种理解棚户区一词的绝妙图示方法：他们在城市贫穷的街区上粘贴了贫民窟（Elendsviertel）的标签，意思是“灾难性的或者肮脏的街区”。几乎没有任何一个战后的德国人曾经目睹过这样悲惨的城市街区，但是当他们听到已故的特蕾莎修女（Mother Teresa）把自己和生命献给了生活在加尔各答许多“贫民窟”（Elendsviertel，即slums）的可怜人时，他们的内心似乎依然能够被深深地感动。如今，“贫民窟”（slum）一词不仅在公众眼中占有一席之地，甚至变得过于扩张；在《布满贫民窟的星球》（*Planet of Slums*）这类畅销书籍的作者抑或是拍摄了《贫民窟的百万富翁》（*Slumdog Millionaire*）这种大片的电影导演的宣传作用下，该词逐渐流行开来[3]。有趣的是，虽然最古老的非正规居住区起源于许多中世纪的欧洲城市结构原型，但如今，全球化的世界公众似乎都普遍认同这种被教导的观念——贫民区主要是南半球的问题，而这种地理位置化的表述与如今已少被提及的第三世界并没有任何不同[4]。我们现在使用新兴国家（emerging countries）这一词语来代替“第三世界国家”一词，但所有关于这些词汇的争议都仅仅是一种表象罢了。

若要寻找一个对于贫民窟更加无害的解释时——正确的叫法应该是非正规居住区，即与城市中违章占地或者贫民窟共存但又不相同的社区或区域，联合国人居署（UN-HABITAT）的出版物似乎是一个安全可靠的选择[5]。根据联合国人类住区规划署（United Nations Human Settlements Programme）的操作性定义，贫民窟（slum）是一种结合了以下五个基本特征的区域：安全用水不足、环境卫生设施和其他基础设施不足、住房建筑结构质量差、人口过密以及居住权没有保障[6]。这种定义之所以恰到好处，主要是源于其普遍的地理适用性和不公开的公正性。除了以这些特点，这个定义也向我们暗示道：城市比郊区环境更容易出现贫民窟。

人口过密无疑是一个典型的城市问题。据估计，2001年有10亿人生活在城市贫民窟；而对2030年的预测则表明，在没有发生重大变化的情况下，全球贫民窟居民的数量将增加至20亿——但这也只是“也许”，现实主义者对此并不敢做出担保[7]。在新加坡等地，新闻媒体所传播的充满激光表演、烟花和香槟的新亚洲城市生活方式减损了普遍存在但被压制的全球快速城市化进程的逆转。在南半球的大城市里，人们所津津乐道的经典都市风格（classic urbanity）——都市风格（urbanity）一词原本指的是“罗马的生活”（life in Rome——Urbs指的就是罗马），意思等同于精致、城市时尚、优雅和礼貌——只存在于少数的富有阶层中。而与之相对的，则是那些占主导地位的、阴暗的、肮脏的、对于中产阶级以及上层人士、设计师等专业人士没有任何吸引力的对立面（即非正规居住区）。

亚洲主导了全球快速增长的阴暗面，并且占据了世界贫民窟总人口的60%[8]。因此，在亚洲研究非正规居住区这一课题似乎才有意义。亚洲城市在这一领域的重要性并不令人惊讶。2001年，雷姆·库哈斯（Rem Koolhaas）所领导的哈佛大学城市研究项目出版了《突变》（*Mutations*）一书，并指出预计到2015年全球33个特大城市中的27个——在我们此书出版一年之前❶，都将会位于那些最不发达的国家，而其中的19个城市在亚洲[9]。非正规居住区虽然随处可见，但只有在名副其实的大城市里它们才会尤其引人注目。这些人口超过800万的城市通常被称之为特大城市（megacities）。而那些世界上最大的、拥有超过2000万居民的特大城市则被称为超级城市（hypercities）[10]。

专业名词的问题仅仅是视情况而定的，而此刻真正重要的问题则是：这种巨大的城市棚户区构成了当代城市贫困地区的震源。不难猜测城市中的贫困人口主要居住在什么样的住房类型中，他们大多住在自建的、非正规的居住区中。这种功能极其复杂、修修补补的非正规城市化的出现，既不应该被看作是城市的祸害和毒瘤，也不是大都市正规环境下所出现的暂时性的麻烦。它们只是一个真实的都市场所的天然构成部分。许多发展中国家的城市缺少了它们将无法保持经济稳定[11]。这样看来也就不难理解那些将眼光立足于南半球城市化问题的作者们为何能够阐述清楚这样一个事实，即正规区域和非正规区域是一座城市重要的两种组成元素[12]。它们（正规区域和非正规区域）一起创造了城市。超大城市环境中的许多功能是事先没有计划好的，甚至可能是无法被预测的。在这样的环境下，对城市空间的侵占、非正规的交易和非正规居住区的出现，代表和填补了这些缺失的职能。这些职能是低收入群体所必不可少的，因此即使在短期内被赶走、搬迁或以其他方式被消除，它们还是会重新出现。城市中的非正规区域必须被理解为城市化、普遍性贫困、城乡迁移和失业等既定功能中的一种。消除这些潜在根源似乎不太可能，对于发展中国家的环境来说更是如此[13]。

2011年，金·多维（Kim Dovey）和罗斯·金（Ross King）对非正规居住区在城市空间形态中出现的方式进行了重要的研究[14]。他们指出，非正规定居并非

---

❶ 此处所言“此书出版”指的是该书英文版的出版时间，即2016年。——译者注

完全没有计划或是未经任何设计，因为它们是那些建造和使用它们的居民策略性投机行为的结果。多维和金还强调，绝大多数的非正规居住区都会随着时间的推移而变成永久的定居点。研究人员在潜在的一百种非正规居住模式之中发现了一种有说服力的将八种形态类型和城市非正规居住区情况进行分类的方法——这些元素代表了非正规城市化的主要推动力量：街区（districts）、滨水区（waterfronts）、陡坡（escarpments）、附属建筑物（easements）、人行道（sidewalks）、依附物（adherences）、隐蔽的角落（backstages）和圈用地（enclosures）。

借助手头现有的资料，我们试图通过一个城市风景园林师的眼睛来看待这个世界，这些体现了无名的城市非正规居住者们令人羡慕的城市景观建造技能的一类建造物将是我们所集中关注的对象。这些默默无名之辈才是真正的城市居住者，虽然他们大多没有城市正式市民身份所具备的自由，但从本质上来说，他们又都是非常适应城市化的一类人群。在正规的规划环境中，当我们想要建造正规的城市和正规的城市景观时，他们是那些我们喜欢用善意的公众参与过程来安抚的人群。但显然，非正规居住者建造了成功而持久的城市形式，他们并不需要等待专业人士的善意建议——更不用说那些来自受过正规设计学科教育的建筑师、城市设计师和风景园林师的建议了。我们高贵的行业对此赤裸裸的排斥是否是把正规城市主义与非正规城市主义区别开来的最重要的驱动力之一？这种立场可能并没有那么牵强。我们能够确定的是，在城市化中期，非正规居住区的全球增长速率将高于任何其他的城市发展形式。无论有或者没有我们设计师，这件事都会发生。正规都市主义者必须面对激烈的竞争，必须承认与这种强大的非正规的城市建造模式打交道是不可避免的。许多非正规城市的建设者不仅敢于提供免费的设计作品，他们还以一种令人叹为观止的、充满冒险精神和勿庸置疑的方式来建造城市——在那些受过正规教育的设计师和城市环保主义者的想象中不应该也不能够被建造的城市区域里。没有哪一处滨水区太过脆弱，没有哪一个陡坡太过危险，没有哪一幢附属建筑令人生畏，没有哪一条人行道太过拥挤，没有哪一个空隙太过狭窄，也没有哪一个隐秘的角落太过偏僻——以至于不能够在其上设计一个非正规的住所。

我们也许应该向这些从来没注册过的、不成熟的建造大师们致敬——他们才是将珍贵的城市土地资源发挥到极致的人，他们重新利用了所能够找到的每一片最小的材料。因为他们终究是无法以不可持续的方式浪费任何一样东西的。相关研究表明，许多城市贫民从未成功地克服过他们的财政缺陷，因此他们不会过度地对不断上升的汽车销售数字、二氧化碳排放量、海平面上升或公共卫生支出做出多少贡献[15]。贫困可能被误认为是一种留有最小生态足迹的生活方式。事实上，许多由非正规定居者建造的城中村都可以被视为理想的、功能多样的、低层且高密度的大型中心街区，无车、步行尺度、对家庭和儿童友好且社会受控程度很高——这可能是世界上任何一个郊区的中产阶级住宅区都望尘莫及的[16]。在这里，对于这种乐观态度的指责或者学术上的讥讽都是不合时宜的，只要我们把自己的反思限定在这类非正规城市区域地表之上，并且坚决排除那些正规城市建造者希望安置于地下的事物。

相反，对于这些非正规城市环境不公正的研究得到的将会是平庸而乏味的观点。在所有的相关描述当中，全世界非正规居住区中很大一部分的废物和污水都是没有进入任何公共事业公司系统中的（**图2**）。在印度尼西亚的超大城市雅加

图2 — 城市垃圾和自然景观的结合构成了芝利翁河的河岸，该河为流经雅加达的13条主要河流之一
（照片由约克·雷基特克提供，2013年摄）

达，像全球许多其他地方一样，这一点甚至不能被视为城市非正规区域的典型问题。从表面上看，雅加达每天看起来都更加现代化，这里已经居住了超过一千万人并且人口还在不断地增加，但实际上整个城市范围内却并没有一个连贯的污水处理系统。城市中只有不到3%的区域跟污水系统相连接[17]。每天，超过700吨的人类废物未经处理就直接排放到地面和下水道之中[18]。坐在雅加达五星级酒店的镀金马桶上，文雅的客人必须意识到，所有的粪便最终都可能被排放到当地的土壤、地下水、河流或海洋中。为了完善对于这个画面的构想，我们不应该忘记，雅加达的所有人每天会产生超过六千吨的垃圾，而其中大约20%的垃圾都进入了当地的河流、运河和水道之中[19]。在这种情况下，数字的精确性是无关紧要的；我们只要将其作为一个发展中国家的案例，通过推算这些数字，我们便对那里正在发生的事情感到不安。我们似乎对这些发展中国家的所有缺点都已司空见惯——它们丝毫不会令人感到惊奇、触目惊心、骇人听闻或者令人无法理解。这便是极端的城市。

极端的城市化地区正在向传统（topoi）发出挑战。它们同时展现出了城市的两个对立面——就像是美女与野兽一般[20]。若想将参观者的视线引导到明信片上的那类美好的城市印象以及当地值得一看的地区的话，那么这些极端城市化的地区显然是不适合的，因为剩下的90%的地区不断地映入眼帘[21]。对于这一点人们大可以放心；情况表明，比起那10%的上级阶层人们所希冀的普遍性的正规城市化，这些上层人士大都希望居住在被《*Monocle*》时尚生活杂志或者《*Economist*》周报列为最宜居住的城市里，在这些城市中，更多样的事物可以被创造出来。英国周刊声称，宜居的概念很简单，只要对世界上哪些地方提供了最好或最坏的生活条件进行评估就可以了[22]。该榜单的前十名每年都在变化，但也离不开那些经典的城市。在《*Monocle*》杂志2014年关于生活质量的调查中，哥本哈根排在首位，其次是东京、墨尔本、斯德哥尔摩、赫尔辛基、维也纳、苏黎世、慕尼黑、京都和福冈[23]。经济学人智库（The *Economist* Intelligence Unit）2013年世界宜居城市排名的首位是墨尔本，随后是维也纳、温哥华、多伦多、卡尔加里、阿德莱德、悉尼、赫尔辛基、珀斯和奥克兰[24]。生活或工作在这些地方的人群里并没有太多的穷人——非正规居住区在这里是相当罕见的，而且这些城市的医疗设施也都无与伦比。在这些城市中，空间设计师喜欢做的是把每一个滨水空间设计到完美的程度，建造城市、地区、国家或大陆最高的居住塔，设计模仿自由形态的博物馆，追逐室内设计大奖等等。虽然这种情形是没有错的，并且任何形式的道德化都让人觉得不舒服，但人们并不需要愤世嫉俗的中年危机来对协调一致的固定套路感到厌倦。

赫伯特·西蒙（Herbert A. Simon）以一种假设的方式让我们明显地意识到，设计是一种将现有情形转变为一种人们更加倾向的情况的行为[25]。不管是在城市的设计还是在其他的背景下，如果我们想要达到一种更加倾向的情况，我们首先需要有一种现存的、真正充满问题的现状。在任何时间任何地点改变任何事物都是可以实现的，但是从根本上来讲，只有在被需要或者具备有意义的情况下，设计行为才可能是最好的[26]。都市主义者当下所撰写的读物，比如西蒙和维克多·佩帕尼克（Victor Papanek）的作品，似乎将皮球踢到了全球城市化的场地中，这些地方还没有被现今流行的闪光灯照亮，却也充满着可以在未来转变得更好的问题。决定在世界中什么地方开展急需的设计工作是件毫不费力的事情。这就是分级制度存在的好处。

下面是经济学人智库2013年世界上140座城市宜居度排名中垫底的十座城市：德黑兰（Tehran）、杜阿拉（Douala）、的黎波里（Tripoli）、卡拉奇（Karachi）、阿尔及尔（Algiers）、哈拉雷（Harare）、拉各斯（Lagos）、莫尔斯比港（Port Moresby）、达卡（Dhaka）和大马士革（Damascus）。目前，大马士革在我们不成文的十大城市学术名单中名列前茅，有才华的设计专业学生应该成群结队地奔赴这里以从中习得某种经验。大马士革既是世界上持续有人居住的最古老的城市之一，也是东西方交界处一个重要的文化和商业中心。自1979年被列为世界文化遗产以及2013年被评为世界濒危遗产以来，该城市目前正遭受到叙利亚内战的冲击，这场战争始于2011年叙利亚全国范围内的反政府示威活动[27]。叙利亚新自由主义的公共政策导致了特权中心和被剥夺的城市边缘之间严重的不平等关系[28]。就如在我们不成文的十大城市学术名单中，大马士革穷人的非正规居住区数量就在明显增长，并与富人们的中产阶级社区形成了鲜明的对比[29]。叙利亚内战引发了一场非法建造的热潮，在正规的城市区域中发生了大量的违规搭建行为，而非正规区域的建设量也在激增。在困难时期，无论以何种形式，家庭都倾向于将投资转向房地产[30]。城市设计师是政治景观的一部分，他们的规划及其结果可以被用作武器。在叙利亚，这是通过摧毁反对者的房屋、轰炸反对派武装的阵营以及对特定的街区进行拆除和重建来实现的[31]。战争是一个不屈不挠的设计者，它在战后重建的过程中造成了大量的后续设计工作，而这些工作在理想的状态下应当由专业的设计师来完成。没有什么能阻止我们去说服一个战后的学术派设计室在大马士革及时地以《城市之母》(*Mother of All Cities*)命名的主题进行工作。

孟加拉的达卡（Dhaka）在后十名中排倒数第二，而且2014年也是如此。像整个孟加拉一样，这个城市继续面临着拥堵、贫困、人口过剩和污染所带来的巨大挑战。相关报道证实，孟加拉将成为南亚受世界平均气温、海平面上升、极端高温和强气旋预期上升影响最大的国家之一[32]。这只灾难性的手——大自然的力量是一个强大的设计师，就像战争一样——威胁着粮食生产、生计和基础设施。此外，在洪水受损指数（FVI）的全球排名中，达卡城也名列第二；这一指标旨在对海边城市未来各种最好和最坏的情况进行预测，并由来自联合国教科文组织水教育学院（UNESCO-IHE）的荷兰水文专家进行公布[33]。因此，对于极端的都市主义者来说，达卡是另一个注定不能错过的实践场地，他们认为城市化绝不仅仅是广告中所展示的那种美好图景，无论设计师是否存在，城市都是同时以正规和非正规的方式被不断地建造或重建的。预算拨款以及五星级航空公司将把每个人都带到那里。在这里，一个潜在的设计课题名称可以被命名为《最极端的都市情况》(*Utterly Urban Worst-Case*)。在宜居城市排名中倒数第三的是莫尔斯比港。在为这个三十万人的（许多非正规移民还没有被算到其人口总数内）大城市制定一个可能的设计项目名称之前，甚至没有人知道这座城市的具体位置。

为了避免跟那些非正规建造者们做重复的事情，认识到应该着手于怎样的非正规居住区是一个优秀风景园林师的重要任务。为了避免资本主义调遣、侮辱性伤害的加重或者陷入不切实际的行动，识别出正确的着手点也是非常重要的。专注于城市的末端并对其投入精力肯定是有意义的。现代城市中的末端指的既不是底层建筑层，也不是小街道或景观表面，而是地下那些为城市提供必需品的生态和人工基础设施，而其中最关键的又是城市居民及其使用者的饮用水。在这些不可见的网络中，第二个重要的功能是对污水的控制处理。再加上有效的地上废物处理系统，这是能够从长期污染中拯救当地和更广阔的城市环境，从而使文明的城市生活和社会成为可能的三个最基本的要素。只有基本的基础设施正常运作，我们对城市的形式问题进行简单的处理才是值得称赞的、可持续的或是有弹性的。

如前所述，人类建造了无数的城市，但却没有考虑地下基础设施的运作（**图3**）。为此需要进行的必要的填挖工程从各个方面看来都是非常脆弱和肮脏

图3 — 在孟买，一支巨大的混凝土管道将来自上等社区未经处理的污水排入马兴海湾（Mahim Bay）。在夜晚，该管道又变成了居住在附近的贫民窟居民的露天厕所（照片由约克·雷基特克提供，2014年摄）

的。这不是向土木工程师发出的求救信号，而是关于工程之外的事物对城市主义范畴的影响[34]。接下来的这位风景园林师将会对我们城市建设项目在内容方面的合理转变展开诉求。相较于我们过去最爱的那些活动——种植树木、铺砌表面、用华丽的街道家具来对场地进行装饰，取而代之的是，我们可以自由地关注城市化的背后和排泄物。"粪便是城市流动最有力的例子"，正如彼埃尔·伯兰格（Pierre Bélanger）所说[35]。而污垢又会变成土壤，在本质上，风景园林行业的基本要素总是并且将一直会与土壤的不同表现形式联系在一起。在过去以及将来，景观及其生态功能将成为每一个城市发展和城市化进程的首要内容。当城市化到来时，景观将被使用、改变、改造、剥削，并经常被磨损成一小部分。无论城市化进程中的原始景观发生了什么，无论是积极的还是消极的，由其多方面的参数和阶层构成的潜在景观将永远不会消失。它们不仅将永远相互关联，而且在很大程度上也决定了任何一个城市发展的布局、功能和潜力。即使是最密集的、最工程化的以及最富裕的城市也与它的自然衍生和自然影响因素密切相关。景观配置、气候、水文平衡、地形、动植物和地理位置等因子是无法完全被城市建设所否决或中和掉的基本要素。景观是无止境的。它们的不可磨灭性是任何城市景观之间最具关联性的品质，并且，当城市大部分环境缺乏开发计划以及专业的规划师、建筑师和风景园林师的参与时，这种品质能够帮助这些极端的场所和大型城市环境萌发。

基于这一点，我们才有在超大城市雅加达进行设计实践的这种珍贵机会[36]。除了要学会如何与这些无穷无尽的未解难题共存——且这些难题看似都是无法解决的——我们同时也不得不惊叹于当地居民是如何应对如此灾难性周期循环的热带风暴的。如果不与当地城市水文管理指标保持一致，地形、高程问题以及任何一种设计干预都是毫无意义的。在这里这种看得见的"水平城市基准线"（Horizontal Urban Trim Line）是真实存在的，这条基准线的存在迫使风景园林师们聚焦于此并且对其以下的一切事物做出全面的设计；此外，设计师们忽视了线

图4 — 变化的城市洪涝水位线定义了“水平城市基准线”，此情况迫使设计师全面聚焦于此基准线下的所有事物，因为其受到河流实时变化的影响。这条基准线以上的所有事物相比之下都是不必要的、绝大部分是可以被替代且相当微不足道的

（图片由约克·雷基特克提供，2013年）

上部分的设计也是情有可原的，因为在都市主义者看来，这一部分相比于线下部分来说是可以替代且微不足道的（**图4**）[37]。就如同水位线在水平方向将巨大的都市状况以及城市化范围自身均等化一样——在雅加达和其他南半球的三角洲城市中——例如饮用水的可用性、水质、污水处理以及废物管理等至关重要的环境问题将在未来全球城市设计决策过程中占据举足轻重的地位。即使仅仅开始去理解且提出适当的解决措施，毫不夸张地说，极端的风景园林师都必须做到掘地三尺。

注释

[1] Douglas Harper, “Shanty, ” *Online Etymology Dictionary*, accessed March 15, 2014, http://www.etymonline.com/index.php?term=shanty&allowed_in_frame=0.

[2] Kim Dovey and Ross King, “Forms of Informality: Morphology and Visibility of Informal Settlements, ” *Built Environment* 37, no. 1（March 2011）: 11–29.

[3] Mike Davis, *Planet of Slums*（London: Verso, 2006）; *Slumdog Millionaire*, directed by Danny Boyle（Burbank, CA: Warner Bros./Fox Searchlight Pictures, 2008）.

[4] Dovey and King, “Forms of Informality”; Manfred B. Steger, *Globalization: A Very Short*

Introduction, 2nd ed.（Oxford: Oxford University Press, 2009）.

[5] Ibid.; United Nations Human Settlements Programme, *The Challenge of Slums: Global Report on Human Settlements 2003*（London: Earthscan Publications, 2003）.

[6] Ibid.

[7] United Nations Development Programme, *Investing in Development: A Practical Plan to Achieve the Millennium Development Goals*（London: Earthscan Publications, 2005）.

[8] United Nations Human Settlements Programme.

[9] Françine Fort and Michel Jacques, eds., *Mutations*（Barcelona: ACTAR, 2000）.

[10] Davies, *Planet of Slums*.

[11] Dovey and King, "Forms of Informality."

[12] Akshay Prabhakar Patil and Alpana R. Dongre, "An Approach for Understanding Encroachments in the Urban Environment Based on Complexity Science," *Urban Design International* 19（2014）: 1, 50–65.

[13] Ibid.

[14] Dovey and King, "Forms of Informality."

[15] David E. Bloom, David Canning, and Jaypee Sevilla, "Geography and Poverty Traps," *Journal of Economic Growth* 8（2003）: 355–378.

[16] Triatno Yudo Harjoko, *Urban Kampung: Its Genesis and Transformation into Metropolis, with particular reference to Penggilingan in Jakarta*（Saarbrücken: VDM, 2003）.

[17] Hera Diani, "The Sewage," "Water Worries," special issue, *Jakarta Globe*, July 25–26, 2009, 10–11.

[18] Ibid.

[19] Kafil Yamin, "The Garbage," "Water Worries," special issue, *Jakarta Globe*, July 25–26, 2009, 12–13.

[20] Jörg Rekittke, "Beauty and the Beast," in Abstracts ECLAS 2011 Conference Sheffield, Ethics/Aesthetics, compiled by C. Dee, K. Gill, A. Jorgensen, Department of Landscape, University of Sheffield, 2011.

[21] Cynthia E. Smith, ed., Design for the Other 90% (New York: Cooper-Hewitt, National Design Museum, with Assouline, 2007), exhibition catalog.

[22] The *Economist* Intelligence Unit, A Summary of the Liveability Ranking and Overview: August 2013, Toronto Financial Services Alliance, accessed July 22, 2015, http://www.tfsa.ca/storage/reports/Liveability_rankings_Promotional_August_2013.pdf.

[23] *Monocle Quality of Life Survey 2014*, *Monocle*, accessed August 25, 2015, http://monocle.com/film/affairs/quality-of-life-survey-2014/.

[24] The *Economist* Intelligence Unit: August 2013.

[25] Herbert A. Simon, *The Sciences of the Artificial* (Cambridge, MA: MIT Press, 1968).

[26] Victor Papanek, *Design for the Real World: Human Ecology and Social Change*, 2nd ed. (Chicago: Academy Chicago Publishers, 1984).

[27] UNESCO, *Ancient City of Damascus*. http://whc.unesco.org/en/list/20; UNESCO, *List of World Heritage in Danger*, accessed March 1, 2014, http://whc.unesco.org/en/danger/.

[28] Balsam Ahmad and Yannick Sudermann, *Syria's Contrasting Neighbourhoods: Gentrification and Informal Settlements Juxtaposed*. St Andrews Papers on Contemporary Syria (Boulder, CO: Lynne Rienner Publishers, 2012).

[29] Ibid.

[30] Valérie Clerc, "Informal Settlements in the Syrian Conflict: Urban Planning as a Weapon," *Built Environment* 40, no. 1 (March 2014) : 34–51.

[31] Ibid.

[32] The World Bank, *Turn Down the Heat: Climate Extremes, Regional Impacts, and the Case for Resilience* (Washington, DC: World Bank, 2013).

[33] S. F. Balica, N. G. Wright, and F. van der Meulen, "A Flood Vulnerability Index for Coastal Cities and Its Use inAssessing Climate Change Impacts," *Natural Hazards: Journal of the International Society for the Prevention and Mitigation of Natural Hazards* (2012), accessed August 25, 2015, http://link.springer.com/article/10.1007/s11069-012-0234-1.

[34] Pierre Bélanger, *Landscape Infrastructure: Urbanism Beyond Engineering*, doctoral thesis, Wageningen University and Research Centre, 2013.

[35] Ibid.

[36] Christophe Girot and Jörg Rekittke, "The Landscape Challenge: The Case of Cali Ciliwung in Jakarta, " in "Water and the City, " special issue, *Citygreen* 5 (2012) : 148–153.

[37] Jörg Rekittke, " Being in Deep Urban Water: Finding the Horizontal Urban Trim Line, Jakarta, Indonesia" in *Water Urbanisms East. Emerging Practices and Age-Old Traditions*, UFO Explorations of Urbanism 3，ed. Kelly Shannon, and Bruno de Meulder (Zurich: Park Books, 2013)，80–91.

第二部分 —— 景观重组

场地的厚与薄

詹姆斯·科纳
James Corner

风景园林学中一个永恒的话题，便是场地或场所（地域主义）异质性与全球化当中更加普遍的世界主义之间所存在的明显的紧张关系。就这点来说，围绕当代城市化、环境以及文化等方面而产生的重要议题已经成为风景园林学的前沿[1]。然而，当我们从设计实践的角度来看，还有一些围绕实际概念和项目操作的其他问题存在，以及在一个全球化与地域性——即本土性与外来性并存的世界中“如何去”（how to）应对一个具体的场地或项目。如今，帮助我们理解和诠释场地以产生新的形式的具体思考以及行动技巧非常重要，特别是对于那些致力于在一个不可避免互相关联的世界中处置场地精微细节及其地域性的设计者来说更是如此。

设计当中的技术话题，特别是各种各样通过图层和图像处理场地的方法，构成了这个领域当下一些最有意思的研究的基础。正如克里斯托弗·吉鲁特（Christophe Girot）所说：

> 在相互割裂的信息图层当中所展开的景观分析与设计的这种趋势，结合着能够唤起强烈感情的蒙太奇手法，使得自然的理念从一个地方传播至另一个地方，却没有考虑到一个场所自身具有的文化异质性[2]。

图层分析法已经成为一种流行的技巧，使得我们很容易忽视地区本身的独特性和差异性，为此吉鲁特总结和建议道：

> 当且仅当我们关注到地形更深层次的诗意与哲学内涵，并且掌握与其内涵相互匹配的实际操作方法时，风景园林学才会因为新型设计方法的出现而大幅地增强[3]。

此观念的重点是提到了将分层（layering）、成像（imaging）和表现（making）作为设计的核心技巧，但却引发了通用式与情景式应用以及具象派和形式派操作相对立的诸多问题。同时有关这些问题也存在着批判性的推测——即一旦技术发展得足够好，变得广为人知或普遍适用，那么全世界的设计也将变得更加雷同；相反，设计技术越是具体响应或者适应当地的环境，那么不同地方设计间的差异性可能就会变得更加明显。而且，如果世界上某处具体的场所果真是独一无二的，具有在时间长河中累积下来的残留物质所构成的丰厚源泉，就如同某种高度地层化和考古的场所，那么设计当中的分层手段既有可能对这个丰富源泉创造性地施加影响或做出贡献，也有可能清除、简化或改写场地。这两种极端状况既具有积极的一面，也包含消极的一面：以场所为限（place-bound）的方式既有可能导致设计内涵的提升或者合理的创新，也有可能导致幽闭恐惧症式的保守、怀旧或是重复；相反，场地改写式（overwriting）的方法同样既有可能导致新的可能性的创新和解放，也有可能造成普遍主义者的同质化和千篇一律。

为了进一步地探讨这些不同的可能性以及场地诠释和设计的各种应用，让我们先从吉鲁特的论断出发，即设计中某些具体的技术（特别是分层和蒙太奇）已经变得如此普遍，以至于它们不再有助于处理一个场所所蕴含的本土性细节。诚然，任何一个人在对当下世界各地正在进行的大部分的专业工作进行调查时，他都可以看到分层和成像已经成为策略、构成和沟通中的程式化技术。从毕业设计的工作室到行业内大多数的事务所，将场地平面分层并解构成各种系统和类型已经成为一种普遍的现象。三维成像技术也变得同样流行（如计算机生成模型和Adobe Photoshop渲染——其中大多数是透视或者风景式的，而非是空间化的，这些图像或模型更多的是被精心塑造或者心情化的，而且通常是为了表现愉悦和欢乐；但是这些图像和模型变得越来越缺乏地域性，似乎可以被用来表现任何一处场所）。在全世界范围内，这些技术正驱使着许多自相似的、大尺度的景观和城市不断地产生——相较于亚洲和中东地区极速扩张的开发区而言，以上的这些现象便不再显得如此让人震惊；为了追求全球化、现代化和便利化，这些地区几乎全是千篇一律的城市形式和通用化绿色空间。

当然，这些现象的出现并不意味着设计方法中固有的平面、图层、蒙太奇以及可视化表达就是问题的根源。事实上，虽然这些各式各样的技术是如此被轻易地滥用，就像是一些默认的配方或者公式，但这并不意味着它们自身有问题或者已经陈旧过时。毕竟，平面图及其不同组成部分所形成的图层，仍然是我们作为风景园林师和城市主义者所必须具备的最重要的工具之一。平面图使得我们能够对场地的各种情况进行谨慎的调查和分析、对空间和功能进行组织、对表皮和材料进行结构化，并将项目的基础和实体组成部分运作起来。平面图使得我们能够工作、能够思考以及能够建造。平面的视角概要而广泛，不仅从俯瞰的角度提供了场地一系列的远景，也展现了设计师在同一场地上做出的新的投影———张不可避免要开始建设的缥缈薄纱或沉积层。平面图不可避免、无一例外的"轻薄"（thin）导致了浅薄与过度改写中所存在的确切风险，但与此同时，它也是我们所能够用来分析和组织更有意义的场所形式的手段。

当然，景观的表面绝对不可能是像平面图所显示的那样浅薄；景观具有厚度、积淀以及形象。景观的表面是由不同内容组合而成的，不仅具有一定的肌理、微妙的变化，而且还具有一定的重量。它们存在于具体的地理环境之下，脱离其自身的自然文化背景便无法被复制。它们在物质属性上具有厚度，就比如说地质、土壤、水文、地层以及各类人工建构物。同样，它们在时间维度上也具有厚度，比如复杂的生态交互过程以及随着时间推移所产生的不可避免的状态和关系的变化[4]。

就土地、历史、故事、作用、价值以及期望等各类关系中所隐含的不同文化模式来说，景观在文化的层面上也具有一定的厚度。就像是北京与曼谷不一样，北达科他与纽约也完全不同。这些不同地区的差异性源于材料、生态、时间以及文化的不同。与之类似，任何项目也都有它自己具体的环境、特定的材料、时间以及文化形象，在相互竞争的利益相关者、视角、议程之中，一些项目通常还伴随着许多极具争议性的议题，从而形成了不同意识形态之间动态性和过程性的层面（**图1**）。

因此，平面分层技术中一个显而易见的特征便是，这种技术剖析和分离了特定场所或项目存在的所有不同的具体信息层面。这种方法有助于分析和理解在其他不同情况下极其复杂和无法回避的情形，同时也有助于向他人传达场地的这种复杂性，从而有效地促进更加广泛的参与和决策。这是伊恩·麦克哈格著名的"千层饼"分层图的基础，这些分层分析旨在为特定景观的功能和价值提供合理的说明和解释，并作为后续规划提议的基础[5]（**图2**）。

这种使用分层来解构和促进理解的形式是平面分析的好处之一。然而，对平

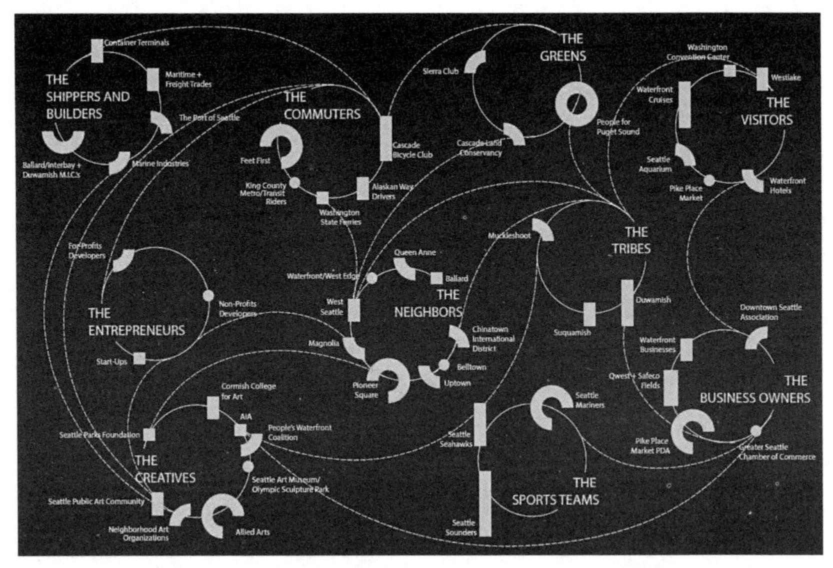

图1 — 詹姆斯·科纳场地运作事务所，“西雅图代理者”（ Seattle Agents ）图解，展示了在西雅图市滨水地区进行投资的利益相关者与机构间的关系，西雅图，2012年

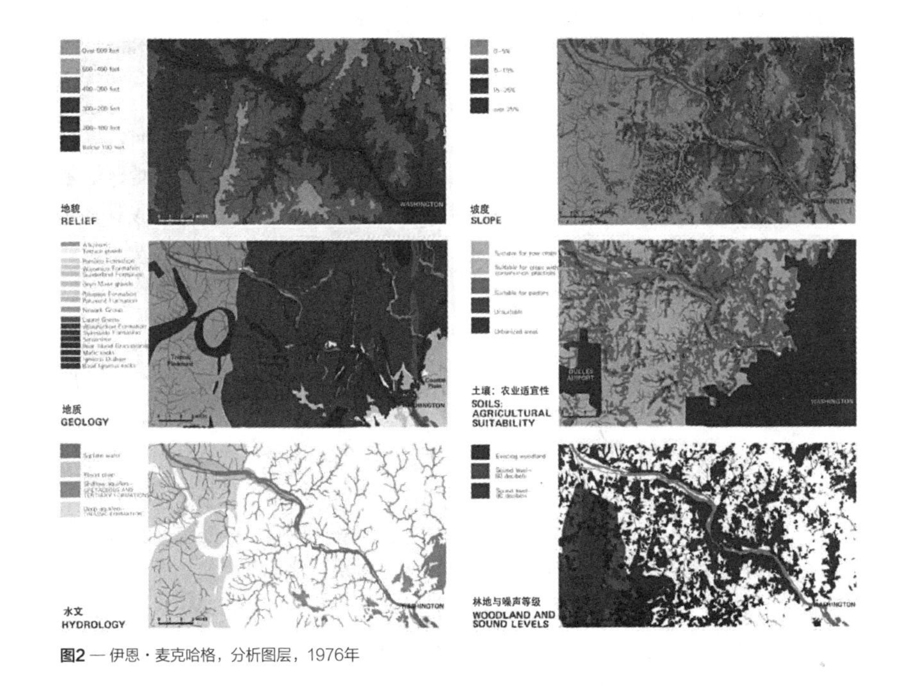

图2 — 伊恩·麦克哈格，分析图层，1976年

面的另一种极端抽象也具有重要的价值：平面图作为一种自发性的工具，有着自己内在的一套规则和可能性，并且能够真正地展示出那些可供选择的组织和理解方式。

如果在麦克哈格的案例当中，这些分析性的平面图层对场地特定信息是持尊重态度的，那么对平面参数“处理”（play）得越是抽象，则越是会引入“外来的”（foreign）影响，这种“外部”（outside）观点会以一种新鲜的或是新颖的方式来表现同样的信息。关于这点，最好的一个例子便是理查德·巴克敏斯特·富勒（R. Buckminster Fuller）发明的戴马克松投影（Dymaxion projection），这种技术以各种形式展开地图或平面图，以确切地解构或重建新的空间关系集[6]。抽象、浅薄以及外来，这种方法所要训练的是如何将高度具象的事物以可能存在的不同方式进行解读的重要能力。在这种情况下，并不存在消极性的或是间接引发性的后果，反而更多的是以一种极度活跃的形式，使得表面以一种新的可能性和洞察力，高效地丰富、强化以及变厚。至此，我们看到了这些抽象的、看起来单薄的图层最终是如何能够从过去的历史当中，“深化”（deepen）以及“加厚”（thicken）那些新的可供选择的未来。它们不单单能够描述场地信息，同时也能够转化场地信息。

类似的观念，即通过设计分层使得一个场所变厚的想法，可能会与许多欧洲的风景园林师产生共鸣，尤其是对于现在那些长久以来一直密切关注地区、地形、场地、地点、场所、文化、具有多重意义的事物以及历史等传统的设计者来说。然而，在这个传统中还不太清楚的地方是抽象以及我称之为设计过程中的外来性（foreignness）的确切作用。特别是形体、几何以及材料的特异性——我称之为形式（format），既具有操作性又具有具象性——对于明确和界定一个设计最终的结果具有绝对的关键性。在罗马、凡尔赛或是中央公园中，并不存在任何自然的或先天的形式——它们都经过了精心的构思以及“外来的”抽象，都是根据特定的形式规范创作和制定的。如果一种抽象的形式能够与场地产生共鸣，放大并实现其所存在的潜力，并创造出新的机会（例如，西斯科特教皇为罗马所做的平面规划，便为四周的地形特征制定了中心），那么我们就可以说，随着时间的推移，原始单薄的平面图层最终是可以通过一种新的、富有成效的方式，使得一个场地不断地变深或变厚。与之相反，如果一种形式无法与某个特定的场地产生共鸣或者相互适应，那么它就不可避免地成为一种表面化的、短暂的、单纯而形式化的模式，一种没有什么作用（agency）或效果（effect）的叠加。

交互的图层

如果我们首先将基础的场地层与项目中新植入的设计层分离开来，“交互的图层”（layers in interaction）这一概念便非常有用。让我们从任何现存的场地都不可避免的具有一定的厚度这一观点开始，将场地看作是一种生态和文化的历史或相互关联的复合体。这可能就是塞巴斯蒂昂·马洛特（Sébastien Marot）所提出的“地表都市主义”（sub-urbanism❶），即场地特定的基质塑造、控制并引导了特定的本土性[7]。

就这些基质而言，有各式各样的设计方法可以帮助风景园林师在特定的地方更好地“扎根”（grounded），例如从行走、采访、速写、拍摄和阅读等行为活动，到通过测量、开列清单、绘制地图、制作图表以及录制影像等方法进行的分析性研究，等等。如果你愿意这么说的话，这是一种人类学和民族志的方法，风景园林师可以设法让自己沉浸在其中以更好地理解一个地方，一个他们既不熟悉更非土生土长的地方。外来的访客所要试图去挖掘和发现的是一个场所原本存在的本土“厚度”（thickness）——即对于最直接生活在那里的人们来说，其根深蒂固的气质、历史、价值和意义。

尽管这些访客总是在试图去更好地理解当地的某个场所和文化，但这总会存在不可避免的外在性（outsideness）——这种疏离不仅会导致一种异化的客体性（“旁观/looking at”而不是“融入/being in”），同时也会对场所本身产生无法回避的影响。因此，其研究和分析也不可避免地会决定和影响到其所面对的真实主体；事实上，并不存在单纯的或是客观的眼睛。总会有一层薄薄的沉淀物，尽管看起来很抽象而且会受到外在的影响，但依然具有显著的可被转化的属性。从空间设计的角度来看，这种引入可能会是阅读材料、几何图形、测量方法、分度格网以及外来材料中的任何一种形式——这种组织或实体形式，既可以源于一个场所，也能够将其延伸到新的范围。

---

❶ sub-urbanism和super-urbanism源于塞巴斯蒂昂·马洛特《*Sub-urbanism and the Art of Memory*》一书及其相关文章，前者指的是“场地创造项目（the program invents the site）”，后者则指的是“项目创造了场地（the site invents the program）”。——译者注

在那些相同的术语中，这种厚度可以采取调查、测量、记录、速写、拍照、地图以及分析性的图解和图层中的任何一种形式。更加基于体验式的场地印象也许可以通过手绘图、拼贴以及富有创造性的书写来表现。总而言之，所有这些研究的结果都是为了对一个地方进行丰富和强有力的描述，这种描述使得外来者可以更加细腻地深入一个场地，并成为一个对场地状况更加知情且可信的权威者。但是，所有的这些工作中没有任何一项能够说明设计者会做什么，他们对场地的设想、提议或创作是什么。做出一些改变场地的行为不可避免的具有一定的外在性——也许是“嵌入式的外在性（embedded foreign）”（就像是嵌入式代理中的软件和硬件一样），但不管怎样设计者都是无法去除这种外来性的。设计需要进行创新和转化，而不仅仅是重复描述性的数据。设计者最终不得不深入到下一步——设想新的叠加层，这种细微的弦外之音将塑造场地历史的下一个篇章。这一新的叠加层既可以非常的敏感，对场地现有肌理充满敬畏之情（如马洛特的“地表都市主义”），也可以是一种全新的、自主的以及重新构建的结构[如马洛特的“地上都市主义”（super-urban），就像是伯纳德·屈米和OMA事务在巴黎拉·维莱特公园竞赛中所展示出的程序化叠加的平面图一样]。也许现在还存在第三种选择，一种介于“下层（sub-）”和“上层（super-）”之间的结合或杂交——一种变体混合物，既产生于内部，也发生自外部。另一种对这种场地设计方法所具有的范围或幅度进行描述的方式，可以借用生物类比的方法，即种化（species）、杂交（hybrid）和克隆（clone）；这一排布序列从场地自身主导到外来事物主导形成了一种渐变或梯度。

场地种化

通过类比，一个场地或是场所可以被看作是一个物种——它有自己的基因型、拓扑关系和内在准则（包括生态和文化）。它有其特定的外表和行为模式，与其他的物种或场所迥然不同。就像是一个物种，这样的一个场所也是通过适度的自我调节和发展成熟而得以生机勃勃的。它持续不断地发展，随着时间的推移或多或少存在着连贯性，但仍然有其自身的阶段性或周期性。

我们对这类的场地已经非常熟悉了——有数百年历史的古老山村以及偏远的小村庄，类似威尼斯或者古罗马的旧城市，巴黎、伦敦或纽约的大型公园。这些都属于厚场地，随着时间的推移而不断变厚，但或多或少由于其一致性和同情式的心理，从根本上来说，新建的内容更多的趋于相同，仅有微不足道的适应和改变。而这类的场地既能够继续发展成熟直至繁荣茂盛，也有可能像任何的生态系统一样，开始趋于衰退或是停止生长：试想一下底特律，一个曾经蓬勃发展、非常成功的城市结构，现在已经失去活力，正在寻求某种形式的更新。

作为一个专业群体，风景园林师本能上会对这类如同物种般的场地产生怜惜之情。他们对场地的特质以及缓慢涌现出来的形式变化充满了信任。这种情感既存在于他们的日常专业训练（如在场地分析中所投入的巨大精力）之中，也存在于他们的行业道德（如对文化和生态连续性的信任）之中。

在米歇尔·高哈汝（Michel Corajoud）以及其他法国学院派之后，一个与米歇尔·德维涅（Michel Desvigne）相似的风景园林师，可能会出于对场地的极度尊重，采取一种场地转世（reincarnation）般的再生实践，尽管替换了其中的材料和功能，但这种方法简直就是在对景观遗迹进行重建。这就是一种整形手术，或者通过重新挪用现有事物而改善场地。通过向其血管中注入新的材料，“场地物种”（site-species）重新恢复了生机。通过进一步的种化，场地的特征可以被强化，其演变可以被加速（**图3**）。

当然，这种痕迹标识在经济、社会或生态转化中所具有的任何实际的作用或效果的程度并不总是那么明显。对景观“外观”（look）进行叙述、重新诠释以及保护的意义，往往比实际的社会变革更加重要。这种实践手法能够被看作是一种仅仅对土地利用模式所进行的美化吗？

诚然，相较于简单的模式来说，更深层次的分层在麦克哈格著名的“千层饼”中已经被清晰地展现出来了，在这一思想中，场地上大量的自然与文化库存被一层一层地解析开来。这些技术将场地上各种高度不同的层次，从基岩到土壤再到植被直至气候与环境，进行了解构。这一方法揭示了一个特定的场地上每一个不同的物质流动系统之间相互独立但同时又彼此关联的事实。这也描绘出了支持一个场地代谢演变现象背后的骨骼、血管以及互相关联的各种结构——当然现在的数字技术可以将这项工作优化至更好的程度。麦克哈格的方法不仅阐述了这些不同层次之间的关系，同时也表征了不同要素对维护一个生态系统所具备的重要程度和价值。一些要素通过设计可以很轻易地被改变或调整；而另一些要素则需要被保存和维护。这是一种非常有用的技术，因为它不仅对资源进行了记录和

图3 — 米歇尔·德维涅（Michel Desvigne），伊苏丹区域规划（Issoudun District Plan），伊苏丹，法国，2005年

评估，而且揭示了其相互依赖和系统化的相互关系，为后续规划和设计建立了细致的信息框架。部分之间的组合要大于整体本身。相互关联的层要比任何简单组合的平面，即那些任何在形式上不够成熟或尚未形成结构的案例，更加重要。在这种叠加技术中，重要的是信息和系统化的过程，而不是拘泥于某种做法上的模式。

这一方法的局限，就像是将所有的努力都投入到维护一个物种之中——当其取得良好的效果时，为了让所有的事情都表现的完美无瑕，设计者可能会对场地与形式之间的合理匹配产生强烈的潜在情感，但这也常常会伴随着习惯化、观念化以及陈旧化的风险。缺乏创新或是更加激进（可能需要很多）的转化，场地的形式很可能就会变得僵化并丢失其应有的实质和效应。系统中如果缺乏一些新的、外来的事物的注入，这个物种便会停止适应和进化，进而导致惰化和萎缩的现象。决定乡村或城市公共空间风貌和功能的规定常常会带有一种伤感的遗产排他主义，其中一个场所“外观”隐含的景观价值超过了经济、功能或是社会转换的实际变迁。从某种意义上来说，当那些对饱含意义的变革真正有利的工作被阻止时，这个地方的原始厚度就会开始变薄、软化和凝固[8]。

场地杂交

现在，让我们来考虑第二种变体——杂交，或者说是将新的东西叠加到旧的事物之上，以创造既熟悉又新颖的共场（copresence）现象。在杂交当中，混种和嫁接创造了一种新的物种，但却没有消除来自其亲本的不同起源（**图4**）。

既然先前所论述的场地种化技术已经为风景园林师所熟知，那么下面要讨论的杂交的方法也同样如此。在这里，新的设计层旨在与现存基础相互作用（interact），以创造出新的协同效果。乔治·尤金·奥斯曼（George Eugene Haussmann）的巴黎改造就是一个很好的例子，除了新建的大道清除了大量的原始肌理之外——尽管如此，在城市的尺度上，这个案例依然存在着某种缝合与嫁接将新旧事物编织到了一起，它不仅彻底地转化和更新了巴黎，也使之步入了新的时代（**图5**）。

另一个合适的案例可能是彼得·拉茨（Peter Latz）备受赞誉的德国北杜伊斯堡景观公园，在其中，新的通道、人行道和水景层直接地叠加、贯穿到了现存的

图4 — 狗与鸟的杂交，2012年
［动物变形（Animal morph），图片来自 Humandescent］

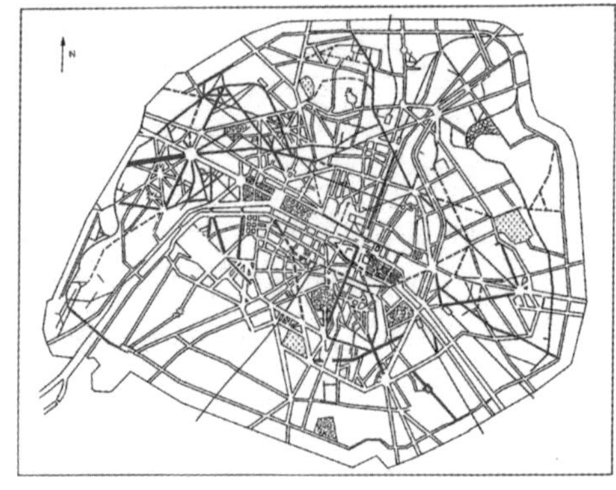

图5 — 乔治·尤金·奥斯曼新规划的街道与巴黎城市肌理的叠加，2010年
［P·克伯里（P. Couperie）绘］

旧高炉遗址之上。这是一种拼贴，但是新的叠加层——人行步道、雨水渠薄弱的外来植入，使得原先厚重的场地重新焕发了生机。作为一种杂交，通过对旧有结构和废弃功能的创造性再利用，这种引向新的社会结果的做法是非常了不起的。而且作为一个有机体，这个公园仍然在不断地生长和进化——在原始设计的意图当中，这就是一个未完成和不确定的作品，因为它旨在不断适应和变化（**图6**）。

图6 — 北杜伊斯堡景观公园，德国，2011年
［马克·沃尔拉贝（Mark Wohlrab）摄］

图7 — 奥巴马-布什图像变换
（乔治·W·布什变形至巴拉克·奥巴马的影像，PhakeNam绘）

景观的表面特别擅长于吸收和同化项目中新加入的层。自然的力量最终将会接纳那些即使是最直接、最野蛮的叠加层，因为环境将决定哪些能够存活，哪些注定会被淘汰。杂交叠加更擅长利用拼贴的方式——在这种拼贴中，新旧之间的差异，或者不同组成部分之间的区别是显而易见的。在朱塞佩·阿尔钦博托（Giuseppe Arcimboldo）利用蔬菜和水果进行组合创作的著名人物肖像讽喻画中，读者可以同时看到人物的肖像和蔬菜——两者都十分的生动形象，但也同样能够从这种惊异的组合中区分开来。或者，杂交叠加也可以采用蒙太奇的形式——将两个不同的对象进行融合，而又丝毫看不出建造、叠加或者嫁接的痕迹。原始的对象被无缝地融入一个全新而又陌生的整体之中（**图7**）。

在杜伊斯堡景观公园的设计中，随着时间的推移，原先拼贴式的并置如今已被吸收同化成一种更加自然的蒙太奇。现在，我们可以看到一个全新而整体的有机体，场地的气氛充满了忧郁之感，而不同的组成部分也相互地关联到了一起。随着时间的推移，过去拼贴式的各个层如今已经共生般地融合成一个系统、一个花园，且没有丝毫缝合的痕迹。与之类似，从胡弗莱·雷普顿（Humphry Repton）“设计前-设计后”（before-and-after）的绘画与叠加技术中，我们可以有效地看出一个场地经过“变形”（morphs）而形成一种新的（但同时又是熟悉的）布置。这是一种依照风景效果强化的绘画法则而对本土进行重新塑造的场地杂交。铜制镶边的克劳德玻璃（Claude glass）的原理也非常相似——在对被捕捉的风景进行扭曲和变形的同时，这种玻璃仍然能够对其进行重新地映像和呈现。同样，当代的计算机数字建模技术也能够针对构成、折叠、塑形、成形或变形进行非常整体性的叠加。

在高线公园案例中，核心的设计概念就是要将新的带状表皮与现存的铁轨基础进行叠加合成。新的合成基础，即组合后的表皮，能够让水体、空气以及花草从缝隙与开口中渗出和生长。原先的遗迹被同化至新的整体之中。既不是清除或取代，也不是简单地再生和复制，而是通过设计达到了一种新的合成关系。通过重构与杂交，新层与旧层都被进行了更新（**图8**）。

图8 — 詹姆斯·科纳场地运作事务所与Diller Scofidio+ Renfro事务所，高线公园，新设计的人行步道层与现存有机层的叠加与合成，纽约，2004年

场地克隆

最后一个，也是力度最大的一种叠加形式，也许类似于克隆。既不存在母本，也没有杂交的形式，克隆是一种自动化的、普遍的类型，可以在任何一个地方进行复制。这是一种显性基因（dominant）——以其自身强势的逻辑对原始的场地进行压制。

方格网也许是潜在的能够克隆整个世界最佳的组织几何标准。由于在土地划分、丈量、测绘、分界、地产的分配和开发等方面运用起来都非常方便，这种网格成为许多城市和景观的基础结构，特别是在美国。

美国土地测量就是无休止的在36平方英里的象限中进行叠加，每一个叠加层都有自己的基因代码，以被用于对被分为多个四分之一英亩的土地地块进行多样尺度的削减。这种方格网便是一种克隆的有机体，不断地生长、不断地扩张、不断地蔓延——有时候是好事（当它能够促进新的生产性用途的时候），有的时候则是坏事（当它磨灭了历史与文化，例如，就像是发生在美国西南部土著地区上的情况一样）。然而，在大多数情况下，土地不可避免地会“回血”（bleeds back），通过叠加层的渗透，它们能够进化出基于特定场地和环境的新型形式。即使最为自主的叠加，最终也会逐渐屈服于时间和自然的进程[9]。

曼哈顿的方格网格外的有趣。起初只是一种用于控制财产所有权和发展思路的工具，而如今，方格网却成为一种促进城市发展非常有效的工具——并且是以一种令人惊讶的丰富多变形式。在规划图当中，几乎所有的地块在形式上都是一样的——而实际上，在建设的肌理、尺度以及具体细节方面，每一个地块又都是不同的。另一种单一的、同质化的克隆技术，催化了一种空间类型、功能以及社

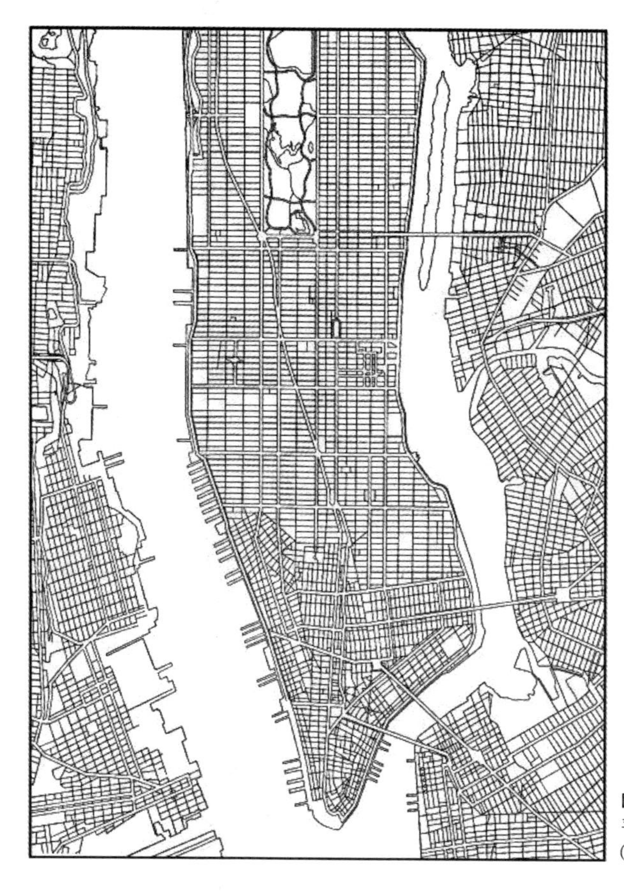

图9 —“纽约市规划委员会官方平面图，1811年”，重绘（纽约市博物馆提供）

会群体极为异质化混合的产生（**图9**）。

依据时间变化而分阶段种植的林地管理格网，是高度系统化但又具有自治性组织系统的另一个案例——一种随着时间推移，能够发展和繁殖差异性、多样性以及复杂性的克隆系统。

格网作为一种支撑框架，一种在动态中对事物进行设定的组织工具，如今依然格外的强大——虽然有时候它作为单薄的操作发展框架的组织功能会随着时间的推移而被超越，特别是当其被具化成单一整体，而不是许多细微、独立、多样的合生基因时。开发商们杂乱无序扩张下无休止重复的住宅，或者是中国鳞次栉比的住宅楼，成为迅速复制中糟糕的案例。公式化的复制改变了当地的多样性，也否定了自由多样性伴随时间的创造性响应和适应中所呈现出来的活跃因素。

这里我所要讲的重点是，尽管克隆在所有处理场地和场所的方法中看起来最具有外来性和激进性，但当它们能够真正像开放系统被利用时，它们便能够在这些自治系统中产生价值，在时间变化中促进新型和富有成效的环境的繁殖和生产。就这点来说，格网早已被使用过了，但是屈米和OMA为拉维莱特公园制定的分层方案仍是经常被提到的案例。在这一案例中，这些极其简单、普通的组织框架被用来生成一个新的场地——孕育项目，甚至是随着时间的推移，在擦除旧世界的同时创造出一种新的厚度和积淀。马洛特将其称之为“地上都市主义”——对场地漠不关心，但却更多地关注于新形式的转化用途、习惯和项目的能力[10]。

需要注意的是，设计层存在着不匹配性；设计层无法匹配或组合到一起是这些系统促进混合以及多样化需求的重要因素。它们就像是不断生成新事物的机器——每一层都在孕育自己的项目成分，当这些层叠加到一起时，它们便能够产生丰富且不可预知的交互组合——一种潜在的超文本（hypertext），在其中各种不确定的事件和读数都是可能存在的。这些层是将项目转变为动态生态的一种尝试，而它确实也是一种多样化过程结构化转变的生态技术。毕竟，每一个层都是独立自主的，但一旦与其他层融合，这些层就会相互关联并产生新的内容。这与麦克哈格的生态分层法不无相似之处，或者说与其他生态学家对当下生态动力学的描述非常类似。

因此，尽管我们认为它与场地、地点或场所没有多少关系，但随着时间的推移，克隆技术却能够产生一种不断变化的厚度，并且在其所处的社会环境中不断地生长变厚，终有一天，由于本土化与自然化，这种克隆又会变得与当地非常相似。

这些各式各样的几何化组织性叠加层，就像是方格网或者是奥斯曼的林荫大道，最初都是建筑学中的技术。它们将场地本身设定成一张白纸，并且单纯地为了项目和空间的匹配，对二维的几何图形进行部署。这是它们的好处。然而，景观与图纸或混凝土的固定表面有着根本的区别——它是具有厚度的、生态的、活着的、动态的、缓慢演进的，以及沉重的。这些能够带来生命的几何图形不一定仅仅是为了划分界限，更加重要的是要对地面之上流动的过程进行深入的挖掘和表达。

场地运作事务所在1999年为多伦多当斯维尔公园（Downsview Park）的提议中，隐含着对场地进行挖掘的更加深层的意义。以下是一系列组织层系统的开发，这些层的设计旨在创造一个新的生存生态系统——即使在风吹日晒、生态环境极其恶劣的高原之上，该系统仍然能够有效地增强土壤肥力、保持雨水并建立起栖息地。这些层与场地的基础条件完全相协调，但与此同时，该平面的设计又完全地消除了场地的原有信息，并为之重新设定了新的目的。其中包含两个关键的层：一个软质层，用于组织流经场地的雨水和有机质；另一个则是更加常规的层，用于承载活动和项目的厚厚的土方。每一层都嵌入了额外的叠加层，这些叠加层描绘了为了建立新的地层实际所需的景观结构，从地下水体单元，到新的土层，再到新的种植层。一个复杂但有序的拓扑关系被建立了起来，像是一种占据过程和植被根系生长的根基（**图10**）。

同样，在清泉公园这种已经封场、土壤当中几乎没有任何生命或者场地上不具备任何生物多样性的垃圾填埋场当中，叠加层的任务便是随着时间的推移，建立一个新的厚实的地层——一个生态化的地表层，既能够自我克隆，也能够不断生长或适应。这个设计被分成了不同的阶段，如同一系列不断生长或发展成熟的阶段一样，前面的阶段为下一个时期建立了条件。这种由许多不同图层组成的叠加层，显示了垃圾填埋场中诸多不同的工程层——其中的一些是现存的或者是必须被保留的，成了工程层的一部分；而另一些则可以被引进或操作，以建立新的土壤结构和植被群落（**图11**）。

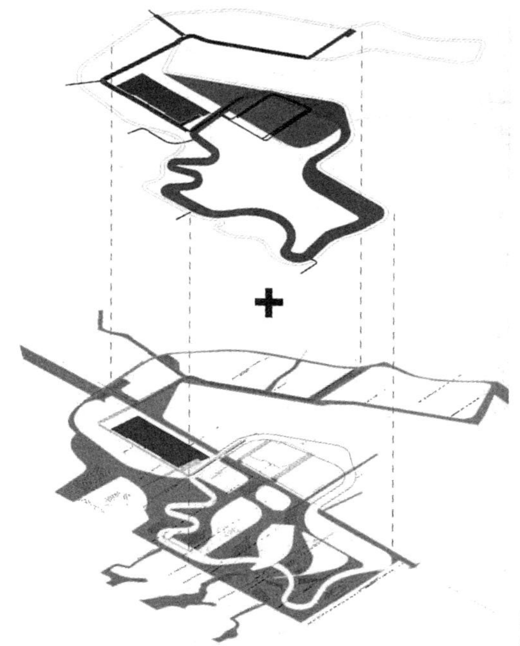

图10 — 詹姆斯·科纳场地运作事务所，当斯维尔公园，加拿大多伦多，组织层，1999年

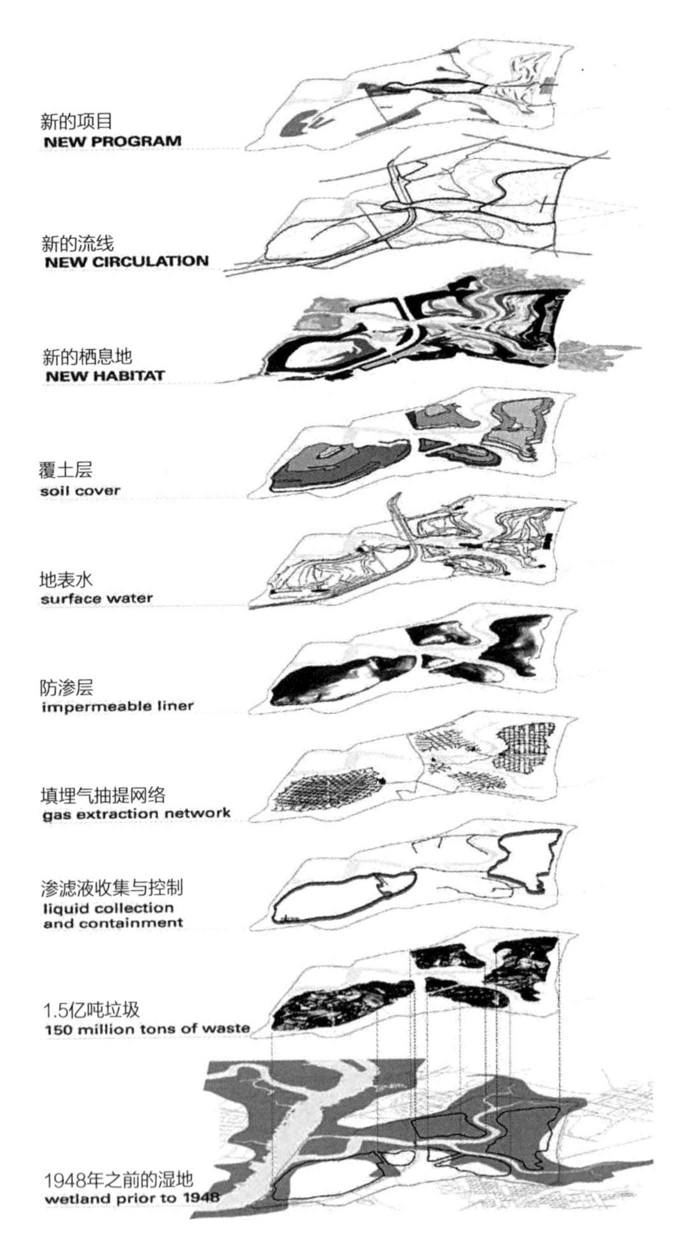

图11 — 詹姆斯·科纳场地运作事务所，清泉公园“生机景观”，场地叠加层，2004年

这些技术和图层的形式、几何以及操作的方式，对于公园最终是如何被设计成一系列的阶段是非常明确和重要的。它们的作用与我在本文中快速回顾的许多其他分层类型是一样的，但是这里要更多强调的是它们意图要达成的效果——即它们实际生成和构建新景观（不管是生态的还是规划的）中富有成效和创造性的能力。我认为这种方法更多的应该被视作场地种化、杂交叠加以及克隆中介的组合。与严格的城市规划或者建筑技术相比，时间及其作用才是景观媒介中生态性时间深化的关键动力。

与前文中所提到的类似，高线公园基本上就是通过叠加层来构思和建造的——一些是具体和固定的，而另一些则是有生命的、动态的。最初，这些叠加层只是一种情景的投射和虚构，之后，它们便发展成为一种非常精确和具体的设计细节，每一个正式的组成部分都被牢牢地赋予了一种角色。即使存在不可避免的具象内容（高线毕竟具有如此深刻的故事、文化和影响力），这些叠加层的设想，其首要功能最终还是为了场地实际的运行和转化。对于这些叠加层而言，重点是地面层的表达，及其能够产生新效果的建造混合实体层的设计。新的几何形状与技术，能够产生具有全新潜力的新型形式，这些形式也许拥有足够的中介来形成、培育以及支撑新的生命和活动（**图12**）。

总结

在这一各国文化互相影响的世界中，创造性地处理一个场地会遇到无数的挑战，而有关场地厚与薄的辩证关系也无法在这篇简短的文章中得以充分地论述。但是，采用以下具有争议性的建议进行总结（如果不是那么自以为是的话）是非常重要且值得的：欧洲人通常更加关注场地（sites）、场所（place）或是地点（locale）的厚度，也更加倾向于用单薄的设计层对主要的表征内容进行处理；而这种态度与我所称之为可能更加基于美国本土的景观都市主义者的设计方法极其不同，后者处理场地的方法更加强调设计层的转换、催化和表现效果，特别是那些具有厚度和动态性的生态层面。

前者的优点是其对场地和场所所具有的高度尊重——如何通过记忆、希望和期待来增加文化的底蕴；而后者的好处则是其对表现的强调——如何通过操作和生产活动、通过富有成效的策划、孕育以及生产来增加其厚度。也许这一对比刻

图12 — 詹姆斯·科纳场地运作事务所，高线公园，纽约，2011年
［伊万·班安（Iwan Baan）摄］

画了欧洲和美国过去一个世纪以来所形成的更加广泛的差异和利弊之处。

注释

[1] 肯尼斯·弗兰姆普敦（Kenneth Frampton）的论文概述了这些主题，见："Towards a Critical Regionalism, " in *The Anti-Aesthetic: Essays on Postmodern Culture*, ed. Hal Foster（Seattle: Bay Press, 1983；repr.，New York: New Press, 2002）；但是约翰·迪克森·亨特（John Dixon Hunt）撰写的有关场地、场所精神、场地塑造等问题的许多文章也都对这些主题进行了研究，特别是与景观相关的内容。

[2] Christophe Girot in his notes for the conference "Thinking the Contemporary Landscape, " Hanover, Germany, 2013.

[3] Ibid.

[4] "厚度"（Thickness）在风景园林学中是一个引人注目的概念，斯坦·艾伦（Stan Allen）在其关于"厚-2D"（thick-2D）的相关描述中已详细解释过这一理念，详见：Stan Allen, *Points and Lines: Diagrams and Projects for the City*（New York: Princeton Architectural Press, 2001），以及克里弗德·吉尔兹（Clifford Geertz）更多的有关人类学的文章 *The Interpretation of Cultures*（New York: Basic Books, 1973）.

[5] Ian L. McHarg, *Design with Nature*（New York: Wiley, 1969）.

[6] R. Buckminster Fuller and Robert Marks, *The Dymaxion World of Buckminster Fuller*,（New York: Reinhold, 1960）; and James Corner, "The Agency of Mapping, " in *Mappings*, ed. Denis Cosgrove（London: Reaktion Press, 1999）.

[7] Sébastien Marot, *Sub-Urbanism and the Art of Memory*（London: Architectural Association, 2003）.

[8] W. J. T. Mitchell, ed.，*Landscape and Power*（Chicago: University of Chicago Press, 1994）.

[9] James Corner and Alex MacLean, *Taking Measures Across the American Landscape*（New Haven, CT: Yale University Press, 1996）.

[10] Sébastien Marot, " Sub-Urbanism Super-Urbanism: From Central Park to La Villette, " in *AA Files* 53（London: Architectural Association, 2006）.

打破地表：回归拓扑学❶

克里斯托弗·吉鲁特
Christophe Girot

在谈及某一景观项目的概念和建造时，理解项目设计和发展过程当中的思维方式、论述语言以及应用的技术是非常重要的。生态设计的旗帜助长了当下新兴景观形式的产生，这一潮流倾向于增强全球化对地域文化异质性的影响。而这种形势中所持有的绝对正确的景观设计方法和论述却难以令人信服。

景观是一门关于品读、书写以及创造特定氛围和空间的精微艺术。它不仅使我们与自然之间的神秘关系具体化，也使得我们重新发现自身对待世界的态度和情感。景观首先应当被理解为一种能够引起强烈意象和诗意的真实经历（reality）。因此，设计的技术也决定了某一特定论述的结果；将景观作为一系列离散的分析图层而非一个实体或地形去思考，不仅会影响一个人探索和对待物质世界的方式，也会决定其后续的操作过程。

这种借由一系列图层化场地平面的设计方法提倡对景观进行系统地分层和解构，却招致了一种在每一块大陆上都几乎相同的通用图解方式。图像叠加已经变得如此标准化、缺乏地域性甚至有些老套，进而会引发以下的这些问题：这些图像最初所要描绘的内容到底是什么，它的意图又是什么？如果表现（renders）不再与我们准备研究的物质地形有关，而是为了复制或再现那些来自其他地方的教条式的景观绿化想法，那么一个项目的内在文化价值将会是什么？通过制图所呈现的一系列图层当中标准化的景观信息不仅为景观的解读提供了确定的方法，也导致了具体化和通用式的结果——既是本土的，也是“去地域化的”（de-territorial）[1]。

❶ 本文的英文题目为*Breaking Ground: A Return to Topology*。Topology一词有两层含义，一是“地志学”，其字面含义为“地区的记述”；自19世纪现代科学的地理学发展后，地志学逐渐被“区域地理学”所替代。二是“拓扑学”，即研究几何图形或空间在连续改变形状后还能保持一些不变性质的学科。克里斯托弗·吉鲁特提出的“Landscape Topology”既强调基于区域地理或文化的本土性景观，也强调本土性景观在不同环境或背景下的变化和转义。因此，读者不应当被本文所采用的单一译法“景观拓扑学”所误导。对该理论感兴趣的读者，可参见原作者的另一篇文章《*The Elegance of Topology*》。——译者注

这种方法的优点是可以清晰的分项展示信息，进而使得程式化引导的决策过程变得易如反掌；但同时，这种通用的景观分析方法也存在着它的缺点，它抹杀了那些采用其他方式对场地进行解读或创造的可能性。与科学的场地评估相比，景观中语言和诗意表达的差异化也同样重要。换言之，以三明治为例，不管看起来多么的令人垂涎欲滴，它永远也无法替代一块全麦面包，尽管它们都是由面包制作而成的。然而，不可否认的是，这种通过分层和图解的景观设计方法也催生出了过去半个世纪中最为重要的一些项目；那么，如果这种方法已经被运用这么长的时间了，为什么还要去质疑它？

呼吁抵抗这种单一程式化的景观设计方法变得全球化确实是有理由的，因为这种倾向于利用平面描述和分层去解释或阐述任何一处景观的方法会使得现实变得割裂。这种方法多半会缺乏将景观作为一个实体或文化整体进行理解。用医学来打个比方，你既可以通过解剖和切除的方式也可以将整个身体或器官组织作为一个整体去对病人进行治疗。这两种方法确实都能奏效，但却没有必要统一。如果采取解剖的方式，那就不得不再次将分散的组织缝合成一体，但是如果直接去调整身体当中内在的力量，那么最终修复身体的则是其自身。关于在设计当中应当如何处理当地环境这一问题，我们不能简单地置若罔闻；因为这不仅是任何一个项目的核心问题，也对项目的成功与否至关重要。这种分层的景观分析和设计方法所宣称的普世主义，很好地迎合了那些经常忽视文化独特性的快速发展的城市以及边缘地区。作为这种单边设计方法的替代品，拓扑学将会为那些按照自然规律、心照不宣且强调从本土性着手的设计项目提供新的进路[2]。只有当地形和物质特征被人们所真正地理解了，一个景观场地才能够被恰当地解读或设计。我们认识一个场所的方式确实利害攸关。如果我们接受这一前提条件，即景观一直是某种特征清晰易读的类型的代言人，这一特征随着时间的推移而深植于当地的文化历史之中，那么一个崭新的景观的创造就必须与这种类型有关，以使得某一场所更加有意义、容易被人接受且令人感到舒适。景观设计中的拓扑学方法鼓励这种基于类型的变化；它并非是纯粹的发明创造，而是通过特定的转义（trope）对场地进行重新解释。这种转义的变换决定了某一景观类型在维持其自身特质的同时实际上可以从其根源脱离多远。

设计方法一直是景观学及其相关领域问题的根本所在。人们在阅读克里斯托弗·亚历山大（Christopher Alexander）《建筑的永恒之道》（*The Timeless Way of Building*）一书的时候，要比阅读另外一本试图建立一套可以应用于世界各地的设计公理的书籍——过度规范和让人乏味的《建筑的模式语言》（*A Pattern Language*），更加容易获得乐趣和清晰性[3]。风景园林学首要的任务应该是对拓扑智慧和地形建模艺术的引入，就目前来而言，这种实践与盲目和重复的二维制图方法大相径庭。伊恩·麦克哈格在其具有里程碑意义的书籍——《设计结合自然》——中开创性地提出了平面分层技术，但如今这一技术却演变成了一种令人质疑的通用设计方法[4]。它最初只是作为一种应用于大尺度区域景观的分析工具，通过对地质、水文、基础设施、土壤、植被等因子进行叠加和制图，以全面分析和评估给定场地的潜力。因此，该方法在区域尺度上仍然适用于影响评估和地区规划，并有助于为未来城市发展提供强有力的规范性框架。但是将这种方法转移到设计领域却带来了一系列的问题。比如，如果没有一个场地的实体地形模型，一个设计师怎么可能着手设计一个景观项目？我们真的有可能只通过分层的平面图与千篇一律的艺术蒙太奇和"生态"渲染就去做设计吗？这一问题并非是要否定制图在设计中的作用和地位，而仅仅想说明它缺乏一个在学校很少被教授的实体建模的基本向度。

相较于平面图，三维景观模型更能够向我们展现出变化多端的自然地形条件；以点云模型为例，通过多个横断面和高程点对场地进行阐释，我们能够更好地研究和了解某个场地的物质特征（**图1**）。制图术（Mapping）适用于在一个给

图1 — 吉鲁特事务所（Atelier Girot），齐默尔曼花园（Zimmermann Garden）点云剖面图，布里萨戈镇，瑞士，2012年

定的场地上组织开展项目，但它忽略了世界基本的物质属性。平面图有助于绘制想法和快速表达方案及各种变量，但它既不能检测地形表面的实际情况，也不能在其上将概念想法转化为真实的设计。事实上，这种方法在思考和建设景观空间方面是相当受限制的；另一方面，点云地形模型使得人们能够在全尺度的模式下进入具有真实材质的场地，并促使我们进行细致的拓扑思考和实验。制图基本就是将一个设计概念投影到平面之上，而建模在测试同样一个概念的客观可行性的时候则需要更多的全面性和包容性。值得注意的是，平面图并不是景观设计中一直使用的工具。回到文艺复兴、巴洛克以及如绘式早期等历史时期，一处景观设计的完成，要综合地借助于测链（chains）、网柱（poles）和绳子（ropes）以及现场测距仪（range finders）等各种方式。只有当景观完成之后，总体的方案平面才能够被绘制出来。大多数早期的几何或曲线的景观项目都是直接在现场进行描绘（trace）、建模（model）和测试（test）的；一些人会使用三角形测量方法，而另一些人则在椭圆形焦点上应用切线。在谈论景观设计的拓扑学方法时，这种与地面直接的身体关系（尽管只是对其进行描绘）的复兴是至关重要的。

景观一直都是区域和地区文化创作之间类型学交流的复杂产物。不同文化之间语言和宗教上的根本区别从来没有成为类型的障碍，因为每个地区都是其特定生物和气候条件类型的转义，这种转义进而使得对不同类型的转化和解释方式发生变化。例如，从波斯商旅驿站中某个清真寺前面赤日炎炎、尘土飞扬的庭院所包围的沙漠广场，到爪哇中部日惹皇宫前郁郁葱葱的开放空间的演变，便展示了一种类型是如何保持其形式本质的。在这个案例中，作为缩影的广场空间，同时适应了不断变化的文化和气候。波斯沙漠中干旱的沙子如同从丛林中清理出的郁郁葱葱的草坪，而沙漠中的围墙广场原型则如同一个由茂密的森林树冠所勾勒出的绿色广场。经过双重修剪的神圣榕树下斑驳的树荫则取代了沙漠里帐篷支杆下的阴影。在精神上，这两个地方仍然是相似的，尽管在本质上它们的气候和使用的材料截然不同。

今天，我们需要再次倡导的正是这种可以自我适应的更新和创造意识，拥有了这种意识，在给定某一类型景观的条件下，我们才能够学会接受各式各样的转义区间。这种转义区间允许相似拓扑背景中不同惯例的共存，但也表现出对不同类型中各自多样的传统、利益相关者和必要条件间的显著差异的支持，进而可以帮助我们重新开始建造快速发展的世界。风景园林学理论不仅仅是单方面意识形

图2 — 埃夫伯里，大不列颠
（本文所有照片由克里斯托弗·吉鲁特拍摄）

态的重复和坚持，也不是实证主义的方法论断言，而更多的是关于拓扑的适应和观念调节。拓扑学既不是对那些在玻璃钟下保存的场所渊源或长期丧失的神灵性质怀旧式的痛惜，也不是为了美化某种宣扬特定建筑守旧帮派而虚构出来的“批判地域主义”（critical regionalism）；它更多的是一种有关设计某一特定场所具体而娴熟的解决方案[5]。

自从五千年前埃夫伯里（Avebury）举行第一次仪式会议的场地出现以来，在英国威尔特郡（Wiltshire）的白垩山上，人们便一直不得不为自身的目的而适应和改造地形（**图2**）。因此，风景园林学一直都在为社会的目的而修改和调整地表。其中的一些景观原型今天仍然存在，并为各种各样的转义形式而改变，但事实上，今天很少有风景园林师再去实践这种拓扑干预了；这一能力更多的是被工程师和建筑师所接手。拓扑学是一种关于在地形上掌握实体转化和建造工具的方法。它没必要去反对概念设计的方法，而应当是作为设计中强大的实体手段的一种补充。

将拓扑学做进一步的引申，风景园林学与在不同谱系中探寻新的形式一事并没有多少关系；相反，它专注于尽最大的努力来实践和提升那些已经牢固建立起来的设计类型。当约翰·布林克霍夫·杰克逊（J. B. Jackson）❶向我们展示一张美国西部地区中森林旷野和农场的照片时，很少有人能够将这张照片与瑞士的一个农舍木屋区分开来[6]。以上两种文化之间只有微弱的语言联系，但是林中旷野作为一种景观类型在这两个地区和不同的时代仍然广泛地存在。时代确实发生了变化，但景观的类型仍然在各自的因果体系中继续存在并不断演化。例如，纽约市

❶（美）约翰·布林克霍夫·杰克逊（John Brinckerhoff Jackson，1909—1996年），出生于法国第纳尔（Dinard），著名随笔作家、文化地理学家、教育家和风景园林师，致力于对美国建成环境进行诠释。出版了《发现乡土景观》（*Discovering the Vernacular Landscape*，1984年）等作品。——译者注

图3 — 贝姆斯特圩田里的道路

的中央公园便是两个原型的结合，即围墙中广阔的城市花园与内部一系列开放式森林空地间的结合。荷兰北部地区早期的贝姆斯特圩田（Beemster Polder）同样如此，并在两个世纪之后影响了杰斐逊式网格（Jeffersonian grid）的发展（**图3**）。

隐藏于景观形式赋予的历史背后究竟是怎样的智慧？一种景观的文化独特性到底能够达到什么样的程度？已故的米歇尔·高哈汝在凡尔赛高等风景园林学院（Versailles School of Landscape Architecture）教学期间，显现出了支持和尊重文化差异性的有力证据。他提到在不同文化之间进行景观建造转化，即使有可能的话也是最为困难的工作。有的人可能会强烈地反对这种带有民族中心主义意味的臆测，特别是那些已经在美国学习并被教授环境规划和景观生态学原则的人，他们认为这些原则旨在适用于世界上任何特定的情况。假定我们接受高哈汝有关不同地区和文化的景观实体之间仍然存在障碍的观点挑战，而非将其视为一种威胁，我们应当去哪里寻找这些合理的概念性审问的答案[7]？形式通常可以被理解为风景园林学对事物的过度简化。例如，法国的古典园林试图将我们推向一种理性模式的世界，在这种模式中，所有事情被要求适应于一个僵化的框架之中，事实上，它不能增加或摄取其他复杂程度的事实注定了其在以后历史时期当中的衰落。但是一旦我们对土地的形式和表面的塑造进行更加具体的思考，我们就会明显地意识到文化独特性的存在，一种类型被植入某一场所的方式，在平衡土方填挖的具体行为以及排水引导的具体艺术上体现出了不同。所有的这些都存在于拓扑学的范畴之中，如果你愿意，也可以称之为本土性文化。

拓扑学应当成为风景园林教育的重要组成部分，以帮助学生培养构思并集成一个符合特定场所既适合又具体的设计方案。景观不是在郊外的某个地方对原始自然片段的组装，而是对于一处场地的自然创造，尽管这一结果不可避免地具有象征性，但对于社会而言它依然具有一定的实用性和文化意义。景观也不是纯粹的、异想天开的发明，而是一种根据需要对既定类型进行改变和适应的和谐统一的重新诠释。19世纪中叶纽约中央公园这一场地上所被创造出的结果便是一种与古代景观原型密切相关的典型拓扑变化，只不过这种转义是将以上的原型放置在了现代城市的中心。纽约中央公园几乎不具备抽象性，其所用以描绘景观的语言，实际上只是对可以追溯到更早历史时期的传统源头以及原型的模仿。它很像是一种城市与庞大矩形公园的表面并置，并且这种并置也只是在规模上实现了飞跃，并与城市环境形成了鲜明的对比而已。一个更近时期的公园——建筑师伯纳德·屈米20世纪80年代在巴黎建造的拉维莱特公园，试图通过采取一种由包豪斯艺术家瓦西里·康定斯基（Wassily Kandinsky）发展而来的包含点、线、面的平面叠加系统，以创造一种区别于所有现存景观类型的崭新的抽象体系[8]。与伊恩·麦克哈格用来针对环境分析的制图叠加系统不同，屈米的设计手法开启了一种采取叠加技术的全新设计形式的大门。这种方法进而演变成为一种遍布于各国高校的教学手法，预示着一种提炼自场地文脉或景观形式全新的项目设计分支。拉维莱特公园将项目活动点、人群运动的线以及开放空间的面进行了区分（**图4**）。“二十一世纪的公园”，正如屈米所宣称的那样，结果创造出来的却是一种缓和的、由破碎片段组合而成的拼贴画，并且这种片段中一层又一层的抽象概念与场地自身并没有什么明确的关系。尽管这种平面叠加的设计方法仍然在各个高校中被传授，拉维莱特公园自身却再也没有作为一种模式而产生新的内涵，因为它并没有创造出一种新的景观类型，也没有形成一种相对于现代城市来讲非常清晰的景观。相反，拉维莱特公园却为大型文化活动提供了最适宜的现代解构空间；在这一意义层面上，尽管具有一定的自然象征性，它的设计却与任何有关自然的深思都毫不相干。

图4 — 伯纳德·屈米，拉维莱特公园，巴黎，法国

本土性景观

使得每一处景观独一无二的正是现存物质与自然属性的结合，而这种属性又是由强大的文化因素所限定的，在这些文化因素中，历史穿越过时间并体现在了当地的地形之上。某一特定场地上项目成功的良好基础，主要取决于设计师识别场地当下主要的特征以及辨别决定场地独特性因素的能力。特定项目当中文化因素相对于自然属性的权重，取决于项目设计所需要的抽象程度，但也诉诸当下社会对自然所持有的信仰水平。这些因素在一种文化与另一种文化、一代人与下一代人之间都存在着巨大的差异。日本伊势的神道圣所赋予了树林以神灵的意义；供奉森林之神天照女尊的今宫神社由数千年来一直被世人所敬畏的高大而永恒的桧木树所构成。位于五十铃河弯道的地方被认为是非常神圣的，一直以来这里都受到保护而不进行任何的城市化建设，但这些高大的树木和那些人们用来拍打和祷告的木制祭坛所体现的自然风貌，则是几个世纪以来人文关怀的产物。经过所有的这些维护和崇拜，它变得不怎么像是一片自然的森林，而更像是人类的自然圣所。在耶路撒冷橄榄山下的雪貂谷（Cedron Valley）中，景观的存在则是为了彰显过去、现在和未来人类及其精神的重要事件；这里如同古老墓地的环境，是一片已经几乎转变为沙漠的荒芜之地，只有那些稀稀落落的柏树和橄榄树还在提醒着我们人类在地球上的存在。在这里，本土性（topical）的意义是永恒的，并且同时属于在此处栖居的三个一神论宗教。本土性也可以超越宗教进入世俗的王国，它可以以一种新的方式打破地表，在已有的传统之外增加甚至创造新的意义，但是本质上它却是永远根植于原先的文化或语言的，而对于事物来讲，正是这种文化或语言才具有更深层的意义。

当设计师在场地现场进行景观设计的时候，他便经常要打破地表，即挖掘、托运、布置以及移动场地周围土壤或者各种各样的材料。打破地表的艺术一直都是景观设计当中最为核心的工作之一，无论是胡弗莱·雷普顿（Humphry Repton）使用的经纬仪（Theodolites）、还是勒·诺特尔（Le Nôtre）使用的测角器（Graphomètres）、维尼奥拉（Vignola）案例当中用到的朗西机（Lancy machines），抑或是追溯到更远的时期，罗马时期建设东西向（Decumanus）或南北向（Cardo）大街时用到的格罗玛[1]（Groma）测量仪。每一个景观时代，都受制于当时的调查技术，以在场地之上获得最为精确或者最有可能完美的结果。拓扑学即是通过地理指向的点云地形模型所赋予的先进技术，获得有关场地的全面的物质信息或者文化沉浸式的了解。至于这种技术能否转化为更好的设计则完全取决于设计师将景观作为一个整体去掌握的诗意技巧。

拓扑学当中不会存在万无一失的方法，因为它依赖于设计师的判断能力。除了场地明确的物质特征之外，拓扑学也经常会给设计师展现出文化限制方面的问题以及当前社会中的那些自然语言或者概念，以使得他们不得不对其进行应对和提升。图层式景观设计方法所具备的内在局限或者危险是，即使设计师在对其手中的场地几乎一无所知或陌生的情况下，依然能够为所给出的问题提出系统性的答案。这种方法所显现出的一些潜在风险便是，即使对于一些有时候更为错综复杂的人类和文化环境，其依然能够提出一些仅仅是初步的或者现成说教式的生态方案。从这一点我们就可以明显地看出，图层式分析方法有必要向这种可以提供丰富信息的三维场地建模和设计方法致以敬意。今天这种从工程师那里继承而来的调查技术能够为我们传递那些难以了解的偏远场地非常精确的三维点云模型。地面激光扫描仪（TLS）及其产生的三维地理信息点云模型是这些发明中的最新技术，这种技术在未来几年内将会完全改变我们的景观设计方法。这些模型对于场地的空间和物质属性的描绘精度可以达到毫米层级。这些模型不仅可以在场地内外进行随意的缩放，还具有非凡的美学和体验质量；这大大提升了景观空间的物质描绘质量，并且已经成为设计中传统形式的分析和表示方法非常重要的补充。三维模型赋予了调研中的场地更大的控制与权力，场地上每一处的坡度、表面或者高程都能够被考虑、修改抑或是进行虚拟测试。在地理信息三维空间模式下对地形内部和外部进行浏览探索的工作人员在设计的方法以及精度上都将会使一切变得大为不同。首先来讲，将景观作为一个完整的实体进行处理，就已经提供了与传统的二维分层制图方法完全不同的阅读、理解和设计模式（**图5**）。它将设计师置于一个虚拟化场地的中心，并帮助设计师从差异化以及主观性的角度

---

[1] 格罗玛（groma/gruma）是一种古罗马时期土地调查和测量的工具。它主要包括一个垂直的木杆或金属杆，以及一个水平的、安装在直角支架上的十字架，且每个十字架的端部都会悬挂铅垂线。这种工具被罗马军队用来测量直线和直角，进而将土地高效地划分成正方形或矩形。——译者注

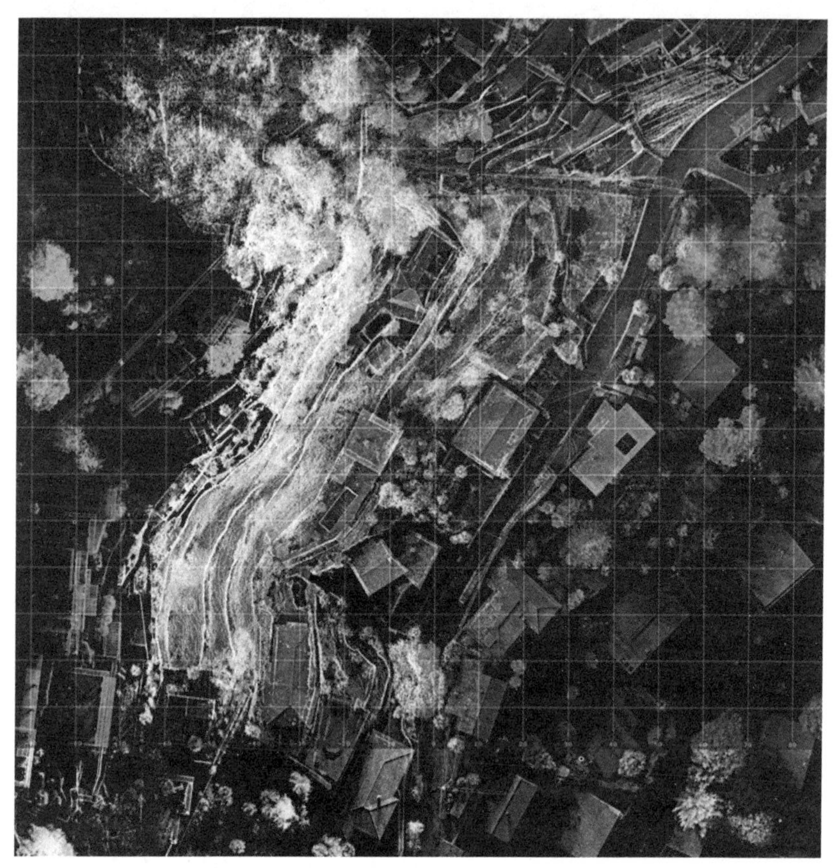

图5 — 吉鲁特事务所（Atelier Girot），齐默尔曼花园（Zimmermann Garden）点云平面图，布里萨戈镇，瑞士，2012年

对景观进行认知。在点云模型当中进行的移动，创造了一种全新的场地阅读体验，并且在不同事物之间赋予了一种秩序完全不同的联系以及意义。实际上，这种方法为设计引入了一种感知相对论的观念，这与传统的规划以及透视成像模式截然不同。

如今，点云模型也可以通过在原先场地上测试各种各样的实质建议以及虚构想法，以实现对景观更全维度的构想。点云模型本身并不能保证良好的设计，但是它却为我们提供了一个更好的以及信息更为丰富的场所视野。一个独立的设计师该如何基于现状的条件、制定的计划以及个人的直觉等综合因素，从一系列复杂的倾向和决策中找到一个具体的设计方案？让我们回到拉维莱特公园，这个项目在其所提倡的概念性平面分层方法上，就明显存在着实体设计方法的缺失[9]。

尽管从平面图上看来，其设计中不同要素之间存在着一种强烈的对话关系，但即便如此，这个项目在将其平面中假装具备的空间、尺度以及时间转化至具体的令人信服的景观实体过程中仍是失败的；它倒像是一幅抽象的拼贴画。在这个项目里，图层叠加设计方法中的单一性和局限性是显而易见的，其精湛的理论和辞藻运用在巴黎这个复杂的周边地形上是缺乏对场地现状进行考虑的。一处景观只有在明确了其设计类型原型的基础上才能够取得某种创新，拉维莱特公园中不同几何图形高度的破碎化与并置关系导致了一种并不协调的形式聚合体，公园内部更高层次的秩序也不够清晰。在任何本土性的景观设计方法当中，表面拓扑的清晰性以及尺度的耦合性才是最重要的。

作为实体的景观

拓扑学远不止是在不同的图层当中对景观进行解读，而是转向地形，并将其作为一个实体或表面进行整体解读，从而进一步将分散的元素或历史片段重新整合为一体。一个设计师在最初进入某个场地的时候，便已经携带了他（她）们自己的文化包袱，并经常被已经存在的想法或习惯所蒙蔽。从自身文化去解读其他文化所带有的局限性是难以被人们所接受的，这也许是最让人产生自我怀疑的一件事。回到米歇尔·高哈汝有关我们自身在解读或理解景观过程中确实存在某种可以触知的文化构架系统的设想。作为一块土地彻底的外来者在某种情况下是具有一定好处的，但在大多数情况下则相反，关于是否任何一个景观传统在缺乏慎重的考虑或深思的情况下，都可以从一个国家输出到另一个国家、从一种语言转译为另一种语言，或者从一个特定的地区搬移至另一个地区，一直存在着强烈的质疑。通过显著的语义转换，一种原型是如何从一个文化转移至另一个文化的？这一现象在中国明代早期的花园与日本的禅宗花园，以及意大利文艺复兴时期人工建造的树木园与随后的英国如绘园之间异常的明显。在这两组案例的对比当中，尽管花园类型相似，景观的精神与表达的根本转变却是非常清晰的。任何景观创造所需要的起始点，一定是本土的而非全球的。除了文化差异之外，地形、气候循环以及城市化模式上的不同，就风景园林学当中生态二元论的全球化方法这一观点也提出了强烈的质疑。

一个系统的场地规划方法对于项目分析的初始阶段来说是举足轻重的，这种方法既有助于我们发现利益或者资源中的矛盾和冲突，同时也是明确的环境政策形成过程中一种强有力的工具。这种方法能够接纳区域范围内广泛存在的环境问题，并且可以通过识别场地或区域已经具备的潜在利益来帮助项目成长；但是，就形式赋予而言，它不应当通过屈从于公式化的答案来取代创造性的设计过程。这种认为我们现在可以提出一种能够响应世界范围内生态趋势的全球性景观文化的观念是错误的。这些公式化的方案不可避免地会在许多地方性的需求和期望层面上有所欠缺。试想一下早期发生在澳大利亚的对英国花园风格的移植，后来证明这件事对于整个大洋洲来说都是一个错误。把在英国本土备受赞誉的田园景观移植到澳大利亚首都堪培拉中干旱且过度放牧的内陆丘陵这一想法，便证明了这种全面照抄的景观移植方法所存在的内在局限性。不管是麦克哈格的地图叠加技术还是拓扑学方法，都会对澳大利亚首都采用的格里芬（Griffin）平面方案提出强烈的批评，因为这个方案违背了所有的现状气候和生物条件。但是那些赞同在这块非常干旱土地上营造“秋色与凉意”（autumn color and coolness）的论调，依然强辩到了最后。然而，现在我们可以看到袋鼠在首都高尔夫球场的果岭上聚集或交配。又比如，全球生态化的单边主义方法很可能会在环境合法性的借口之下，公开支持在爪哇草坪广场（alun-alun）[1]原先的位置上栽植密密麻麻的树林，但是这种做法可能会给几百年来人类社会与一种具有象征意义的自然原型之间所构建的关系带去毁灭性的破坏。站在这种开敞草坪广场中间的双榕树所要描绘的是一个充满力量的微观宇宙，是不能单纯地被生物量所取代的。明星风景园林师在某些情况下可能会碰到与此类似的本土景观形式，这个时候您就应当小心翼翼地考虑到那些隐藏的文化层面了。

拓扑学通过挖掘场地普遍地形特征以及痕迹的深层意义，致力于对场地的重新利用（reappropriation）。这种工作没有必要是怀旧的；它必须单纯地将景观作为一个具有直觉、移情和情感的生命实体，将特定地形上的痕迹与伤痕作为构成和理解某一场所的基本要素。然而，将拓扑学归类为有关场所精神（genius loci）某种形式的复兴是错误的，因为这种场所精神不分青红皂白地将场地上所有现存的痕迹都视为某种具有非凡意义之物。设计需要一种洞察力，而20世纪

[1] “草坪广场”（alun-alun）也称之为aloen-aloen或者aloon-aloon，特指印度尼西亚地区乡村、城镇或城市当中的大型、中心、开放式草坪空间。如今，该词也特指日惹皇宫前的两处大型开放空间。——译者注

七八十年代之间存在的场所精神学派事实上却经常引导设计师以一种完全不加批判的方式去接纳场地的全部。克里斯蒂安·诺伯格-舒尔茨（Christian Norberg-Schultz）有关场所精神的理念经常被错误地解释或改变为一种对过有事物非常狭隘、近乎幽闭恐惧症的歌颂，这种思想使得设计师在即使看起来非常可信的情况下依然不敢对场地进行改写或者做出设计上的变动[10]。这种不加思索地对所有痕迹进行保护的做法无论如何也无法作为一个项目的起点。

拓扑学通过选择的过程对地形施加影响，并且强调对一块场地上的物质实体进行慎重地处理。这种方法讲究的是对地形进行仔细地观察，并且关注于对场地上的自然现象进行利用（appropriate）或引导（channel）。正是由于具备对三维实体地形进行处理的功能，拓扑学在决定设计中不仅具有本土性，而且会是强有力的。我们理解和处理景观的方式是内在性的，并且与普通的解决问题的方法存在着巨大的拓扑差异。比如，在一个现有的地形上寻找出一条具有连续坡度道路的这种过程在法语当中便有一个专有名词：plein jalon，即“全里程”（full bearing）。法国所有的景观与城市全部采取这种简单的原则组合在了一起，即在连续坡度模式下对一个规则的表面进行规划。这一来源于罗马时期“克里纳门”（clinamen）理念中的拓扑原则，被记载在卢克莱修（Lucretius）有关伊壁鸠鲁物理学的著作中，现在这一原则反过来又为我们双脚所踏之地提供了一种特殊的技能与指向[11]。整个运动系统可以依据这一简单的原则，即通过赋予一个场地独特的拓扑感觉，我们能够使得这块场地获得惊人的统一性和力量，从而使之嵌入一处景观之中。这一方法应该就是高哈汝所说的那种根植于文化的具体行为。

作为实体的场地

我们已经进入了一个时代，如果你愿意的话，可以称之为“人类世”（Anthropocene）❶，风景园林师如今似乎被人们看作为自然最重要的创造者与疗愈

❶ “人类世”（Anthropocene）：2000年，为了强调今天的人类在地质和生态中的核心作用，诺贝尔化学奖得主保罗·克鲁岑（Paul Jozef Crutzen）提出了人类世的概念，这一观点认为自18世纪晚期的英国工业革命开始，人与自然的相互作用加剧，人类成为影响环境演化的重要力量。虽然这种公认的事实已经证据确凿，但人类世至今仍然没有成为一个正式的时间尺度，人类世工作组（AWG）日前只公布了关于人类世的12条初步研究结果和建议。——译者注

图6 — 吉鲁特事务所（Atelier Girot），锡吉里诺山体点云模型，提契诺州，瑞士，2003年至今

师。但是这种新的将专业从根本上定位为积极环保主义者角色的品牌化，却为其他专业接管那些不仅牵涉自然过程，同时也影响文化因素以及城市基础设施的大型尺度项目大开中门。今天的我们，不再需要单边主义的景观设计方法，我们所需要的是一种源于特定案例的非常具体而清晰的方法。这种方法使得我们在这个高度数字化的时代，理所当然地走进三维的思考领域。点云模型便是使自己熟悉某一特定场地中错综复杂事物的最好方式。如果不是对这一方法的掌握，我们在瑞士提挈诺（Ticino）地区锡吉里诺山（Sigirino Mound）阿尔卑斯隧道周边大量人工景观中开展的工作便不可能实现（**图6**）。多亏这种方法，我们才能在这种场地上采取物理集成的方式，在这个填埋山体上解决那些艰难的地形问题。

几乎每一块我们能够涉及的场地都显示了人类历史中的各种痕迹以及在自然秩序下的干扰活动。事实上也不存在严格意义上的处女之地，而正是这种经历了时间、信仰以及各种历史事件的变化与演变，才使得一块场所变得如此意义非凡[12]。景观设计的意图都是为了创造一种具有强烈象征意义的自然形式，形成一种可以使得各种广泛过程和意图协调一致的完美形式。问题是我们在应对这种微妙抉择的时候，应该采取怎样的智慧或工具？最终方案的选择与决定必须确定并展现出所有的这些因素（不管是未来的还是过去的，也不管是自然的还是文化的）是如何落实到物质空间当中并互相产生关联的。如今可能有人还会争辩道在点云模型出现之前，很多优秀的景观设计项目便已经存在很长时间了，因此风景园林学没有必要进入未来的这种数字与地理信息时代，并且还抗辩说图层式的设计方法本身就已经足够了。

位于柏林舍恩贝格（Schöneberger）地区的萨基兰德（Südgelände）公园项目（**图7**）大概是最好的图层式生态设计案例之一了。在那里，高架木制步道构成的精妙且艺术化的分层被架构在一个叫作先锋“杂草”（ruderal）的植被层之

图7 — 舍恩贝格市萨基兰德自然公园，柏林，德国

图8 — 詹姆斯·科纳场地运作事务所，高线公园，纽约

上，而木制栈道本身则如同从过去被炸毁的铁路堆场废墟中生长出来的一样，这个项目创造了前所未有的独特景观。除此之外，考虑到时间因素，数十年来铁路枕木间各种未受干扰破坏的幼苗自发地生长，也使得这一项目称得上是拥有了各种非常原始的“生态”设计成分。架空的人行步道是为了防止那些已经从骚乱的游人脚步中恢复起来的地面层再次被参观者践踏。舍恩贝格市萨基兰德公园里的地面从根本上来讲是由各种道砟、砖与砂浆、锈蚀的铁轨以及腐蚀的枕木组成的，这些元素的混合产生了一种模糊的地形美学特质，这种特质当中具备极端复杂的微观组织与拓扑结构。这样的设计实验对于战后柏林的历史状况而言是独一无二的，特别是那些从荒废已久的轨道道砟里生长出来的歪曲的西伯利亚桦树，或者是那些从建筑物基座上的瓦砾堆体中蔓延出来的稀有蕨类植物以及常春藤；诸如此类的层层叠叠的细节，创造出了一种绝佳的荒芜之境以及非常浪漫的美学品质。因此，在战后柏林特殊的景观语境之下所产生的这种项目，也难怪会成为一些诸如纽约高线公园的后期项目的灵感源泉，而就其本身来看，与其说它是一种在类型风格上的重新诠释，倒不如说它是一种发生在铁轨之上自然而然的生态实验（**图8**）。

伴随着人们对大自然难以抑制的渴望，高线公园设法解决曼哈顿的社会生态问题，该公园近年来一直处于将这个废弃的高架铁路提升到一种令人难以置信的景观偶像派作品的趋势当中。詹姆斯·科纳场地运作事务所结合着派特·欧多夫（Piet Oudolf）杰出的园艺天赋所设计出的这个细腻的全新的公共散步场所，成为过去几十年以来最令人瞩目的案例之一[13]。在高线公园这个案例当中，最让人感兴趣的设计内容并不是那些沿着公共散步道展示出来的用“生态”手段所做出的植物配置，这些植物配置的目的是为了让其承受住每天来访的大量游客；这一项目最让人感兴趣的设计内容其实是人们在这条高架步道上漫步时所能够获得的具体体验，在步道上面，游客可以在设计出的工艺精湛的地面上漫无目的地穿过以前曼哈顿下城的肉类加工区。与柏林的案例中非常粗糙的微地形不同，高线公园呈现出了一种光滑的步行拓扑结构，这种结构通过新设计的不含木榴油以及其他污染物质的铁路枕木完美地构架出清洁的道砟轮廓，并标示出了新的种植区域。高线公园没有为植物的自然生长预留空间，而非常具有讽刺意味的是这一观念也是德国生态学家过去对柏林以前的废弃铁路码头进行监测的绝对信条。除非是让高线公园中的植物自生自灭，否则这个被架构在以前废弃铁质桥梁结构顶部的景观层永远不可能与以前的面貌相类似或相融合。它的确就像是一个悬挂在曼哈顿街道之上的独立层，虽然看似是一种叠加，但实际上并不能与地面层真正产生接触。

我们的城市所处的基质从根本上来讲也是文化和工程的；为了顺应我们的城市和景观，即使是最自然的河流也被人类扭转和弯曲。例如，密西西比河的历史便是一连串系统性且往往是不加反思的对自然界入侵的悲剧性案例组合。与其他无数条河流一样，密西西比河周边的建设工程与自然发挥的力量不再匹配。那些经过拓扑转移知识训练的风景园林师没有理由不去指导下一代密西西比河上的建设项目。密西西比河项目需要一种有适应能力的解决方案，对其广袤的土地进行有控制的漫灌应当成为一种规则而不是一种特殊情况。但是，如果不是风景园林专业，还有谁能够掌控这种具有前瞻性的拓扑项目？在这个环境剧烈变化的时代，谁将会领导来自不同学科或领域的团队并提出具有高度政治性的解决方案？与许多大型尺度课题一样，很明显，这种基于地理位置点云模型的开创性技术将彻底改变我们在项目中的工作方法和思考模式。高校应该通过创新主动地去培养这种学科交叉合作的方式。风景园林学领域当中的拓扑学的发展和成熟具有广阔的前景，这种方法发展成为最佳实践的主要工具只是一个时间问题。拓扑学不应当被视为一种意识形态，只要是支持某种合理的设计选择，无论是正式的还是过程导向性的，我们都可以成为拓扑学家。罗伯特·史密森（Robert Smithson）曾经说过："自然对任何完美的形式都无动于衷"[14]。因此，为一个场所注入更多的价值与敬意是我们的职责。我们应当学会如何自信地对一个场所的物质特征做出回应，同时忘记那些我们设计当中已经根深蒂固的图层叠加系统的细枝末叶。拓扑学通过对物质空间的测试或者对时间发展过程中事件的模拟，以一种更加全面系统的方式使得形式的赋予变得协调一致。如今的技术进步已经可以将设计的方案嵌入真实的地理空间当中。三维地理空间信息系统基础为团队做出合理的选择或造就恰当的差异提供了丰富的可能性。

苏黎世联邦理工学院（ETH）的学生在雅加达市芝利翁河（Ciliwung River）上开展的工作案例当中，为了测试每一个方案的有效性，我们对整个河流周边地区的设计模型都进行了洪水模拟实验。实际上，这些模拟的结果反过来也将其中的一些团队又送回到了设计原点。点云方法打开了诸多的可能性，进而将重新定义风景园林学在未来主要工程项目核心领域当中的位置。过去几十年发展起来的生态设计方法如今被推向物质空间当中，进而使得我们无需再对景观进行分层思考，而是将其作为一个整体来看待。拓扑学将教会我们如何利用由地面三维激光扫描（TLS）、激光雷达（LIDAR）与无人机组合技术产生的场地模型。通过这种方法，基地的材质既可以被添加也能够被去除——刻入（carve in）和刻出（carve out），既可以实时展示也可以被及时替换。设计将不再依赖于简单的对改造前后图片景象对比的方法来检测或证明一处景观所发生的变化；点云模型自身即能够提供这种变化的依据。这种方法的坐标系统将使得土壤、构筑体、水文和植物的精确评估成为可能，更不用说气流、声音或者温度等。它将变成一种可以反复置入且测试设计成果的工具，进而为设计者改善各种指标和选项提出富有成效的建议。

我们这个时代所面临的挑战是需要尽可能好的设计工具，这些工具可以轻易地被支配，以帮助我们构思出未来最恰当的解决方案。而对于大部分涉及环境变化、污染、侵蚀以及废弃等现象所带来的挑战，并没有现成的方案可以供我们借鉴。正是由于在虚拟现实中可以对新的解决方案进行精确具体的测试和反复论证，风景园林学才能够定义出一个场地未来最好的潜能。景观的人为属性从来没有像我们今天所要应对的这样强烈。从场地运作事务所的清泉垃圾填埋场到吉鲁特事务所的锡吉里诺山，那些要求我们在这种异常混乱的场地上表现得“自然一些”的观点是非常讽刺的。未来拓扑学当中所开展的许多工作仍将是启发式的或经验性的。比如，为了确定锡吉里诺山人工植被层聚合所需要的恰当的堆肥混合度，我们投入了十几年的时间来对其进行测试和监测。

拓扑工具和拓扑方法在全世界范围内被广泛地传播且受到了高度的关注，但是这种方法及其作用在每一个地区将仍然是需要因地制宜的。我们的工作将不仅仅是具体而精确的，对于每一个案例而言，这种方法将会是具有文化敏感性的。拓扑学将不再把新旧事物并置在互相分离的图层当中，而是将它们作为一个整体进行分析。提契诺市布里萨戈镇的齐默尔曼花园案例便展示了拓扑学是如何处理一个花园微地形的，此外，该花园还将该地的城镇尺度与马焦雷湖（Lago Maggiore）的区域尺度无缝地衔接到了一起。在这个外科手术般精确的案例当中，具有一个世纪历史的古老的干砌石墙与为提升居住舒适性而设计的新的墙体连接在了一起。这里的坡度是如此的陡峭，设计师不得不采取一种阶地拓扑方法——一种与人类在朱迪亚（Judea）山陵地区最早时期创造的景观同样古老的景观类型。这种阶地类型的衍生取决于两种必要性，一种是对一些用来种植、居住以及休闲娱乐的平坦地形的需要，而另一种则是出于场地结构以及排水安全的需求。这种阶地形式并不是什么新颖的概念，其设计也只是出于增强场地的连续性和一致性。这是一种非常普遍的景观类型，并且经常被拿过来改造以适用于当地的地理条件和水文特征。我们所知道的一些最为细腻和精美的景观就是由这种倾斜阶地花园组成的，并且一旦其目的被确立下来，它们便能够产生非常明晰的文化、生态以及自然属性。通过拓扑的理念去处理地形应该具有一个清晰的理由，这一理由使得一个目的具备清晰性和意图性，并且即使在不考虑其所要刻画的信仰以及文化的情况下仍然能够被理解为人类文化最好的表达。

我们生活在一个充满技巧的世界当中，景观的形式赋予、技术以及艺术表现将在拓扑学的名义下凝聚到一起。后代将从我们这里继承的人工自然一定会不断地演变，但最终正是新建景观当中被赋予的恰当的形式和地形才是最重要的。我们正在进入一个环境变化期，这个时期与一万年前人类定栖文明（sedentary civilization）初现阶段所具有的意义以及随之而来所发生的变化同样重要。我们现在正在过去几代人所累积的废墟和瓦砾上劳作，这些层面将会对人类自然的前景产生深远的影响。此时此刻，我们现有的景观类型很有可能需要被重新考虑甚至重新创造。

注释

[1] James Corner, "The Agency of Mapping: Speculation, Critique, and Invention, 1999" in *The Landscape Imagination: Collected Essays of James Corner 1990–2010*, ed. James Corner and Alison Bick Hirsch (New York: Princeton Architectural Press 2014), 196–239.

[2] Christophe Girot, Anette Freytag, Albert Kirchengast, and Dunja Richter, eds.，*Topology: Topical Thoughts on the Contemporary Landscape*. Landscript 3（Berlin: Jovis, 2013）.

[3] Christopher Alexander, *The Timeless Way of Building*（Oxford: Oxford University Press, 1979）; Christopher Alexander et al.，*A Pattern Language: Towns, Buildings, Construction*（Oxford: Oxford University Press, 1977）.

[4] Ian L. McHarg, *Design with Nature*（Garden City, NY: The Natural History Press, 1969）.

[5] Kenneth Frampton, "Towards a Critical Regionalism: Six Points for an Architecture of Resistance" in *Anti-Aesthetic: Essays on Postmodern Culture*, ed. Hal Foster（Seattle: Bay Press, 1983），16–30.

[6] John Brinckerhoff Jackson, *Discovering the Vernacular Landscape*（New Haven, CT: Yale University Press, 1984）.

[7] Michel Corajoud, *Le paysage c'est l'endroit où le ciel et la terre se touchent*（Arles/Versailles: Actes Sud ENSP, 2010）.

[8] 瓦里西·康定斯基（Wassily Kandinsky）的《点·线·面：风景要素分析》（*Punkt und Linie zu Fläche. Beitrag zur Analyse der malerischen Elemente*）一书由慕尼黑阿尔贝特·兰根社（Verlag Albert Langen）1926年首次出版。见：Engl. Point and Line to Plane, trans. Hilla Rebay（Mineola, New York: Dover Publications, 1980）.

[9] Christophe Girot, "*Learning from La Villette*" *Documents* 2，no. 4/5（Spring 1994）: 31–41.

[10] Christian Norberg-Schulz, *Genius Loci: Towards a Phenomenology of Architecture*（New York: Rizzoli, 1980）.

[11] Lucretius, *On the Nature of Things: De rerum natura*, trans. Anthony M. Esolen,（Baltimore: The Johns Hopkins University Press, 1995）.

[12] Christophe Girot, "Four Trace Concepts in Landscape Architecture" in *Recovering Landscape: Essays in Contemporary Landscape Architecture*, ed. James Corner（New York: Princeton Architectural Press 1999），59–67.

[13] James Corner, "Hunt's Haunts: History, Reception, and Criticism on the Design of the High Line, 2009" in *The Landscape Imagination: Collected Essays of James Corner 1990–2010*，ed. James Corner and Alison Bick Hirsch（New York: Princeton Architectural Press, 2014），340–361.

[14] Nancy Holt, ed.，*The Writings of Robert Smithson*（New York University Press, 1979），119.

土地运作

凯瑟琳·古斯塔夫森
Kathryn Gustafson

我们是如何创造景观的？当我们身处其中的时候又是如何感受它的？对于这些问题的回答存在着许多种思考的方式。在这篇简短的文章当中，我将回顾一下我所经历的一些事情，这些经历在很大程度上解释了我如今是如何处理此类问题的。我出生于华盛顿州的一个高原地区，那里除了河流之外没有其他水域，所以在广阔的沙漠当中也不会看到任何植被。尽管如此，我还是能够记得一些非常美丽的山景，随着日升日落，这些山脉变成了非凡的光和物的雕塑。我在华盛顿州的亚基马（Yakima）地区长大，这里被一些人认为是世界苹果之都。在亚当斯山（Mount Adams）山脚下的景观当中，你会发现一些浅绿色的小块水浇地——你可以看到人类之手是如何彻底改变天然沙漠的，而这些天然的沙漠通常由银白色和土褐色相间的灌木蒿丛（艾属）所组成（**图1**）。随着我长大，慢慢理解这些人工灌溉土地的边缘是非常重要的，因为边界之外那些缺乏灌溉技术的土地通常都是一片荒芜。美国陆军工程兵团（Army Corps of Engineers）在20世纪40年代创造了许多早期的运河。水从喀斯喀特山脉（Cascade Mountains）中的堰塞河道被调运过来，这使得整个沙漠山谷转变成了郁郁葱葱的农业种植地区。这种做法是可持续的吗？这样做好吗？持续几十年的灌溉结出了完美的果实。但是，如果你去看一下哥伦比亚河流域，你便能够很明显地发现有太多的水体因为灌溉而被取走了。因此这种做法并不可持续，但是这些故事却让我不仅明白了水的珍贵，也理解到土地和水体是如何形成一个整体的。

之后我去纽约学习了时装，这类专业都与身体的包裹或隐藏息息相关。这些学习教会了我身体是如何在衣服里适应和移动的，以及应当如何捕捉光线并使其变得生动。随后我搬到了法国巴黎，在这里我在时装行业里又工作了一段时间，直到我决定改变自己的领域并开始在凡尔赛学习风景园林学。在那里，我了解到了地形和运动方面的两位大师。一位是安德烈·勒·诺特尔，他设计了凡尔赛宫

图1 — 亚当斯山山脚下景观，华盛顿州，美国
图2 — 安德烈·勒·诺特尔，凡尔赛宫苑，法国
图3 — 雅克·斯加德，文森公园，巴黎，法国
（凯瑟琳·古斯塔夫森摄）

苑以及其他一些场地，在操作纵深、高度、透视以及人在空间当中实际运动的路径上，勒·诺特尔堪称是一位天才。他在舞台布景以及景观序列当中创造出了一种纯粹的几何错觉（**图2**）。他是法国透视方面的大师，对身在园中的你所观察到的事物总是保持着控制。当你欣赏他的作品时，你甚至会确信他可以操控一片天空，勒·诺特尔让你相信你正在走进它，好像除了那个点已再无其他东西值得注意。勒·诺特尔所展示出来的控制不仅存在于景观设计的方面，也包含人们在其中运动的方式。另一位使我受益的大师是雅克·斯加德（Jacques Sgard）。他在景观设计的艺术方面培养出了很多人，其中便包括米歇尔·高哈汝、亚历山大·谢墨托夫（Alexandre Chemetoff）和我自己。他绝对是曲线整形方面的大师。他能够将形式、植被、功能以及艺术等都整合嵌入一片地形中（**图3**）。他的景观可以被理解为一种人工建造的自然片段，这些片段致力于将美感赋予城

市，同时创造出可以供人们使用、热爱和记忆的场所。

对我设计生涯起到重要影响的人物还包括野口勇（Isamu Noguchi）和丹尼斯·奥本海默（Dennis Oppenheim）两位。野口勇为纽约城市公园制作了一个从未建成的模型，但是这个模型却展示出了他极致的天资和手艺。今天可能并没有多少人了解艺术家丹尼斯·奥本海默，但我总觉得他非常具有吸引力。20世纪70年代，奥本海默完成了几件作品，并将概念性对象与精致的地形结合在了一起。在一些作品中，他有关土地实体的操作理念得到了表达，如“平行压力”（Parallel Stress，1970年），“身份延展”（Identity Stretch，1970—1975年）和“午夜候车室（幽灵船思想创意工坊）”[Waiting Room for the Midnight Special（A Thought Collision Factory for Ghost Ships，1979年）]。奥本海默将概念创新与感性地形相结合的天分是令人惊叹的，这些艺术作品都非常抽象，但其内在的统一性却使得它们堪称伟大的景观作品。这些作品就像是一些小型的太空舱或飞船，当你靠近、进入或是离开，它们都能够给你带去无限的遐想和不尽的灵思。

景观模型

1978年，我制作了自己的第一件景观模型。在经过艺术方面的训练并进入时装行业之后，我开始在学习景观设计的过程当中使用黏土。我第一个建成的景观作品是一个位于莫布莱斯（Morbras，1986年）的农业雨洪管理项目，这个场地上有许多需要被搬运和塑形的土方。在工地周边，为了建造一座蓄洪池我们移动了30万立方米的土壤（**图4**）。为了节约项目花销并防止把那些从场地上移除的土壤倾倒成某种垃圾堆体，我们以风景园林师的身份被邀请过去进行驻场工作。客户希望我们可以通过创造性的方法对填土进行建模，并以艺术化的手法塑造出一些地形。我们只有5个月的时间来做设计工作，而不幸的是建设工作由于雨季的原因又中止了一段时间。这是我做过的第一项大型尺度的土方工程实践，从中我学习到了很多知识，而其中最重要的便是小型黏土模型在整个设计和施工过程中所起到的突出作用。

在巴黎工作室工作期间，我创作了另一件作品——壳牌石油公司总部景观项目（Shell Petroleum Headquarters，1991年）；我们在一个完全被植物覆盖的建筑顶部设计了一个包括四层地下车库的抽象景观（**图5**）。这个项目利用填挖方所

图4 — 凯瑟琳·古斯塔夫森，莫布莱斯交汇点，法国，1986年
（艾米·纳赛尔摄）

图5 — 凯瑟琳·古斯塔夫森，壳牌石油公司总部景观，吕埃-马尔迈松，法国，1991年

产生的人工地形，讲述了一个象征壳牌石油公司的故事。他们是做什么的？他们钻进岩石的内部、抽提其中的液体并且还对这些液体进行提炼以获得能量。这个地形的目的便是要唤起人们对壳牌石油公司历史的记忆，并把它转化为壳牌石油公司吕埃-马尔迈松（Rueil-Malmaison）总部的一个标志性的入口。

我们还曾在马赛市（Marseille）一些情况复杂的基础设施场地上开展过一些工作，这是一个由于20世纪60年代末高速公路建设而遗留下来的真实而杂乱的工程场地。那里有一座一百米高的陡峭山丘，在山丘的周围是一片天然松林。它位于横跨欧洲的A7高速公路边上，这条高速公路从阿姆斯特丹开始并结束于马赛。另一条横向的高速公路交叉口连接了尼斯（Nice）和巴塞罗那并坐落在一片农田之上。需要通过景观的形式解决这两个相反地形的交接问题。地区管理部门当时正在马赛的其他地方开挖一条隧道，他们希望我能够在这个空间当中安置100多万立方米的土壤。与此同时，他们还想为马赛市创造一个雕塑式的入口。这意味着我们需要提出一个既经济节约又充满文化性的解决方案。我们还必须将雨洪管理系统融入地块所有邻近的高速公路当中；因为这些公路都是不透水性路面，为了防止暴雨情况不得不进行妥善地处理。这个项目可以追溯到1993年，当时一种新型的生态设计意识开始出现。诸如管理处置巨大体量的填埋土这类棘手的问题，亟需一个不同的理解过程和不同的技术解决方案。当你需要把这么多的土方放进去之后，接下来你又该怎么把它们稳固和支撑起来？图6a便显示了这些8米高的墙体以及这些墙体之间是如何填充，从而形成整个区域的雨洪管理盆地。但我首先把这件项目作为一个雕塑作品去理解，而其中的技术需求则转变成了一种我所赋予的形式。我每个项目的第一件模型总是用黏土做出来的。

当来自蓝天组［Coop Himmelb(l)au］的沃尔夫·普瑞克斯（Wolf Prix）第一次看到这个模型时，他说："你必须数字化它。"我反问他："怎么做？那意味着什么？"他告诉我要使用一个名字叫"formZ"的软件程序。我回答说："好吧，

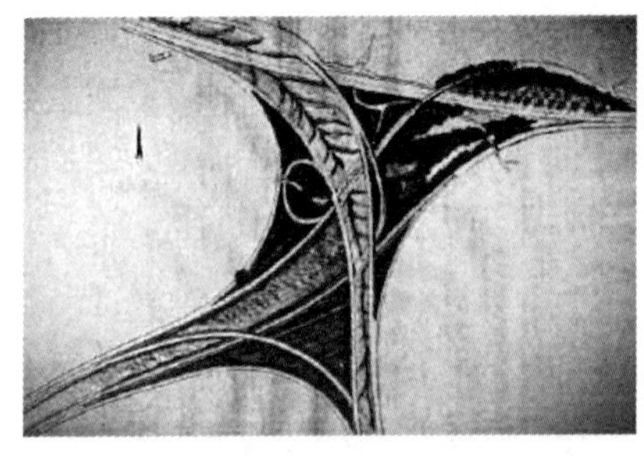

图6a — 凯瑟琳·古斯塔夫森，莱斯佩尼斯-米拉波（Les Pennes-Mirabeau）高速公路立交桥手绘图，马赛周边，法国，2003年，手绘稿

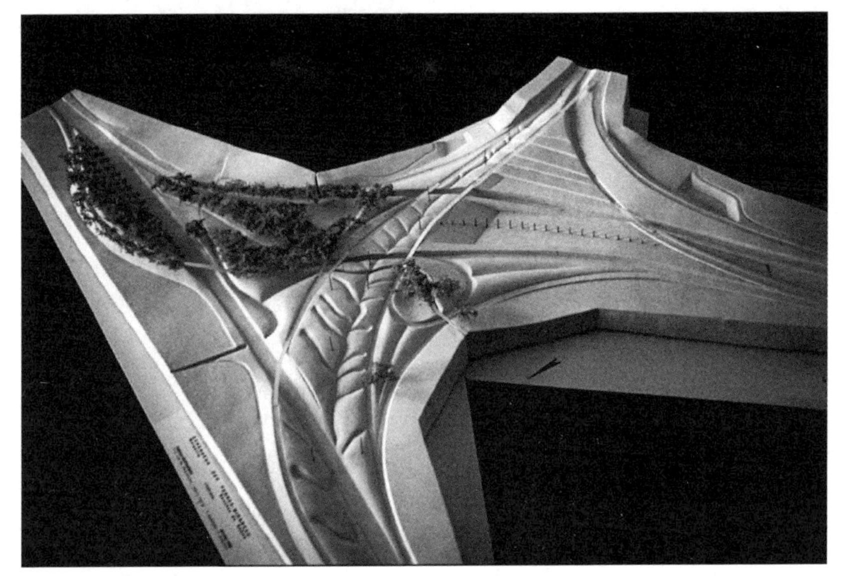

图6b — 凯瑟琳·古斯塔夫森，莱斯佩尼斯-米拉波高速公路立交桥模型，马赛周边，法国，2003年

那我该怎么办?”我从祖父那里继承了一笔很小的遗产，不过三天内我就把它花完了。我买了一些电脑，雇了一位指导老师，并把整个项目都进行了数字化。这是我有生以来做过的第一个formZ模型。尽管如今我所设计的所有模型都是数字化的，但我还是先用黏土将其手工制作出来。我们首先会在树脂或橡胶中利用黏土进行模型制作，随后再它们注入石膏当中，最终再把模型扫描成三维数据。1993年的一个模型显示了到底有多少体积的水从道路上流了下来（**图6b**）。这些水位杆被设置在一条水平线上，因此当水体填满盆地区域时，你就会看到那些水位痕迹，进而真正地理解从高速公路表面流下来的水量。这可以使人们更好地了解到土地已经变得多么的不透水了。在把这种统一的语言赋予到整个项目之前，我们在设计过程当中仔细地考虑了这个场地以及当地的岩石与植被。水位痕迹显

示了有多少暴雨雨水在渗出并重新渗入自然水系统之前被收集了。从这个意义上来说，它把一些早期的生态问题与概念和艺术的方法结合在了一起。这是一个非常有趣的项目，你永远不会真正地走进这个高速公路景观当中；这些景观消隐在所有的这些入口匝道和出口匝道之间，因此这是一个完全视觉和雕塑的体验，当你开车通过它时你可以享受大约10秒钟的时间。这又引发了另一个需要被考虑的因素，即观赏者的视线。人们感知或捕捉景观的实际速度是非常重要的，是步行速度，还是行车速度，抑或是自行车速度？理解并掌握在这些不同的速度条件下我们的视觉到底能够捕捉到多少内容，已经成为我们专业当中一个新的紧迫而必要的问题。

为了2008年的威尼斯建筑双年展，阿伦·白茨基（Aaron Betsky）邀请我们设计了一个天堂花园。我做了一个小模型，名字叫作“通往天堂”（Towards Paradise）（**图7a**）。这个将地形与悬挂起来的巨大的白色帷幔结合在了一起的项目，即使形式上有所简化，其目的也是为了理解人们可以穿越场地并将其作为景观进行体验的亲密尺度（**图7b**）。这片土地和空间的实际尺寸是85米长、45米宽；但其空间效果却取决于你通过的地方以及风吹动悬挂帷幔所产生的效果，因此你永远不会处于同一个空间当中。设计过程中对空间的控制是一方面，但利用光线和风速的影响对同一空间进行不断地变换，也会带来有关空间完全不同的维度和理解。在“通往天堂”这个项目中，你可以步入空间当中，漫步在触动感官的地形周围，抑或是躺在场地中间把自己隐藏起来。我把这个隐秘的空间叫作“王子包厢（place du prince）”。“王子包厢”通常指的是一个剧院当中能够获得最好音效和视线的位置。在这个景观中，“王子包厢”指的是一种子宫状的地形空间，在这里没有人能够看到你。实际上人们可以沉浸在这个非常隐秘的地方，欣赏大自然的花开花落云卷云舒。

我们在创作阿姆斯特丹西煤气厂文化公园（Culture Park Westergasfabriek，1997—2004年）项目的开始时使用到了手工草图，但随后也用到了黏土模型——这是一个很难制作的模型，因为整个地块有1公里长，而地形却非常的平坦（**图8**）。同时，这个公园还有大量我们不能移动到场地外的受污染土壤，这些土壤必须被放置和压实在较低层的地形之上。我们与伦敦的奥雅纳工程公司（Ove Arup Engineers）进行了合作。当尼尔·波特（Neil Porter）和我研究这个模型的时候，他们正在计算我们准备移动到场地边上的受污染土壤的体积。当时我们还

图7a — 古斯塔夫森·波特/古斯塔夫森·格思里·尼科尔（Gustafson Porter/Gustafson Guthrie Nichol），“通往天堂”模型，第11届国际建筑双年展，威尼斯，意大利，2008年

图7b — 古斯塔夫森·波特/古斯塔夫森·格思里·尼科尔，“通往天堂”，第11届国际建筑双年展，威尼斯，意大利，2008年
［格兰特·史密斯（Grant Smith）摄］

在西雅图，我们把模型的照片和剖面图发给他们，以展示当天我们能把多少土壤处置到场地当中去。接着奥雅纳的工程师们会做一些计算，次日清晨，当我们醒来之后，就会接收到他们“还不够，还不够，你必须把更多的土堆到那里”的消息。其中一个堤坝上有一条铁路线，我们沿着它人工抬高了周边所有的区域。最后，我们在压实的污染材料上面铺设上了一层“生命层”（life layer），因此现在公园的表面是安全的。

我也很喜欢用大比例模型开展工作，因为这样我能够感受到自己在空间当中的位置，并且可以富有灵感地漫游于其中。西煤气厂文化公园是一个广阔恢宏的城市开敞空间，在模型当中你确实能够欣赏并理解到这一点。你可以感觉得到这

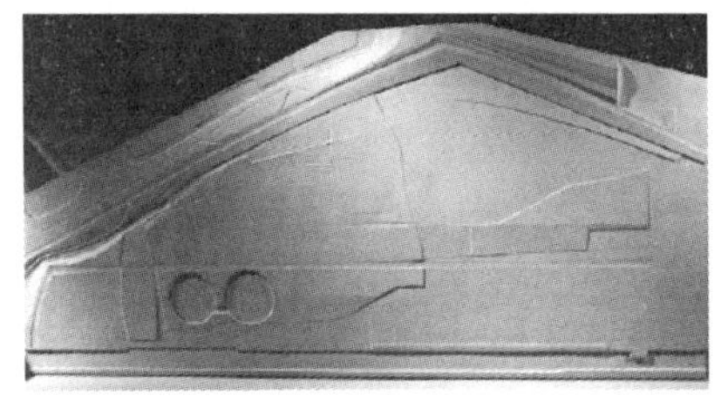

图8 — 古斯塔夫森·波特，西煤气厂文化公园，阿姆斯特丹，荷兰，2004年

个开阔的空间和景观是如何突然间开始弯转并自我折叠的。如果没有模型我就做不到这些；时至今日我还是不清楚如何用电脑来实现这些。我真正喜爱模型的一个原因便是它不会欺骗你。它会一直看着你——如果你还没有解决两点之间的某个问题，它会告诉你。通常，使用黏土模型可以让你直观地对场地上的每一点进行地形整理，但如果是使用三维模型和计算机，你可能会很容易地忘记自己的感觉并渐行渐远。有时候，计算机模型会不完整并且无助于创造性过程，比如，在计算机屏幕上突然间有一堵墙出现在你的面前，但是在数字模型当中却存在着一个漏洞，所有的事情可能都会因为这个漏洞而陷入一个无穷无尽的深渊。但是通过实体模型我可以把空间视作场地的缩影，然后把我的尺度人放在那里，并且询问自己：这个空间是不是太大了？还是太小了？这样看起来合适吗？这种感觉到底对不对？当你按照一个手工制作的模型去建造实际的场地之后，最终的实际场景几乎就是你开始时所预期的那样。我想那是因为你触摸并感觉到了你正在用自己的双手去创造的空间。在西煤气厂文化公园的模型中，你可以非常真实地进入项目中的一个特定区域，清楚地感受到那里的瀑布；乍一看它可能没那么多信息，但实际上它却传达出了很多精妙的细微差别。一旦建成，实际的景观空间当中便洋溢着一种让你痴迷的感觉，当你环顾四周时，你会发现模型当中之前呈现出来的一些其他空间，这种景象会愈发地强化你之前的感觉。当你准备使用模型去制作平面时，或者试图从模型当中寻找出一条路径之时，你可以充分地认识到你所要创造出来的精神和感觉。景观里的所有内容都凝聚在了一个雕塑模型中，当人们以你所构想出的方式来使用它，所有的一切都是那么的适合，并能够使人与之产生共鸣！最终，通过简单的手工模型方式以及大量富有创意的直觉和实验，你创造了与预期完全一样的场所。

你没必要一直去做惊天动地的大事，可以从一些小事着手——那种也可以改变人们的体验或是穿过空间方式的事情。我们与莱斯·弗兰西斯·里奇公司（RFR）的工程师亨利·巴德斯利（Henry Bardsley）一起工作，设计了1995年法国电力公司发起的国际电缆塔设计大赛当中的一些电缆塔。我之所以采用金属丝和黏土来制作电缆塔，是因为我已经习惯了自己的工作方式（**图9**）。我尝试

图9 — 凯瑟琳·古斯塔夫森，法国电力公司电缆塔模型，法国，2002年

了所有具有美感的形式，并用干石膏把它们塑造出来。亨利摸着这些模型对我说："哦，我的天啊，凯瑟琳，这快让我崩溃了。"他接下来对我说的话要有意义得多，这也是我为什么会担心计算机生成的东西通常看起来都是那么的没有实质性。他说："凯瑟琳，你制作模型的时候必须使用与你最终建造时相同的材料。在这个模型中，你使用了透水的材料。这是一个可以塑造成型的材料，它就像你的身体一样，是有机的，并且含有水分。"所以我使用这个透水材料去表现一些实际上必须用钢铁去制造的东西，便意味着它很难被生产出来。如果我当时使用了正确的模型材料，那么我们可能就会想出一个适合的形式，不过这就与我们要讨论的内容关系不大了。我之所以担心计算机是因为当我看到那些三角形的网格，我会以为它们是由钢材制成的而不是土壤。我也不太清楚怎么把一种东西转化成另一种东西，也不了解当你自己都不清楚如何把它建造出来的时候实际当中又该怎么去做。你看到我的困境了吗？

你可能了解到伦敦海德公园（Hyde Park）中的戴安娜威尔士王妃纪念喷泉（Diana，Princess of Wales Memorial Fountain，2004年）是一个完全数字化的方案，但我依然是从一个黏土模型开始的（**图10a–c**）。有些人说风景园林专业不像建筑师那样喜欢数字化，我完全不同意这个观点。我们在犀牛和草蜢软件中完成了所有的工作，我们工作室的每一个人都是经过了计算机训练的，他们知道如何操作这些机器和程序，但最终这些技能并不一定会使他们成为优秀的风景园林师或设计师。在这点上，我对数字化世界仍然持有的最大的问题是，作为一个设计师，你在屏幕上所看到和工作的二维世界并不会使我们在景观中所体验到的真实空间更加具体化。你的大脑实际上看不到三维空间。我不仅会用formZ程序，也能够操作三维软件，但是我会完全迷失自己。我迷失在那台计算机当中，屏幕上的端点只是它自己内部的一个逻辑。就景观的设计和形式赋予来说，如

图10a-c — 古斯塔夫森·波特，戴安娜威尔士王妃纪念喷泉模型，伦敦，2004年

果我触摸不到它我就没办法弄清楚它，而这无疑是对我帮助最大的经验之一。出于这个原因，我才会相信这些实体模型以及可以真实感知的土地运作，当你使用模型去进行创造时，你可以看到眼前的道路，并感受到当你真正身处其中的时候你所能够实际体验到的东西。你的想法怎么可能会与你眼前看到的路不一样？换句话说，当你穿行在空间中时，你实际上正在感受（feeling）、领会（perceiving）或判断（deciding）的是什么？关于我们如何进入这些计算机程序，以及人工智能与设计当中如何形成抽象概念思维和高级智能手势确实存在着一些值得称赞的内容。但是最终，你在哪里？你在建造的是什么？以及你在景观当中真正体验到的又是什么？对我来说，这是唯一也是最重要的事情。

像国王一样思考，像农民一样行动：景观设计师的力量及本人的一些经验

俞孔坚

这篇文章讲述了我作为一名中国景观设计师的经验。对文章的理解应当置于中国特色社会主义政治体系以及科技管理体制过渡时期的背景之下。当我向那些来自势单力薄的被我们称之为景观学专业的少量读者吹响号角时，我并没有期望这篇文章将会被多少人读到。但是如果我自身的一些经验有助于我的同事、专家以及学者们理解这个专业所具有的潜在力量，冒这个风险便是值得的了。

1.0 知识就是力量以及影响那些有影响力的人

首先，知识就是力量。这个世界目前正面临着来自多方面的挑战，包括生态与环境退化、水和食物安全以及矿产资源与能源的枯竭。所有这些挑战都发生在景观之中，并且都与景观设计师的实践密切相关。当我1997年回到中国时，我被眼前发生的剧烈变化所震惊，而那个时候中国的城市化才刚刚开始加速。随之而来的便是景观中将要发生的巨变——山丘开始被推平，湿地开始被填满，河流也开始被混凝土硬化成笔直的河道。不仅自然景观被改变，人文景观也没能幸免。为了发展建设城市新区和基础设施，文化遗产建筑以及整个村落都被抹平。我非常惊讶地发现，决策者以及专业的规划师和设计师对这些变化的物质和社会影响竟置若罔闻。他们丝毫没有意识到食品安全、空气质量以及气候变化问题，而如今这些早已成为当下国人关注的热点问题。在中国，许多工业化国家20世纪早期和中期所遭遇的城市病一度被戏称为资本主义的必然结果，但是在过去的十年中这也成为了中国的主要问题之一。正是在这种乐观主义的时代浪潮中，我将自己视作有悖于潮流的斗士，尽管这是非常危险的做法。但不幸的是，人们很快便开始经历并遭受到生态环境退化所带来的恶果，随着城市决策者环境保护意识的日益增强，这种反向运动也逐渐受到重视。

1.1 不要试图去影响“专家”

在城市和土地利用规划领域，助长城市无度蔓延的城市规划方法和策略已经肆意摧毁了文化遗产和生态资产。为此，作为解决中国生态环境退化的城市规划对策，特别是在大都市地区，2002年我提出了一种“反规划”的方法。在我看来，在处理城市快速发展所带来的问题时，传统“人口预测—土地利用—基础设施布局”的方法已被证明是无效的。这种方法在很大程度上要为北京、上海、广州等城市的“混乱局面和生态环境退化”以及文化及景观的丧失负责。“反规划”是一种生态规划方法，它不仅优先考虑生态基础设施的规划，还试图以坚实的生态基础来提供土地利用和城市规划[1]。这种方法源于伊恩·麦克哈格的著作《设计结合自然》以及景观生态学的相关研究[2]。正如大家能够再次意料到的，这种方法引起了很大的争议。

1.2 与市长们对话

不久之后，我开始理解这种科技管理体制的不足之处，转而去影响那些年轻且拥有坚实行政和政治权力的人群。在全国市长研修学院，我做了几次讲座，甚至前往具体的城市与市长进行直接的交流，并且还向相关领导做了演讲，这一切得力于我的学术声誉以及哈佛大学学位。从1997年开始，到目前为止，已经有超过1000位市长及有关领导听取了我的讲座。2003年，在这些讲座基础之上，我与同事李迪华一起出版了《城市景观之路——与市长们交流》一书[3]。这本书成为畅销书，自出版以来已经再版了14次，而且我还把数千册书赠送给了市长，这个职位通常每四年重新选举一次。在这本书中，我批评了当时中国这种铺张浪费、破坏性以及装饰性的城市建设，并指出了中国城市所面临的、同时在未来当中也不得不面对的多方面的生态挑战。另一方面，我呼吁中国向西方国家学习城市化经验；我提出需要在全国范围内进行国土空间规划并尽快开展生态基础设施建设，为此，我们需要一种替代性的规划设计理念，即反规划方法[4]。由于处于城市化的前沿，这使得市长们成为第一批意识到生态问题严重性的群体，因而也最容易接纳我的思想。

事实上，在城市之间发展速度和城市形象激烈竞争的时代，创新性的解决方案反而会赋予政治家更多的权力去改变城市。受到各个城市的市长以及高层决策者赞赏的事实，给予了我一定的话语权。我经常被市长们邀请为其下属的各级官员做讲座，其中就包括从乡镇到地方的各级行政官员。我常常在市长、书记的陪同下考察城市，以对河流、街道甚至个别建筑物进行评估，这有时候会立即产生一些影响。在诸如广东中山市、浙江台州市、江苏宿迁市等一些城市，我能够说服市长立即停止正在进行的河道渠化或硬化项目，或是调整正在进行的不明智的工程。

由于在市长这种顶层权力级别群体当中所取得的声誉，我能够轻易地避免与那些仍然坚持过时知识和做法的科技管理者之间产生直接冲突，特别是在城市规划部门、水利工程部门以及市政部门等，因为这些部门是由市长进行直接管理的（**图1～图3**）。

图1 — 2002年俞孔坚为各部委部长做讲座，包括水利部、国土资源部、农业部、建设部、环境保护部
（图片由中国国家图书馆提供）

图2 — 2013年俞孔坚为广州市领导以及其他三千多位各级官员做演讲，包括市长与各级党委书记
（图片由广州市政府提供）

图3 — 俞孔坚（右二）在现场说服市长（右一）下令停止并调整正在进行的具有生态破坏性的河流渠化项目（云南省开远市，2010年）
（图片由开远市政府提供）

1.3 向总理提出建议

在特色社会主义体制中，任何独立的各级官员都可以被视作是其行政管辖范围内的“国王”。尽管市长（书记）在其市政管辖范围内对景观的决策具有很大的权力，他们仍然无法突破土地使用和所有权等国家政策。国家最高当局一直都是改变景观最强有力的代理人。中国的第一位国王便是神话中的大禹，他带领中国人改变了主要的河流系统进而控制了洪水，他将中国划分为九州，并将洪泛地改造成了适宜生产和居住的土地。2250年前，秦始皇在其管辖范围内建成了一个能够连接全国各地的国家驰道体系，并建造了长达数万英里的长城。1500年前，隋炀帝领导其国家建造了一条横跨中国东部地区5个主要流域长达2700多英里长的大运河，这条运河连接了中国的南北两个地区。

2006年，在经历了20年的城市化之后，中国中央政府决定发起社会主义新农村建设。这或许是修复景观最好的机会，而不是继续损坏那些已经被持续不断的城市化和发展所破坏的生态系统。我对这个政策极为关心，因为我知道只有最高层的领导者才能够为中国带来变化，也就是主席与总理的权力。

在2006年的农历新年前夕，我给温家宝总理起草了一封信。在这封信中，我评论说，在过去的20年中，中国几乎毁掉了自己所有的城市（不管是历史的还是新建的）；但是中国的农村依然是广阔的，依然是相对健康的，依然保存着数千年的丰富的生态文化遗产。我指出，社会主义新农村建设很可能会对这一宝贵的遗产和延续了几千年的生态系统造成破坏。为了避免这种潜在的灾难性后果，我强调了反规划的方法，这种方法旨在通过对全国性的生态安全格局和各种尺度的生态基础设施进行规划和建设，来对乡土文化和生态资产进行识别和保护。我希望这一方法能够成为这种大规模建设行动的底线。作为一个例子，我指出京杭大运河便是一个典型的文化和生态基础设施，我们需要将其作为一个整体来保护它的多元生态和文化服务，如区域水文调节、生物多样性保护，以及它作为国家游憩廊道和文化基础设施来保护和建设，它对强化国家认同感具有战略意义。

作为国家生态安全格局规划的试点项目，我们可以从政府部门获取所有可用的数据。我们组织了一个由30名研究生和博士生组成的团队，他们夜以继日的工作，以便在2007年初制定出一份国家安全格局规划方案。这份方案和反规划方法成为了国家主体功能区划的重要支撑。2011年，反规划和生态安全格局已成为国家土地利用规划（国土资源部）的官方指南，并被应用到许多城市规划和土地利用规划当中（包括北京、深圳、重庆和广州等城市）。到2012年中国共产党第十八次全国代表大会的时候，全国构建国土生态安全格局以及建设美丽中国已经成为了新一届中央政府的五大议程之一。

2.0 像农民一样行动以及实例示范

2.1 向农民学习

一开始，在我向市长和部长们做报告时，我被问道：看着这些令人沮丧的、退化的生态环境，你真的会认为，用你的方式可以治愈这片土地吗？直到那时，我才认识到自己以教授身份试图去影响那些具有影响力的人物所存在的天然弊端。我必须表现出自己作为实干家的力量，并证明我所说的是可行的。不久之后，1998年我成立了自己的设计公司——土人设计。这个名字字面上的意思是“乡土人”或“乡巴佬”。我意识到，在全国范围内对生态系统进行修复需要简单、可复制并且是廉价的解决方案，而不是放纵的装饰性设计或者艺术形式。优美、生态以及具有文化意味的手段是这些解决方案必要的特征。

“国王”必须依靠他的民众，即农民或农夫。实际上，最终实现国王所设想出来的景象的力量依然是每一个独立的农民。中国南方珠江三角洲地区的桑基鱼塘系统、长江三角洲地区的稻田和鱼塘体系以及覆盖东南亚众多山区的梯田，这些区域性的甚至是国家性的景观，全都是由一个个农民创造出来的。正是这些农业技术中所存在的跨尺度特征，给了我建立国家和区域生态基础设施系统的灵感。在这种一点一滴地改变国土景观却仍然保持其可持续性的方式上，我们不得不向农民学习。农民的生存策略遵循以下核心原则：

- 在目前环境中有限的可利用资源条件下保持自给自足；
- 以最小的付出换取最大的收获；
- 承诺对从祖先那里继承的资源进行可持续利用，且必须保证子孙后代的福祉；

- 所有的工作都是手工完成的，因此必须有适度的规模和尺度，以保证在人类活动可及范围内的田地、道路和菜园能够被建立起来。

农民所积累的一些关键技术，以一种富有意义的方式被明智地运用到了景观的转换之中，这包括与自然“为友”以及适应自然过程与格局：运用挖填方的方式创造可持续的栖息地以供庄稼生长并保持土方平衡、利用重力灌溉田地、利用废料给土地施肥以维护闭合完整的营养循环系统并且在收割的前期增强追肥以获得更高的产量[5]。通过这些简单的方法，栖居地被以最小的投资建立起来，自然的过程被加快，营养循环系统被组织到生产过程中去，每一块土地都是生产性的而不是消费性的。最终，生产性的和可持续性的系统被建立了起来以提供完整的生态系统服务，包括提供产品、调节环境、生命支持以及使得景观在精神上具有意义和美感。如果我们可以将农民的这些方法融入当代的景观实践中去以建立生态基础设施，我们就能够将“国王”有关全国性和地区性的生态规划愿景变成现实。

2.2 榜样的力量

榜样的力量是无穷的。虽然我在北京大学领导的研究组专注于研究性的国家和区域景观规划，规划生态基础设施并最终向各级政府提供报告，但土人设计的实践却专注于设计和建设旨在解决多方面生态问题的示范性项目。所有这些项目都应用了农民的技术和智慧，低成本、低维护，可以在不同的地区中复制，并且可以跨越不同的尺度进行整合。

2.2.1 与洪水为友

为了论证一种可替代的防洪解决方案，以改变常规的混凝土筑坝以及渠化工程，土人设计生态水利工程的第一个项目便是建于2003年的浙江台州永宁公园。该工程拆除了混凝土堤岸，修复了河岸湿地，这不仅与水利工程专家的意见相左，更颠覆了相关的工程规范。正如前面所讨论的，我能够说服市长（书记），而市长的权力随后又可以转化为景观设计师提出生态解决方案的力量。这个示范项目已经取得了成功：我们不仅为当地居民创造了一个美丽、可淹没的河岸公园，还展示了一个替代性的雨洪管理解决方案，这一方案最终被评定为水利部的优秀案例，并吸引了其他城市的市长们前来参观考察。随着第一个项目永宁公园的成功，第二个项目也开始展开，它继续将另一段较长的混凝土河道改造成生态健康的河岸绿道，目前这个项目已经成功地建造完成且测试运行了8年。“与洪水为友”的理念和策略在土人设计的许多项目中得到了复制，其中就包括浙江省金华市最新的燕尾州公园，该滨水区被设计成可适应季节性洪水的雨洪公园。

2.2.2　利用绿色海绵解决城市内涝问题

2012年，79人在北京的城市街道和郊区的街道、排水沟中溺水死亡。工程师们被要求设计更粗的排水管道和更大功率的水泵，但是这种解决方案不能解决由于季风性集中降水气候而导致的内涝问题，这种内涝程度不仅超出了任何管道系统的容量上限，也恶化了缺水问题和雨水下渗情况。土人设计通过在中国不同城市所建成的一系列项目展示了“海绵城市”的替代方案。在这些示范案例当中，简单的填挖技术被用来创建“绿色海绵”以滞蓄并过滤雨水，正如在群力雨洪公园中所展示的那样。根据试验结果，如果城市总面积的10%被设计成“绿色海绵”，城市内涝问题便可以得到很好的解决，并且其成本只有正常公园的三分之一。基于土人景观的经验，我呼吁建设水生态基础设施和水弹性城市（简称海绵城市）。在习近平总书记和李克强总理用“海绵城市”来描述一个美好的城市愿景后，绿色海绵以及海绵城市这些术语如今已经为全国所接受（**图4**）。

2.2.3　倡导丰产景观以彰显农业都市主义

在过去的几十年里，城镇化已经侵占了中国10%以上的肥沃土地。中国陆

图4 — 利用绿色海绵解决城市内涝问题，群力雨洪公园，黑龙江省哈尔滨市，2010年（俞孔坚摄）

地面积只有10%是耕地，却养活着13亿人口；粮食安全是国家的首要任务。如何解决城市发展与粮食生产之间的矛盾变成了一个巨大的挑战。其中一个关键问题在于农业都市主义：尽管城市发展中有大量肥沃的土地，但几乎40%的城市用地实际上是被用作绿地的，而且通常是那些消耗了大量雨水、能源和化学制品的观赏性绿地。利用农民的技术和智慧，将城市绿地的大部分重新转化为生产性用地，通过生产与城市功能相结合，我们能够发展另类的城市公共绿地。农民为收获而耕作的原则得以被“城市化”。土人设计最早的项目之一沈阳建筑大学校园景观设计，现在已经成为都市农业的标志性先例。这一案例在中国各地的许多项目中被复制，从根本上改变了人们对城市绿地的美学和功能看法（**图5**）。

2.2.4 景观作为水体净化的生命系统

在中国，75%的地表水都受到了污染。虽然水处理厂是为了净化污水和工业废水而建造的，但是面源污染几乎不可能靠水处理厂来清除。与此同时，75%的地表水污染主要是由富营养化造成的，这些富营养化来源于农田中的养分以及生活垃圾，但同时这种富营养化水体也能够转变为农民从事农业生产的宝贵财富。重新连接断裂的营养循环系统可以成为净化河流和湖水的另一种解决方案。将景观作为一个生命系统最明显的示范性项目之一便是为2010上海世博会建造的后滩公园，该公园在今天仍然运行良好。通过挖填技术，原先的水泥防洪堤被转变为了能够去除营养物质的生产性的梯田湿地。这种生命景观能够将地表水的劣Ⅴ类水变成Ⅲ类水。观测数据表明，3公顷、1.7公里长的人工湿地，每天可以净化2400立方米的水体，这些水不仅足以为5000人提供非饮用水，同时也能够为乡土生物创造栖息地及宜人的公共空间。目前，我们已经被委托在数百公顷的更大范围内复制这种模式，比如六盘水明湖湿地公园（建于2012年，获得ASLA专业奖）等项目，甚至开始规划在数千公顷的土地上建设水修复场地，以净化水体富营养化的太湖和滇池，这也是中国较大的两个湖泊。在昆明，我们规划设计了一个由8个斑块组成，共246公顷的水生态修复场地。与周围的生态设计景观一起，这个场地预计每天可以净化83万立方米的水体（**图6～图7**）。

图5 一 在彰显农业都市主义中提高生产性，沈阳建筑大学校园，2004年（俞孔坚摄）

图6 —（上图）人工湿地中，水生植物如金鱼藻被收集起来，作为猪或家禽的饲料，以农民的方式修复营养循环（俞孔坚摄）

图7 —（下图）让水慢下来：六盘水明湖湿地公园，2012年，该区域占地超过1平方公里（俞孔坚摄）

2.2.5　让自然做工以修复被污染的土壤

由于工业化和城市发展过程中土地的不合理管理，棕地成为了世界上一个主要的问题，中国尤其如此。在创造可以使用的公共绿地时，土壤修复是一个非常昂贵且具有挑战性的过程。在天津桥园案例中，土人设计采用了农民的挖填方技术，通过收集和保留雨水创造多样的生境，这一项目不仅改变了土壤的pH值，也激发了土地的自我修复过程，在城市中为本地植物群落和野生动物创造了栖息地。通过付出最小的成本和相对较低程度的维护，原先不受欢迎的棕地被转化为一个郁郁葱葱并深受城市居民喜爱的绿色空间。这项技术已经被运用在土人设计的许多大型项目中了（**图8**）。

图8 一 让自然做工以修复被污染的土壤，桥园，天津市，2008年
（俞孔坚摄）

2.2.6 工业遗产转化的再生途径

在过去的几十年中，中国城市经历了从工业厂房到后工业住宅和商业城市的巨大转变。工业被搬迁到工业园区或者破产，进而留下了大量的工业棕地以及“丑陋”的工业厂房和构筑物。最常见的解决办法便是简单地清除掉所有的工厂地面物，从空地上建造起新的城市。在这一过程中，人们失去了文化遗产，城市也失去了历史记忆和故事。没有特色的、崭新的高层建筑主宰着城市的天际线。在彼得·拉茨（Peter Latz）和理查德·哈格（Richard Haag）作品的启发下，1999年土人设计在中国首个后工业景观公园——中山岐江公园（竣工于2001年）的设计过程中，展示了“保存、再利用和回收”的方法。这一案例成为了中国的标志性景观项目[6]之一。这个项目也使中国公司设计的景观项目首次获得了ASLA奖。为了使设计得到批准，作者与来自当地和全国专家的反对和争议力量进行了为期一年的斗争。在一次召集了一百多名中国专家的重要评审会上，除了一位专家之外，所有人都反对我的设计方案，这几乎扼杀了“保存、再利用和回收”的理念。一个传统的岭南园林被提议以取代我的设计。幸运的是，我成功说服了年轻的市长和规划局局长，他们最终决定批准这项设计。如今，当地居民以及来自全国各地的游客都会在这个公园里流连忘返，每年接待数千名新婚夫妇在此留影，他们用“工业和野草的杂芜”作为他们最重要的婚礼照片背景。

2.2.7 最小干预使自然资产转变为城市公共空间

势不可挡的城镇化进程在中国的城市和农村中留下了非常有限的生态资产。如何节约宝贵的自然资产并对环境进行城镇化，让人们享受舒适和艺术化的设计是一个巨大的挑战。在过去的17年中，土人设计遵循了农民付出最小努力获得最大收益的原则。展示这一原则和技术的一个例子便是河北省秦皇岛市的红飘带公园。在河岸生境野草丛生的“杂芜”背景下，一个由玻璃钢制成的红色长凳穿过各种原生植物群落，并顺应了不平整的地形而蜿蜒起伏。这条500米长的长凳将座椅、照明、木栈道和自然环境融为一体。它的建造成本甚至低于设计费，但却极大地改变了在城乡结合部很难到达的河岸走廊，吸引了来自城市和其他地区的游客。《康泰纳仕旅行者》（*Condé Nast Traveler*）将红飘带项目列为2008年度世界七大奇迹之一。最小干预策略也成为了可以被土人设计以及其他公司很好的应用的策略[7]。公园附近的房地产价格增长了400%，为城市带来新的自豪感和文化身份，这些都明显地展示了这个项目所具有的力量。

这7个项目和解决方案可以被视为针对中国和世界目前所面临的具体挑战而提供的解决之道。虽然每一个单独的设计都有其独特的艺术特征，但它们都是低成本、低维护、可复制的，并且容易融入所有尺度的整体景观当中。就像那些为了生存而独立工作的农民最终改变了全球地表景观一样，这些可复制的当代景观模式也可能被用以改造不同尺度的景观并治愈我们如今所居住的地球。

总结

长期以来，景观学一直被视为在私人围墙或栅栏内创造休闲和娱乐天堂的观赏园林和园艺的继承者。一方面，本文试图重新发现景观学作为一种与王权有着密切联系的生存艺术的内涵。很明显，景观设计师是大禹的直系后裔，他具备与洪水为友的能力，通过规则与措施进行分析和规划、明智地利用土地来发展农业，同时选择安全的地方为自己的人民建造栖居之所，并将其国土设想为一片天堂。将生存的艺术与国王的领导力量结合在一起，这正是景观学的本质。

另一方面，本文还试图恢复景观作为"农民及其土地"的本质意义，这一内涵从16、17世纪的欧洲甚至是更早的4世纪中国的艺术家们开始就被曲解。其本质意义自从"景观"（landscape）一词被描述为"画意风景"开始，便已经消失了。在这一过程中，"我的或我们的土地"变成了"他的或他们的土地"；农民及其土地之间的关系已经演变成了城市精英及其视觉对象之间的关系；用来生存的土地被一种"非功利性美学"风景所取代。景观的质量和美丽已经脱离了其作为一个整体的生命和生存的土地系统的概念，现在，它已经成为专为城市精英乐趣而设计的高雅艺术；除此之外，在工业化的过程中，景观的多功能性或是被单一化的生产经济体（如现代机械农业）所取代，或是被灰色基础设施（控制水体，污水处理等）这种高度控制自然的工程而取代。当今城市环境中的严重生态退化主要是由于这种分离和漠不关心所造成的。为了重建和治愈地球生命系统，是时候恢复景观久以丢失的意义了——农民及其土地。

鉴于这一使命，相较于任何其他专业或学科，景观学（景观设计）更应该通过采取以下两种策略并承担起治愈地球的责任：像国王一样思考和像农民一样行动。我们，景观设计师，必须重新将自身定位成国王——那些意识到我们领土生态环境正在退化和现代人类正在面临的生存挑战的优秀君主，能够思考和设想一个全球性、全国性和区域性的整体景观，并通过有效的基础设施——生态基础设施，有效地调节和改变这一系统，为人类的生存提供可持续的生态系统服务。景观设计师应该也能够像农民一样工作，遵循生存的法则，包括与自然力量为友，通过最低限度的投入以获得最优化的结果，遵守基本的土地伦理，保持土地的可持续生产力。而且，他们应该能够利用简单和可复制的技术，如挖填方、灌溉、施肥和种植等来改变景观；这将在区域和全球范围内逐步创造出所设想的生态基础设施。

像国王一样思考，像农民一样行动，将赋予景观设计师在具有世界的眼光和脚踏实地的行动能力之间建立起联系。这是对一个可持续世界的著名座右铭的重新解读："全球思考，本土行动"。

注释

[1] 俞孔坚，李迪华，韩西丽. 论"反规划". 城市规划，2005（9）：64-69；Kongjian Yu, Sisi Wang, Dihua Li, "The Negative Approach to Urban Growth Planning of Beijing, China," *Journal of Environmental Planning and Management* 54，no. 9（2011）: 1209–36.

[2] Ian McHarg, *Design with Nature*（Garden City: The Natural History Press, 1969）; Richard T. T. Forman, *Land Mosaics: The Ecology of Landscapes and Regions*（Cambridge: Cambridge University Press, 1995）; Richard T. T. Forman and Michel Godron,（New York: Wiley, 1986）.

[3] 俞孔坚，李迪华. 城市景观之路：与市长们交流. 北京：中国建筑工业出版社，2003.

[4] 同前

[5] Kongjian Yu, "Creating Deep Forms in Urban Nature: The Peasant's Approach," paper presented at *Nature and Cities: Urban Ecological Design and Planning*, Austin, Texas, February 28–March 1，2014，sponsored by the Lincoln Institute of Land Policy, Cambridge, Massachusetts, and the School of Architecture, The University of Texas at Austin, proceedings in press.

[6] Mary G. Padua, "Industrial Strength: At a Former Shipyard, a Park Design Breaks with Convention to Honor China's Recent Past," *Landscape Architecture Magazine* 93，no. 3（2003）: 76–86，107.

[7] "Condé Nast Traveler Names 7 Modern Architectural Wonders," *USA Today*, March 25，2008，accessed August 25，2015，http://usatoday30.usatoday.com/travel/destinations/2008-03-25-seven-architecturalwonders_N.htm.

联系：科学、记忆与策略

克里斯蒂娜·希尔
Kristina Hill

从古至今，记忆便一直被视作是一切智慧之母[1]。但是，相对于社会对智慧的获取而言，科学又被认为是能够更快地累积知识[2]。当风景园林设计与规划宣称要借鉴科学理论之时，其可利用的智慧又存于何方？与记忆和文化在设计中的重要性相比，设计策略中生态理论的使用是否会显得格格不入？

文学为我们提供了一些过度依赖科学或记忆的警示性故事。玛丽·雪莱（Mary Shelley）1818年的小说《弗兰肯斯坦：现代普罗米修斯》（*Frankenstein*；*or*，*The Modern Prometheus*）讲述的是那些缺乏同情心的科学实验所具有的危险。这部小说的写作始于1815年一个异常寒冷并非常潮湿的夏天，印度尼西亚谭伯拉（Tambora）火山的爆发导致了当时极端的气候现象，因此1816年也被欧洲人称为“没有夏天的一年”[3]。雪莱笔下骄傲而又缺乏明智的科学家弗兰肯斯坦博士期望创造出一个美丽的生物，然而最后出来的结果却令其充满厌恶。弗兰肯斯坦无法对其所创造出的这个生物产生爱意或同情之心；为了报复，这个生物谋杀了弗兰肯斯坦的妻子、家人以及朋友[4]。而亚瑟·米勒（Arthur Miller）的戏剧《严酷的考验》（*The Crucible*，1953年）则讲述了记忆肆无忌惮、胡作非为的故事。米勒将美国殖民时期的女巫审判事件改编成了一个叙述性故事，这个故事反映了凭借错误的记忆、缺乏证据以及同情心的指控所具有的破坏性能力（**图1**、**图2**）。

我之所以提到这些作品，是出于以下两个原因：首先，它们表明了利用科学或记忆作为行动灵感所具有的弊端，在缺乏同情心的情况下，这两者都可能使人类遭受不幸灾难所带来的伤害。其次，这些故事都主张要更多地依靠智慧、克制以及对他人的关心作为行动的优先基础条件。科学的方法与经常犯错的人类记忆都有可能导致具有缺陷的文化实践，这些实践容易被政治或不利信仰所颠覆。

让·弗朗索瓦·利奥塔（Jean-François Lyotard）认为叙述可以分为两种类型：“细微的”（petit）和“宏大的”（grand）[5]。细微的叙述方式通过对独特细节以

图1 — 玛丽·雪莱《弗兰肯斯坦》（伦敦：科本与本特利，1831年）插画首页，特奥多尔·霍尔斯特（Theodor von Holst）绘，钢板雕刻，3.9英寸×2.8英寸（9.93厘米×7.10厘米）

图2 — 塞勒姆女巫的审判插图，出自《美国移民的拓荒者：从佛罗里达1510到加利福尼亚1849》（*Pioneers in the settlement of America: From Florida in 1510 to California in 1849*），威廉·A·克拉夫茨（William A. Crafts）著，Samuel Walker and Company出版，波士顿，1876年

及独立个体的刻画，使得叙述显得真实可靠。宏大的叙述手法则依赖于被大众普遍接受的合理事物，并且只有在更多的人信以为真而不是将信将疑的情况下才会使故事变得“真实”（true）。政治哲学与宗教题材通常属于后面这种宏大的叙事类别。相反，基于经验科学观察、回述可靠的记忆以及高瞻远瞩的设计的文化实践题材则全都可以被看作是细微叙事，因为只有当信任个体的预期实现时，这类叙事才被认为是真实有效且不可抗拒的。

不管是从事科学研究、讲述故事还是进行设计工作，它们都是一种有关表现的活动，也都是依赖于多种认知论的文化行动。从外部观点来看，科学似乎可以产生诸如政治和意识形态等题材的宏大叙事。但是这些只是对科学进行通俗化的叠加，即一系列能够产生认知性知识的细微叙事的组合。实践中的科学家被鼓励要具有强烈的怀疑精神，头脑中要充满创造性的质疑以促使新问题的产生，而这些问题又只能通过广泛的、重复性的经验观察去回答；艺术家的工作则要挑战并触发记忆，以帮助人们产生对过去意义进行的批判性解释。也许我们夸大了科学实践与艺术实践之间存在的冲突，因为我们并不熟悉这两者是如何成为具体细微叙事的源泉的。人们可以认为，以上假定的差异本身就是一个有关耳熟能详的人类知识宏大叙事中的一个要素，它需要在我们这个时代被开启并进行重新审视。

回顾自己的工作经历，我参加过一些不同规模和层次的科研工作，也同组织复杂的设计团队开展过合作，并曾领导了一个由政治活动促成并拥有20亿美元预算的公共机构。在每一次的尝试中，我与我的同事都面临着对不同推理方式的运用所带来的挑战——从小心翼翼地怀疑到紧张激烈的政治辩论。经历过这些之后，我认为，景观的表现及其诉求具有极大的潜力，它们有能力去表达我们这个时代中那些对人类有重大意义的事物。

我在本文中的观点是，借由经验主义观察的科学性实践以及创造性隐喻的产生，科学与艺术在这些活动当中能够为我们提供同样多的东西。科学性的推理与景观规划设计中的记忆同样重要，因为我们既不能忽视通过系统观察所获得的证据，也无法违背我们所提出建议中的道德背景和情感后果。

不同尺度中的流动与中枢

在这篇文章的写作过程中，我遇到的挑战之一便是要提供一些案例以说明科学理论在我自身的设计工作中是如何起到作用的。我必须指出任何实践者将科学中的理论直接运用到设计和规划案例中的情况都是极其罕见的。尽管在某些需要新型方法的情况下，基于科学的设计师也许会冒险尝试一种从理论性概念中产生出来的设计方法，以作为某种全尺度的建造手段，但实际上指导应用的原则更多的是源于实践而非理论。通过对流程与过程的观察，并将场地解释为一种不同流动之间所形成的复杂且互相关联的场所，我们有能力去发现那些能够为城市系统提供多重效益并提高生活多样性的设计[6]。

在过去的125年当中，自从弗雷德里克·劳·奥姆斯特德设计了波士顿翡翠项链之后，城市系统的生态设计便一直基于一种将水体作为汇聚能量的流体的理解。具有不同能量和体积的水体流经景观的表面并且穿过包含瓦砾、岩石、管道以及土壤的三维混杂岩体，汇聚着各种材料和有机物。伴随着流动，水体汇聚在一起，并携带着众多的物质流向下游。为了理解这一流体的时空模式，生态设计与工程不仅要借鉴生态学、水文学以及地理学的理论，还要掌握数学中的概率和可能性理论（如不同种类的集合、离散与分级，以及不同的推理规则）[7]。

在欧洲、美洲以及越来越多的亚洲地区，把水体作为城市的组织体系已经成为保护公共卫生和安全的主要手段。鉴于在过去的17年当中，景观生态学理论在生物学的分支领域中变得越来越重要，水文分析中最基本的层次分析法已经扩展到了生物群落的研究领域之中。层级理论为研究流体与景观结构之间的相互作用关系提供了一种方法，并使得这些复杂的关系能够在不同的地理尺度上被理解[8]。层级理论当代形式的发展源于人们对信息理论的运用，而如今这一点已经被运用到生态学中，以展示不同空间尺度层面上信息（基因、生物信号等）转化的方式。设计师在处理水文系统这种空间层级的时候，已经直觉性地使用这种方法很长时间了。自从20世纪90年代开始，生态设计师在景观格局当中便已经使用层级理论来辨析并按照优先次序排列流体顺序，以使得一些流体可以被强化而其他一些则可以被改变。层级理论允许我们优先考虑对某些特定特征的保护或创造，以便当这些特征在流体作为系统性行为的区域模式中有可取的一部分时对其进行支持，而当流体变为不可取的一部分时则对其进行移除，从而产生有目的性的“系统精简”（system pruning）策略（**图3**）。

例如，当人们制定的计划是被用来改善水质或减少城市流域的破坏性洪水，以便使得更加多样化的用途和社区共存时，层级理论提醒我们，当地的问题在本

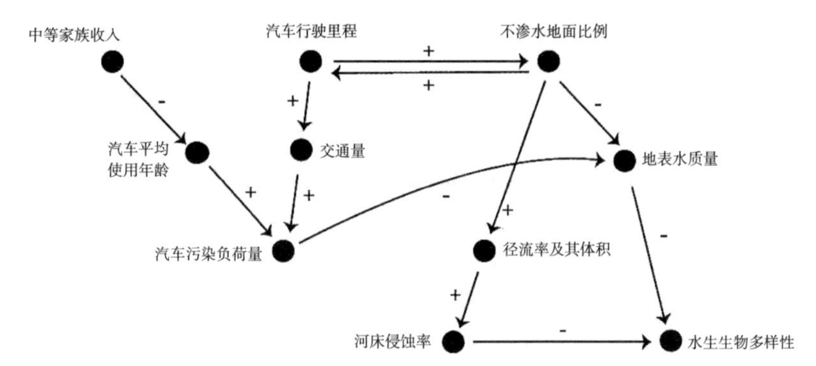

图3 — 一个被相互关系定义并以分层的形式展现的城市生态系统。网络关系的信号图可以显示影响的层级关系。图中的两个社会变量（家庭收入和车辆行驶里程），以及一个实体设计变量（不透水地面的比例）通过它们与多种生态变量之间的关系而被展现出来。加号（+）表示积极影响，而减号（-）则表示消极影响。箭头则表示不同变量之间可能存在的影响关系

（克里斯蒂娜·希尔绘制，2015年）

质上依然是一种区域性问题。通过许多分散的屋顶、街道、小型地块以及许多其他流体路径，那些具有足够浓度的营养物质、金属、石油产品以及热能便能够产生污染。所有这些错综复杂的流体路径是否都与排水管道同等重要？进而，是否所有流体的源头也都同样重要？如果不是，那么设计师是否可以只改变其中的一部分而非所有的源头区域，进而用更少的资金和努力去减少污染或洪水？层级理论为思考如何改变水文系统提供了一个空间和时间策略的框架，进而也对生态过程和人类健康产生了有益的结果。这个例子便显示了如何应用理论去组织实践经验并提出新的问题，以避免设计师们受制于重复那些所谓的“最佳实践”，而不是去考虑“下一步实践”的可能性[9]（**图4**、**图5**）。

生物多样性与生态系统功能（BEF）理论提供了一个不同类型的案例[10]。不同分类理论漫长而迷人的历史产生了今天生物物种的概念。常规的“最佳实践”是以增加或保护物种的多样性（即物种的数量和种群规模均匀性）的方式进行设计的。但是，过去二十多年的研究表明，在生态系统层面，提高生态系统性能的是动物和植物的功能多样性而不是物种本身的多样性。根据这一理论，如果我们要设计一块能够最大程度提升水体质量的湿地，我们就应该选择具有不同功能角色的植物——而不管它们是不是不同的物种。为了尽可能捕获更多的营养物质或是减缓水流速度，以便降低河流的沙载，我们也许应该选择具有不同高度或柄茎模式、根系长度或是叶片形状的植物品种。增设越多的功能目标（比如，为特定鸟类提供食物或者是增加土壤中特定有机物的含量），设计的问题也就越难最佳化。但是，正是对这些场地的观察而不是先验性常规理论的运用，才再一次使得我不仅能够去质疑那些对最佳实践的机械应用，还可以专注于对那些新型案例的

图4 — 箱形涵洞中的城市雨洪
（darkday摄）

图5 — 西雅图水族馆水底拱顶观光通道上方看到的三文鱼；由于水流模式，污染物在不同点富集，鱼类以及其他水生生物受到了水系层级的影响；与此同时，与成年三文鱼从海洋系统洄游至淡水溪流的案例一样，它们也成为营养物质分布的代言人
（Melissa Doroquez摄）

洞察和创新。

在景观的尺度上，由于其内部所存在的各种复杂的相互作用，生物多样性仍然是功能多样性的最佳代理人。然而有意思的是，加速变化的气候以及其他环境压力因素在未来可能会产生更加频繁的功能适应。如果真是这样，为了产生功能多样性，也许我们目前这种专注于物种保护的法律体系应该转向去保护特征多样性，因为只有这样我们才能够创造出更高的生态系统产量。作为一个政策问题，这将存在各种可能性，但作为一个设计问题，这些理论却创造了立即被投入应用的机会。大多数生物科学家认为，由于气候变化的速度和城镇化的程度，最近可能会成为一个大规模生物灭绝的时期[11]。另一方面，由于环境变化与生物特征适应的综合原因，也出现了一些稀有物种变得越来越普遍的案例[12]。我们可以通过对公共资金计划的长期投资来缓和生物多样性保护的“原教旨主义”（fundamentalism），进而去支持生物的功能多样性，而不是采用那些可能会是昂贵、短期且只针对某类物种的保护性努力。

也许生态设计中最大的变化是如今正不断涌现出的对生态系统基础过程进行保护的关注，而不是强调对历史模式的恢复或者是对特有物种的保护。以科学为依据的“最优化”目标已经发生了根本性的转变。在19～20世纪，生态设计的主要目标是为了保持环境清洁，以便为人类和生态提供健康的环境。到了20世纪末，这一目标则变成了对“可持续性”的强调，该目标认为生态设计应当创造出可以纳入干扰且具有弹性的景观模式，这种目标意味着场地可以从类似火灾或者洪水这类事件中迅速地自我恢复。而到了21世纪，最优化的目标再次发生了转变。这一次，生态设计的目标变成了维护水流以及生物扩散模式中所存在的基础过程，以使得新的生物群体能够与人类并存，这种做法也许在未来的环境中具有更强的适应性。最近出现的“运作式景观单元”概念在滨海改造中的运用，便是这种生态设计目标转变的一个例子[13]。

由于生态设计变成了对识别、保护或恢复重要基础过程的关注，层级理论以及生物多样性和生态系统功能理论将成为实践原则的重要来源。设计人员可能会更少地将一个场所的长期历史视为维护生物多样性的指南，并更多地使用它来确定可以适应未来生物多样性的分层过程——即在生态功能的来源上更多地强调不同生态特征间的相互作用，而不是物种本身。我们将需要识别出那些重要的空间模式和可以称之为“电枢”（armatures）的流体，因为许多生态过程都要依赖于它们。我们可以预期到，这些“电枢”能够使得生态信息在空间和时间尺度上进行传播，并且其中可能包括明显的结构部件（比如河流和地形特征），以及不太明显的空间现象（比如区域水生系统的盐分和温度梯度）。当我们面临区域气候变化问题的时候，正是这些“电枢”之间所存在的联系以及它们对生态过程所造成的影响，才是我们将要通过设计和规划策略去进行操控的。

智慧、同情心与策略

在生态设计和规划的背景下，美学的体验受到了人们格外的重视，特别是在琼·纳索尔（Joan Nassauer）和安妮·斯本（Anne Spirn）的实践以及伊丽莎白·梅尔（Elizabeth Meyer）的理论批评中[14]。有关这一领域的文章和实践是非常重要的，因为它将人们所共有的分歧连接到了一起，而这种分歧在历史上一直被那些试图将浪漫主义与理性传统分开的作家们所推崇。梅尔和其他两位曾经使用过绩效的理念来连接功能和美学目标，这种做法展现出了这种二元对立中所存在的非常有趣的挑战，而这一行为也传达出了部分基于科学理论或依据的设计中一种对美学目标不同的阐释与体验。

正如社会学家皮埃尔·布尔迪厄（Pierre Bourdieu）所言，美学体验根据我们的社会和文化背景而有所不同，这表明它是一种受制于文化影响的经历，而非普遍适用的[15]。然而，在这些不同的文化背景之下，或是在不同的文化之间，依然存在一些共同的主题和体验。叙述既可以单纯地从不同个体之间所分享的原始经历中发展而来，也可以调解我们对产生审美判断的具体体验的解读。一些叙述在某个特定的文化背景下的影响是如此的强烈，以至于它们被转化为复杂的转义，以充当某些隐藏知识、价值或是信仰的载体。弗兰肯斯坦的怪物和塞勒姆女巫审判的故事便提供了这样的例子；在无数的其他例子中，通过对民俗、神话、流行文学和政治进程的历史考察，我们可以发现特定叙事在特定时代是可能产生或多或少的共鸣的。这些叙述影响了从人际关系到法律案件甚至是到国家政治的一切；这样看来，也难怪复杂隐含性的叙述也经常会影响我们理解、改变、解读或是生活在景观中的方式[16]（**图6**）。

设计师经常使用整个叙述或重复的语言转义来提供一个引人注目的载体，以对一个场地进行解释，或者为了客户和公众观众能够理解自己的设计提议而构想

图6 — 奥克兰市的一处涂鸦墙，加利福尼亚
（A Sin摄）

出相应的解释。尽管这种做法是非常有力的，但很少有人会明确地认为，通过识别设计师的策略重点，美学经验可以与叙述建立起联系[17]。更为常见的情况是，一些具体的景观组成部分或多或少地都被视作是为了适应某一叙述而存在的，就如同外来动植物物种或传统建筑的组成部分是否适合某种特定政治立场所存在的争论一样；但是从设计师的观点来看，特定的、具有多种感官方式的审美经验本身却很少会与宏大的叙事产生联系[18]。

由特定材料和饰面所产生的美学体验可以为我们提供有用的例子，例如在反射性的抛光表面上看到自己影子的机会。由林璎（Maya Lin）设计的位于华盛顿特区的越战纪念碑（1982年），便是一种用物理反射作为催生个人哲学思考的手段。其他的一些设计则使用了形式上的比喻参照所产生的审美体验，如代表动物或具体历史人物的雕塑。与此相关的一个案例也位于华盛顿特区，在富兰克林·德拉诺·罗斯福（Franklin Delano Roosevelt）纪念公园（1997年）的设计中，风景园林师劳伦斯·哈普林（Lawrence Halprin）设计了一个坐在轮椅上与真人尺度相同的青铜雕像。参观者经常坐在雕像的腿上去拍摄照片，这一点从青铜像上相对于其他部位被磨光的腿部可以看得非常清楚。令人难忘的美学体验也可以通过设计上的鼓励性和可接触性的动态而产生，如与洪水嬉戏互动。汉堡市港口城地区在公共区域的设计中便创造了这种机会，其设计在接纳洪水的同时也通过提供架空的人行步道来维持水体功能性的循环。

从科学的角度来看，将美学体验看作是潜在的设计工具和手段，并且探寻审美经验是否会对人类的认知和行为产生影响是有一定道理的。如果设计师用其特定的审美体验来为人类的某些特定行为提供帮助——比如去中心化的行为和对人类才智运用的行为——使其更加适应气候变化，会有怎样的结果？当代的设计能否制定一种可以引入感官体验的框架，以促进为设计师所熟悉的这类审美体验，如关于勇气、智慧以及扩展至人类和动物界的同情心的叙述，也同样被其他人所理解？

已观察到的数据和预测模型都表明，我们所生存的生物物理环境在未来可能会比以前更快地发生变化。设计师可以使用他们能够创建的小型感官体验，以帮助人们认识到他们在社交网络内所存在的成功并自我适应的潜力。我们可以通过创造空间去加强人类对自身勇气的感知能力；使得人类具有一种可以自我持续的幽默感；让人类感到自身所具有的智慧；此外我们还可以扩大自身的同情心理，超越我们所称之为的“民族”（people），以接纳那些只有较少智慧的群体，并且分享那些我们在不同地区和历史中所掌握的智慧。

简而言之，景观的设计和规划在以科学为基础的同时，仍然可以是感性的、充满记忆的。景观也可以用人文主义的目的来构建，以适应科学所告诉我们的未来的全球环境。通过放弃我们所假设的二元对立，设计师可以解决理性逻辑与浪漫情感之间所存在的长期冲突——不是去消除这些相反的观点，而是通过将它们与一系列开放式的叙事相结合，并用形式和实体的手段去表现。经验主义和充满前瞻性的科学、记忆以及方法策略的联合使用，能够在富有同情心和人文主义的语境下，为我们提供设计上的智慧。

注释

[1] 源于古希腊作家埃斯库罗斯（Aeschylus）。

[2] 源于科幻小说作家艾萨克·阿西莫夫（Isaac Asimov）。

[3] Clive Oppenheimer, "Climatic, Environmental and Human Consequences of the Largest Known Historic Eruption: Tambora Volcano (Indonesia) 1815," *Progress in Physical Geography* 27 (2003) : 230–259.

[4] Mary Shelley, *Frankenstein*; *or*, *The Modern Prometheus* (London: Lackington, Hughes, Harding, Mavor & Jones, 1818) .

[5] Jean-François Lyotard, *The Postmodern Condition: A Report on Knowledge*, trans. Geoffrey Bennington and Brian Massumi (Minneapolis: University of Minnesota Press, 1984) .

[6] Kristina Hill, "Shifting Sites, " in *Site Matters: Design Concepts*, *Histories*, *and Strategies*, ed. Carol J. Burns and Andrea Kahn (New York: Routledge, 2004), 131–156.

[7] 这些话题非常宽泛，并且超出了本文的讨论范围；但是我之所以要特别提到这些理论所具备的可能性，是因为这些理论强调了知识表达的基础概念。从这个意义上来说，这些科学认识论的基础不仅与科学方法本身同样关键，也将科学与数学中的集合论以及语言和哲学中的歧义理论联系了起来，并且表明了所有知识都是由其特定条件而决定的。

[8] T. F. H. Allen and Thomas B. Starr, *Hierarchy: Perspectives for Ecological Complexity* (Chicago: The University of Chicago Press, 1982) . 这些理论已经被这些作者以及其他人进一步地发展了，特别是Valerie Ahl and T. F. H. Allen, *Hierarchy Theory: A Vision, Vocabulary and Epistemology* (New York: Columbia University Press, 1996) .

[9] "下一步实践" (next practices) 这一理念的提出来源于我之前在弗吉尼亚大学的同事Jorg Sieweke.

[10] 案例可参见: Guy F. Midgley's recent overview, "Biodiversity and Ecosystem Function, " *Science* 335, no. 6065, (January 2012) : 174–175, 以及Justin P. Wright, Shahid Naeem, Andy Hector, et al., "Conventional Functional Classification Schemes Underestimate the Relationship with Ecosystem Functioning, " *Ecology Letters* 9, no. 2 (2006) : 111–120.

[11] 与我之前观点相关的案例，可以参见：Stuart L. Pimm, "Biodiversity: Climate Change or Habitat Loss—Which Will Kill More Species?," *Current Biology* 18, no. 3 (2008) : 117–119.

[12] 生物适应气候变化的案例，可以参见保护生物学家斯图亚特·皮姆 (Stuart Pimm) 的一次采访："Loss of Species Due to Climate Change, " *Environmental Review* 11, no. 8 (2004) : 1–8.

[13] 例如，将操作性景观单元作为海岸适应性基本单元的案例，可以参见旧金山港湾研究所 (San Francisco Estuary Institute, SFEI) 和旧金山城市研究小组 (San Francisco's urban research group, SPUR) 近期的一项提议。

[14] Joan Iverson Nassauer, “Messy Ecosystems, Orderly Frames,” *Landscape Journal* 14（1995）: 161–170；Anne Whiston Spirn, *The Language of Landscape*（New Haven, CT: Yale University Press, 2000）; Elizabeth L. Meyer, “Sustaining Beauty. The Performance of Appearance: A Manifesto in Three Parts,” *Journal of Landscape Architecture* 3，no. 1（2008）: 6–23.

[15] 见：Pierre Bourdieu, *Distinction: A Social Critique of the Judgement of Taste*, trans. Richard Nice（Cambridge, MA: Harvard University Press, 1984）; 人类学家塞莎·洛（Setha Low）最近在纽约人对公园使用不同材料的反应中发现了类似的模式。她发现一些少数民族的年轻人会避开那些使用她所谓的“精英材料”（elite materials）的公园，因为他们希望在这些公园里被跟踪或烦扰。

[16] 关于这方面存在很多案例，以至于很难从中筛选出个别案例。有关文化民俗叙事是如何影响一个发生在爱尔兰的故意杀人案件的，可以参见安吉拉·伯克（Angela Bourke）的著作*The Burning of Bridget Cleary: A True Story*（London: Pimlico Press, London, 1999年）中记载的一个资料详实的案例。而有关叙事文学和民族主义的相关案例，可以参见：*Discourses of Collective Identity in Central and Southeast Europe*, vol. 2. *National Romanticism: The Formation of National Movements*, ed. Balázs Trencsényi and Michal Kopeček（Budapest:Central European University Press, 2007）.

[17] 琼·纳索尔（Joan Nassauer）的“暗示线索”（cues to care）理论是一个重要的特例。她在一项视觉喜好实验中观察到，如果一些未经修剪的草本和灌木丛被一些清晰的暗示性或指示性物品包围，比如涂上油漆的木质篱笆甚至是一些熟悉的标牌，那么美国中西部地区农耕社区中的农民则能够在美学的层面上更容易发现它们。纳索尔提出了一个一般性的线索理论，该理论认为如果设计者可以将那些意图暗示性的图案、特征、材料和饰物结合起来，以对抗那种认为自然植被都是未被人工管理的观念，那么那些具有不寻常生态功能的景观就会更容易被接受。

[18] 有关其他事物是如何构成这些本土性叙述的案例，可以参见：Hendrik Ernstson and Sverker Sörlin, “Weaving Protective Stories: Connective Practices to Articulate Holistic Values in the Stockholm National Urban Park,” *Environment and Planning A* 41，no. 6（2009）: 1460–179.

第三部分——景观重溯

无处可寻，无处不在

戴维·莱瑟巴罗
David Leatherbarrow

这篇简短的研究所要探讨的问题有关地形在当代风景园林学和建筑学中的力量和意义，特别是在一个高度个性化和全球化并存的时代（**图1**）。简单来说，我的答案是：当下地形所具备的力量，来自于其所存在的同时“抑制”（resist）和“支撑”（allow）设计野心的能力，特别是那些有关表现的（representational）野心。人工设计的地形所具备的意义并非我想要反对或者忽视的问题，关于此方面我会在后续的过程中继续进行讨论。我真正想要关注的是景观和建筑的建构（constructed）方面——它们都是人工创造出来的。在场地获得意义之前，它们首先必须被建造出来。建造中所牵涉的人力和意图正是地形所能够起到的对设计进行抑制和支撑的各种各样作用。我的第二个论点也很简单：每一个建成的项目又都是建造于“某个地方”（somewhere）的，这里所提到的“某个地方”，不仅具有地域性，同时也存在“动态性”（dynamic）。对于后面的这个术语，我想表达的意思是，一个项目必定会受到环境和社会力量的影响，这些力量包围着、塑造着被建造出来的物体，也许一开始这种影响并不明显，但随着时间的推移，它们会变得愈发的具有决定性。当然，这一切的关键点还是在于如何掌握建筑劳动与环境影响相互作用的性质上。过去几年，我们专业最具挑战性的发展之一便是对表现（representation）与效果（performance）间关系的重新思考。对于今天的许多人来说，前者被认为在很大程度上是取决于后者的。尽管表现的目的永远不可能完全避免，建造的作品看起来像是它们所呈现出的样子还是要取决于它们所呈现的方式。如今，决定项目和场所力量的相互作用被认为在很大程度上决定了作品的意义。

现在我的第二个前提是：地形是项目无法达成预期设计效果的“罪魁祸首”（terrain is what the project is not）。要理解这个简单的陈述，我们一定要尝试克服两个习以为常的观念：即一个场所的意义取决于对人们对它的认知程度，以及

图1 — 王澍，中国美术学院，杭州，2014年
（戴维·莱瑟巴罗摄，本文下同）

一个项目之所以如此是由于在某种程度上，它与自己被建造的场地的本土性是相关的。我之所以说要“尝试”（try）去克服这些观念，是因为它们是如此的根深蒂固而难以被克服。但是，如果要将景观和建筑视为某种艺术——“建设性”（constructive）意图的结果——那么将认知（meaning）等同于意义（recognition）、将建构（construction）等同于文化（cultivation）的相关理念就必须被超越。当我将地形描述为一个项目无法达成预期效果的主要因素时，我想指出的其实是后者难以避免的人工属性。

让我再稍微详细地阐述这一点。那些试图与已有地形相融合的设计，往往会倾向专注于一个场所能够被直接感知到的方面。在某种程度上，这种专注是不可避免的。正如没有人可以明显地坚持认为地形不具备形式或者物质，也不会有人说地形是不可察觉的。然而，对事物显而易见的表面的过度关注，往往会让人忽略掉我们所见之物在其形成、发展以及退化中所表现出来的力量——那些我所描述的环境和社会力量。与人们对构成力量的忽视相对应的是大家对表征的关注，而不是地形本身所具有的那些富有力量或具有重大影响的方面。

然而，一个项目创造的基本任务便是为场地带来一些新东西——一些场地之上尚未存在之物（not already there）。如果没有做到这一点，那么便不存在所谓的项目。而这种植入的东西又是通过建造活动来成为场所的一部分的。地形建造特征的重要线索可以从古老的语言用法当中挖掘；具体来讲，这种特征是从对景观（landscape）一词三种理解间紧张的关系中挖掘出来的：即风景的理解、地域的意义，以及景观作为社会、社区或市民生活建筑领域的观念。后缀“-scape”一词早期与绘画景观的关联不仅已经暗示了地形视觉方面所存在的多种多样解释，也表明了长期以来景观作为一种风格题材绘画对象主观化的概念。然而，德国语言中相对应的后缀“-schaft”（比如Landschaft），就像是英语类似的后缀“-ship”一样，指的并非视觉主导的东西，而是某种被创造出来的东西。作为动词，这些术语指的是建立或创造，比如schaffen（塑造）。另一方面，这一后缀旧的名词性含义可以从ship和shape这两个单词的联系中看出。例如，一个乡镇（township）所指的既是一个借由立法而形成的政治实体，也是指由这些公民塑造出来的地域范围。至于这一词语的前半部分，“land”（在其欧洲的一些变体中）一词传达的旧有意义也将领土与创造的共存结合到了一起。一块特定的领土被称为land，是因为它的法律体系或治理方式与其实体特征一样重要。由于法律和习俗的限制，land又有了文化的意思；英国、丹麦和德国的土地（lands）一词主要以生活方式为特征。18世纪，约翰·哥特弗雷德·赫尔德（Johann Gottfried Herder）将一个民族的生存方式及其地域和气候特征联系到了一起，进而很好地表达了土地的政治和领土意义[1]。19世纪这一观点的诸多变体——包括但不限于将地区和种族结合到一起的唯物主义观点，为20世纪的战争和恐怖活动提供了伪理论基础（pseudorationale），进而同时拓展和经常性地扭曲了这一假定。但是当我们考虑到绘画时，尽管有些奇怪，这两种有关land的早期的和良性的含义便都可以被看得出来。北欧16世纪的风景画经常会对当地的一些风俗习惯——结婚、交易和用餐进行描述或是对社区的特征进行刻画，以反对罗马教会及其普泛化的野心。与彼得·勃鲁盖尔（Pieter Brueghel）同时代的人们认为其画作“孕育了整个省份”[2]。在他的作品中，我们不仅看到了地形的布局和面貌，也能够看到当地居民的生活场景。这一点也可以被消极地看待：阿尔布雷希特·阿尔特多费尔（Albrecht Altdorfer）被称为是第一个现代风景画家，因为他的场景往往忽略掉当地风俗和生活的指示甚至是宗教主题，反而集中在对水体、土壤、植被和天空的刻画上。传统的绘画创作题材从开始区别于它的背景，变成了完全被其所取代。原先的背景或者配景，如今变成了前景，虽然没有明确的文字记载，但实际上又确实如此。然而，在此之前，土地（land）就像拉丁语中的地形（terrain）一样，其反义词并不是海洋，而是森林，因为它不属于社会模式的一部分，也没有被改造以适应生活、活力和文化规范。

上述我所分析的关于土地（land）、风景（scape）和景观（landscape）的含义，也都同时适应于当代的用法。这些含义范畴允许当今的理论家和设计师自由地强调景观的视觉、物质、环境或社会方面。然而，由于近几十年来景观在视觉和象征意义上被赋予了太多的压力，当代作品重新强调了景观的效果（performative）意义，即它的环境和社会作用（operations）。

我想追随这样的思维方式，不是为了追求对项目材料属性的讨论——最近这一方面的话题已经被如此广泛地讨论，而是追求它们的形态维度；具体来说，这些形态维度所指的就是作品在其广阔区域中所能够容忍不连续性或位移的镶嵌异质性（mosaic heterogeneity）方面，这一区域可以被称作是差异之地（uncommon grounds）。我们可以想象，一个人是可以被从某个给定区域熟悉的地平线上移动到一些遥远的地方或时间当中的，当然，这一切都是我脑海中的想象。但正是由于作品所具有的建造性或虚构性，这种位移才得以发生。尽管作品是具体的，但在本质上人们在其中的体验却是不确定的。我在下面的例子中所要展示出的地形，便能够支撑和抑制我们今天所经历的这种错位。

场所、绘画与表现

王澍为杭州的中国美术学院设计的作品从2001年起开始建造，且至今仍在继续。坐落在杭州市一座小山的山脚下的小河沿畔，这个作品不仅被设计成一个扩大版的中国传统园林，同时也是一幅17世纪“山水画”的具体形象化，这一设计的目的是让作品可以被使用者观看和感受（**图2**）。这些山水画通常都缺乏轴线和度量比例，并且经常会运用散点透视。如果没有这些建设性手段，图像空间内的一些距离便会超出地平线和图像边界。这种散点透视所导致的结果便是，画面中的人物可以互相独立的站立，并且避免了任何前后位置关系所产生的叠加。这种构图方式的第三个结果便是图画的中间地带会弥漫着不确定的气氛。观赏者的视线焦点会像画家所期望的那样在不同的场所之间来回地移

图2 — 王澍，中国美术学院，杭州，2007年

动，这些焦点一开始会停留在画面的前景之间，紧接着又会深入到图面的背景之中，这正是视线焦点移动所带来的结果。尽管大部分建筑元素（如果画中有的话）的布局与画面是平行的，但也有一些会以某种倾斜的角度朝向或超出图像边界。斜向的运动会将视线引到图面之外或者“超越地平线”，如同王澍曾经在解读自己为一个模拟山地景观项目所创作的图画时说的一样[3]。当然，这种图画也是具有景深的——不是采用意大利文艺复兴时期作家所说的“合理的”（legitimate）绘图方法，而是通过三种控制距离的绘画技法：高远、深远以及平远；也就是我们通常所说的“自山下而仰山巅”“自山前而窥山后”和“自近山而望远山”[4]。王澍解释道：“中国山水画从不静态地刻画形象，而是传达一种动态体验的感觉，在自然的真山真水中徜徉，伴着记忆和想象……一座园林或一幅绘画只是暂时的停顿”。[5]通过使用对角线、斜线或是折线，王澍试图在自己的建筑作品中接近这种运动。他写道：“我看了与该地区有关的很多传统山水画。……17世纪的一幅画描绘了田园文人的生活方式，曲径通幽，直到林中空谷，这也暗示了人类思想的深邃。而‘农人的’视线则只是由左往右，对外面的精彩世界漠不关心”。[6]

在承认校园内某些建筑物立面上的室外楼梯和坡道确实非常奇怪后，他说自己将这些楼梯和坡道称为“山脉”[7]。相较于作为一种地形元素，这里的山脉更多的意义上是作为一种鼓励意外邂逅的装置。然而，形成校园中心的山丘却不断地浮现在观者的眼前，王澍认为它既“比我所设计过的任何东西都要重”，也显得“无声无息”[8]。通过王澍设计的景观和建筑，山丘地形获得了自己的声音，尽管有时这些设计会使地形声音的源头有所消散。

在解释苏州大学文正学院图书馆（2000年）的项目时，他写道：

> 我的目的是让人们意识到他们生活在山水之间，这也是苏州的园林风格。这个场地位于一个北面背靠着满山竹林的斜坡之上，其对面本是一个废弃制砖厂变成的湖，整个场地的地势向南倾斜，并有4米的落差。根据传统造园的原则，在山水之间的建筑不应该过于突兀，所以这个图书馆几乎有一半是在地下的……。长方形的建筑主体漂浮在水面之上并且面朝南方，因为夏天的风主要是从这个方向吹来的。这座位于水中并且跟亭台一样的建筑——也是学校图书馆的诗歌和哲学阅读室——正是中国文人眼中人和自然和谐相处的最好位置[9]（**图3**）。

从狭隘的人体角度来看，这一景色看起来似乎并不协调：青翠背景前的白墙、坡地上的水平甲板、柔软轮廓中的生硬边线。但这种观点却忽略了王澍所要试图适应和表现的“效果”：穿过透墙的微风，房间、展馆和亭台之间路线上的开敞景色，以及读者在阅读手中文本时所产生的遐想。

这种不和谐的表现是建立在杭州校园中建筑、房间以及材料的尺度之上的。高度的分化既是一种结果，也是对运动的鼓励和对变化的调节。虽然建筑引发了这些变化，但它也依赖于自己无法控制的力量来继续发展，这一点有时候也会损

图3 — 王澍，文正学院图书馆，苏州大学，2000年

害项目本身想要达到的效果。尽管如此，持续不断的变化从建筑建造的一开始就被提了出来。王澍指出，700万块碎砖和瓦片被从附近的地区运到了建筑工地中；为了获得新的建设空间，传统的建筑被拆除掉了——这正是中国快速和破坏性城市化建设的一个缩影。这些碎片仍然保留着它们过去被使用和所在场所的痕迹，并被运用到了新的建筑之上（**图4**）。

在描述最初的设计时，他特别注意将所有的立面都分解成了侧视图。只要在正面没有建设什么东西，那么这座山便会一直保持其重要性。为什么呢，而且这座山又并不是那么的特别。王澍说，“因为，它依然比建筑更重要。”[10]我已经注意到，他发现这座山既悄无声息又呆板无趣。但这只是它的一个方面。当你走近这座山时，不管是攀登到斜坡之上还是下到洞穴之中，你都能够看到它内在的动力以及变化的能力，无论是对于它自身来说还是对于其附近的其他事物而言都是如此。“同一”（same）座山之所以呈现出了持续不断的“不同”（different），是因为在它的稳定中已经暗含了无法预期的距离。因此，它可以使建筑师按照自己的方式对其进行模仿，但建筑师能做到的也只是模仿其中的一部分而已（**图5**）。

该项目的两期工程都是在地区内两条小溪边的山脚下建成的。一些原有的农田以及小花园和鱼塘被保存了下来。尽管这看起来充满了田园情趣，但在这个遗

图4 — 王澍，五散房，宁波，2006年

图5 — 王澍，象山，中国美术学院，杭州，2014年

图6 — 王澍，中国美术学院，杭州，2004年

图7 — 王澍，中国美术学院，杭州，2007年

址上，700万块旧砖瓦却被重新进行了使用。项目的第一阶段完成于九年前。但是今天人们所看到的已经并不是建设者们当初完成时的面貌了。一些意想不到的变化已经变得非常明显：空间的重新使用或是滥用、意外的风化以及两种过度生长的植物——树木相对于庭院来说已经太高了、立面上的藤蔓也掩盖住了墙上的缝隙（**图6**、**图7**）。这些无法预见但如今却能够被理解的变化显示了场地重塑自身的能力。王澍所设计和建造的东西并没有消失，只是现实的情形发展已经超出了他无法控制的场地新陈代谢而已。庭院是否已经按照预定的方式运行，并为人们提供了周边的环境以及山体的局部视野？是的，但又不止于此，因为它们也揭示了当今学生日益增长的规模和变化的生活方式。这些建筑表皮是否仍然证明了已经被拆毁的村落房屋的存在？只是部分，因为它们也受到了气候极度潮湿和植物生长过盛的影响。之前被植入的东西如今已经被地形吸收了，就仿佛人们对场地建设的高涨热情（sympathies）总是会被地形的冷漠无情（apathy）所秘密地伴随着一样。最重要的是，这座山体不安的寂静给王澍留下了深刻的印象（**图8**）。

当项目与已经存在的场地条件进行对话时，它们通常会成功地使自己的观点变得明晰；但是在对话的过程中，这些项目也会遭遇到一些意想不到的主张、不

图8 — 王澍，中国美术学院，杭州，2004年

同形式的错误维护、过度或不足的植物生长、再利用变成了滥用等各类问题。但项目自身的设计和建造并不会因为这些原因而失败，因为它们在一定程度上依然存在着，依然对场地进行重新地定位，并且依然能够释放出在任何其他地方都无法实现的意义；一个项目的成果并不仅仅是由设计初期所假定存在的意义来定义的。这种类型的自由——设计的最大任务，在特定于项目的条件下以及其他情景中都找到了立足点，这要归功于作品本身的特质（**图9**）。

图9 — 王澍，中国美术学院，杭州，2014年

注释

[1] 虽然全书有所删节，但“National Genius and the Environment”一章完整版见于Johann Gottfried von Herder, *Reflections on the Philosophy of the History of Mankind*（Chicago: University of Chicago Press, 1968），3–78. 全书的完整文本见于Johann Gottfried von Herder, “*Ideen zur Philosophie der Geschichte der Menschheit*,” in *Herders Werke*, ed. Ernst Naumann, vol. 3，bks. 7 and 8（Berlin: Deutsches Verlagshaus Bong, 1908）: 41–109.

[2] 该术语出自Kenneth R. Olwig, “Recovering the Substantive Nature of Landscape,” *Annals of the Association of American Geographers* 86，no. 4（1996）: 634. 我的研究从这一术语的相关讨论中获益良多。

[3] Wang Shu, “A Tea Garden and A Reading Room,” in *Imagining the House*（Zürich: Lars Müller, 2012），n.p.，section 6.1.

[4] A brief, introductory description of these “distances” can be found in George Rowley, *Principles of Chinese Painting*（Princeton: Princeton University Press, 1959），especially 64.

[5] Wang Shu, “A House as Sleep,” in *Imagining the House*, n.p.，section 1.0.

[6] Wang Shu, “A Picturesque House,” in *Imagining the House*, n.p.，section 4.0.

[7] 王澍. 建造一个与自然相似的世界//建筑研究02：地形学与心理空间. 北京：中国建筑工业出版社，2012: 202.

[8] Ibid.，198.

[9] Wang Shu, “Library of Wenzheng College at Suzhou University,” World-Architects.com, http://www.worldarchitects.com/en/projects/detail_thickbox/1754.

[10] 王澍. 建造一个与自然相似的世界//建筑研究02：地形学与心理空间. 北京：中国建筑工业出版社，2012: 200.

电子阴影时代下的制图

亚历桑德拉·蓬特
Alessandra Ponte

> 然而，音乐在生物学领域的巨大适用性在于对它的扩展，即将音调概念从单纯听到的声音扩展到物体的意义语调，并在主体环境中作为意义的载体。
>
> ——雅各布·冯·尤科斯克鲁（Jakob von Uexküll），《意义的理论》（*A Theory of Meaning*）

> P.R.：所以建筑师不一定要再像以前那样精通空间设计了，或者不再相信他们自己以前是精通空间设计的了。
>
> M.F.：是的，他们不是三大变量——地域、沟通和速度的技术人员或工程师。这些变量脱离了建筑师的专业领域。
>
> ——引自保罗·拉比诺（Paul Rabinow）对米歇尔·福柯（Michel Foucault）的采访

过去二十年地缘政治事件性质的转变引发了人们对于地域（territory）以及地域性（territoriality）概念的争论[1]。对区域化（territorialization）和去区域化（deterritorialization）过程的分析[至少最初是受到吉尔·德勒兹（Gilles Deleuze）和费利克斯·加塔利（Félix Guattari）在《千高原》（*A Thousand Plateaus*）❶中实践的启发]，已经发展到了对边界（border）和边境（frontier）概念的调查[2]。依据地域（territory）最直接和最为广泛接受的定义，即“有边界的空间”（bounded

❶《资本主义与精神分裂　卷二：千高原》是法国哲学家吉尔·德勒兹和费利克斯·加塔利合著的作品，也是二位作者最重要的代表作之一。作为《资本主义与精神分裂》的续作，本书将前作《反俄狄浦斯》(（Anti-Oedipus）)中已然肇始的思想实验向更为开放而宽广的领域推进：地质学、生物学、史学、神话学、数学等。全书散布着一座座流播强度的“高原”，而多元性、异质性的连接则成为它们之间彼此沟通的横贯线。——译者注

space)，空间这一概念本身，以及与主权（sovereignty）和权力（power）有关的问题，也被给予了仔细的审查。对米歇尔·福柯（Michel Foucault）作品的重新发现——部分是由于他在法兰西公学院（Collège de France）演讲的出版和翻译，部分是由于德勒兹的文章，抑或是更近时期，吉奥乔·阿甘本（Giorgio Agamben）针对一些有关知识、力量或生命政治学的福柯式论文所作出的解释——为新兴空间政治体系逻辑的应对和解释提供了理论上的工具[3]。

除此之外，在同一时期，一种领土表现和管治的主要工具——制图学（cartography），由于通信技术的快速发展已经被彻底地改变了；制图学的发展不仅带来了新的数据收集和计算形式，以及新的平台和界面系统，也通过不断增加的移动设备，方便了用户对地理信息的访问和生成。概括来讲，这些新兴领域大概包括卫星影像、全球定位和地理信息系统、谷歌地图（以及谷歌街景）、谷歌地球、推特地图和推特热门地图（Twitter Trendsmap）、还存在问题的三维苹果地图应用程序、用户自制的在线地图以及不同形式的开源地图[4]。这些新兴的应用和技术的一个突出特点便是几乎完全抑制了实体制图的表现。人们通过屏幕和显示器对信息进行收集和呈现，而纸张的存在似乎仅仅是为了偶尔起到辅助作用。伴随着代表稳定世界、时间定格的实体地理数据表现的几近消失，人们对一个更加闪烁、波动、移动和事件相关的现实的兴趣也越发地高涨。并非巧合的是，这些新兴制图领域可能性的开放，加强了（也有其他一些因素）目前有关全球化进程的争论，这些争论过去一直在宣称地域性的终结，并企图忽视地域调查和表现，以便将重点放在网络分析和绘图之上[5]。

通过屏幕及显示器与地理信息的交互，也促使人们重新回到了“最初的”（original）导航对地图的使用和解释，而不是对制图工作充满误解的拟态（mimetic）理解。对地图、地域和风险之间关系的调查，让布鲁诺·拉图尔（Bruno Latour）等人提出了下列问题：“是不是地图并非世界的表征，而是（有时也不是）一段在世界中能起到作用的铭文？地图和制图是否先行于他们所‘再现’（represent）的地域，它们是否可以被认为其实是创造（producing）了地域？”[6]。虽然这些问题已经成为了该领域内近几十年来主要的研究特征，但在制图学的意义和作用等相关概念不确定的背景之下，拉图尔和他的团队还是记下了这些疑问。在最近一本有关制图理论文集的引言当中，马丁·道奇（Martin Dodge）、罗布·基钦（Rob Kitchin）和克里斯·帕金斯（Chris Perkins）评论道，尽管解释的多重性可能会破坏制图作为一门“科学”的可信度，但这也可以被看作是一个学科振兴的智慧迸发表现，在此之前这门学科的发展还主要是依靠技术和方法的提升[7]。

与地理科学和制图学中发生的剧变所并行的是，设计学与艺术实践已经显示出了对地理理论越来越着迷的趋势以及对制图工具进行借鉴的意愿。一个近期通过借鉴制图技术和地理理论，对建筑学领域进行更新和“扩大”简短的、远称不上是详尽的举措清单大概包括以下几点：其中之一便是20世纪50年代末至60年代期间法国情景论者提出的心理地理学（psychogeography），20世纪80年代末这一学说在盎格鲁-撒克逊学术界（Anglo-Saxon academic）重新活跃起来，并且自那以后经常定期的被各种各样的由建筑师和艺术家所组成的实验小组，如Stalker/Osservatorio Nomade（1995年成立于罗马），进行重新研究（**图1**、**图2**）[8]。伯纳德·屈米在《曼哈顿手稿》（*Manhattan Transcripts*，1976—1981年）中所开创的城市电影制图方法，被奈杰尔·科茨（Nigel Coates）以及北大西洋公约组织（North Atlantic Treaty Organization）转化成了由装置、表演、电影制作所包围的“叙事性”（narrative）建筑手法；随后，建筑联盟学院（Architectural Association School of Architecture）将其作为一种教学方法，尽管其形式在不断地转换[由伦敦大学学院巴特莱特的彼得·库克（Peter Cook）进行复兴]，这种方法至今依然非常活跃[9]。除此之外，这种被狂热模仿的制图形式可以被理解为某种类型的地图，或者在20世纪90年代作为“数字”建筑的设计工具[10]。1996至2000年期间，雷姆·库哈斯以“城市的项目”（Project on the City）[被大多数人错误地解释为丹尼斯·斯科特·布朗（Denise Scott Brown）和罗伯特·文丘里（Robert Venturi ）《向拉斯维加斯学习》的翻版]为名，在哈佛大学设计研究生院做了一些教学实验，并引发了所谓的研究室的雪崩[11]。除此之外，还有韦尼·马斯（Winy Maas）在《*Metacity/Datatown*》（1999年）发起的、建构于MVRDV视觉表现项目中的“数据景观”（datascapes），以及以色列建筑师埃雅尔·威兹曼（Eyal Weizman）的制图实践，这一实践开始于其2002年发表的有关被占领区犹太人定居点的首张综合地图（以及2005年的加沙地图）[12]。这一清单还可以包括大量的受到奈杰尔·思瑞夫特（Nigel Thrift）非表象主张（nonrepresentational propositions）影响的城市研究，以及布鲁诺·拉图尔（Bruno Latour）“行动者网络理论”（Actor-Network-Theory，ANT）关系中所规定的瞬时网络制图。[13]

在风景园林学的领域当中，詹姆斯·科纳与亚历克斯·S·麦克莱恩（Alex

图1 — Stalker小组，“行走在GRA（罗马高速公路带）周边”，2009年春，PrimaveraRomana项目，GRA. Geografie dell'Oltrecittà，Walking for an U Turn，2009年
［朱利亚·菲奥卡（Giulia Fiocca）摄］

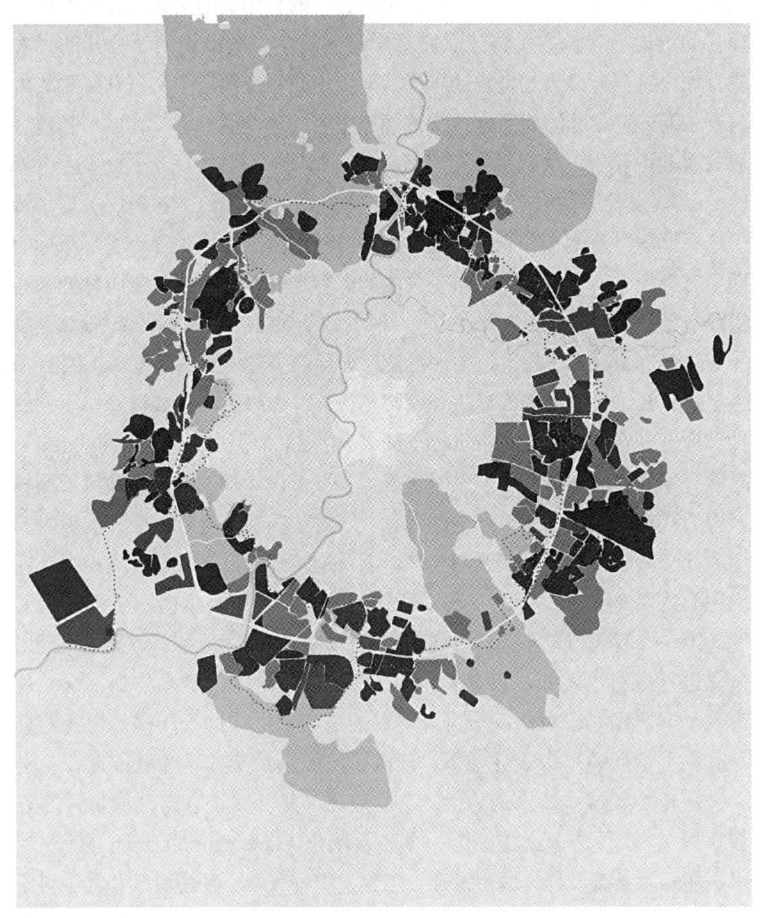

图2 — Stalker小组，“罗马、共同地和国中国”，PrimaveraRomana项目. GRA. Geografie dell'Oltrecittà，Walking for an U Turn，2009年
［朱利亚·菲奥卡（Giulia Fiocca）、本尼·米克（Bennie Meek）、玛格丽塔·皮萨诺（Margherita Pisano）、洛伦佐·罗米特（Lorenzo Romito）、贾科莫·赞尼里（Giacomo Zanelli）编辑］

S. MacLean）合著的《丈量美国景观》（*Taking Measures Across the American Landscape*，1996年），以及1999年发表的宣言文章《The Agency of Mapping：Speculation，Critique and Invention》，标志着景观设计中制图方法的彻底复兴，这一方法20世纪60年代早期由伊恩·麦克哈格对环境的担忧而被触发[14]。科纳的探索，与建筑学理论（例如他与斯坦·艾伦的合作）的交叉以及与其他一些研究项目间的融合，调查了将风景园林学与建筑学、城市规划学分开的“人为”障碍，如今这已经成为20世纪90年代后期出现的景观都市主义极其重要的内容，他与查尔斯·瓦尔德海姆一同成为该领域主要的理论倡导者。在城市和地区扩展区域的实践操作中，景观都市主义者，如詹姆斯·科纳、阿努拉·马瑟（Anuradha Mathur）、艾伦·伯格（Alan Berger）、克里斯·瑞德（Chris Reed）等，特别倾向于选择地图以及生态和能量系统的图表方法。制图在景观都市主义最近的翻版，即生态都市主义中，仍然是最受关注的内容之一，同时在风景园林师和建筑师的实践中也是最为核心的内容之一[15]。两者如今都在倡导将地域或“地域基础设施”（territorial infrastructure）作为进行设计干预的一种模式或尺度[16]（**图3～图6**）。

过去几十年中出现的地理和制图热，并非在暗示（正如已经显示的那样）一种“地理转向”（geographic turn）或者甚至是“地质转向”（geological turn）的趋势；相反，这种热潮可能是对建筑师、城市设计师、规划师和风景园林师日渐衰弱的代理的深度焦虑而产生的症状[17]。对这些学科合并或交叉的探索、对将环境和社会科学融入设计实践的尝试，以及建筑师和风景园林师大声呼吁在地区范围内介入基础设施设计的权利中所展示的野心，所有这些都至少显示了两个问题。第一个问题与急需应对目前正在进行的对空间、地域、边界以及网络等相关概念进行重新定义的过程有关，且一些建筑理论家已经参与到了这一过程中。第二个问题则要求对每一个设计学科的前沿和机构进行同样迫切的调查研究。与此相关的问题可以表述如下：建筑学（或风景园林学和城市设计）是否属于一个特定的领域？如果是的话，它的边界又是什么（它与其他学科的分界线又在哪里）？学科是否正在经历一个去领域化（deterritorialization）的过程？对艺术、建筑、景观设计、城市设计、工程、物理科学、环境科学和社会科学领域之间的边界进行限制是否合适？认为所有这些科学研究和学科领域都从事设计实践，并且认为这一点正是它们团结的纽带是否合情合理？如果是这样的话，那么在设计的旗帜下，艺术与科学的融合，与20世纪60年代试图建立“环境设计”

（environmental design）学科这类失败的尝试又会有什么不同？设计概念的范围和意义应该被扩大吗？

几年前，在一次名为“一个谨慎的普罗米修斯？走进设计哲学的步骤（以彼得·斯劳特戴克为例）”[A Cautious Prometheus? A Few Steps Toward a Philosophy of Design（with Special Attention to Peter Sloterdijk）]的讲座中，布鲁诺·拉图尔（Bruno Latour）令人相当信服地说道：“设计已经从日常事物的细枝末节拓展到了城市、景观、国家、文化、身体、基因以及……急需被重新设计的自然本身”。[18]按照他的说法，设计这一概念已经拓展了，不管是从“包容性”（comprehension）的角度来说——因为设计正涵盖着越来越多的内容，还是从“扩展性”（extension）的角度而言，因为它正适用于前所未有的广泛的产品范围。在这一点上，拉图尔希望大家注意的是，其著名的有关对“物”（objects）和“事”（things）以及“客观之物”（matters of fact）和“主观之物”（matters of concern）[19] 等概念的辨析。对他来说，“事”是一种人为现象，例如“矛盾事物的复杂组合”，而现代主义者的“物”则相反，其所关注的是物质性（materiality），并且设计的问题被还原到了对招人喜欢的虚假外表的应用之上，这与材料和功能的“事实”（facts）分开了。因此，在拉图尔的观点中，现代主义者的“物”隶属于客观之物，而“事”则提出了非常不同的疑问。他们都依附于主观之物，并且都是有关于我们可以询问者：这样做可以吗？这个设计好吗？它需要被重新设计吗？

根据拉图尔的说法，从斯劳特戴克对海德格式“此在”（Dasein）概念反思的视角，“事”（things）可以被更好地理解。为了能够实现斯劳特戴克“此在即设计”（Dasein is design）的理念，设计师不得不远离现代主义的海岸线，重新驶向新的设计或重新设计的模式，包括气候、生命支撑系统、空气调节装置、声景、免疫装置、隔离层以及保护性外壳等。如果“此在”意味着被迫投入到现实世界当中，那么设计师就必须识别这个充满事物、人类和非人类的世界。对生命的定义就是对周围世界（Umwelt）的定义，因为环境包裹着生命。周围世界就是德国生物学家雅各布·冯·尤科斯克鲁（Jakob von Uexküll）所说的环境（environment），这一概念被斯劳特戴克借用来描述“球体”（spheres），或者说是生命支持系统上为人类和非人类所居住的人工环境。如果马丁·海德格尔（Martin Heidegger）的“此在”指的是德国农民在等待

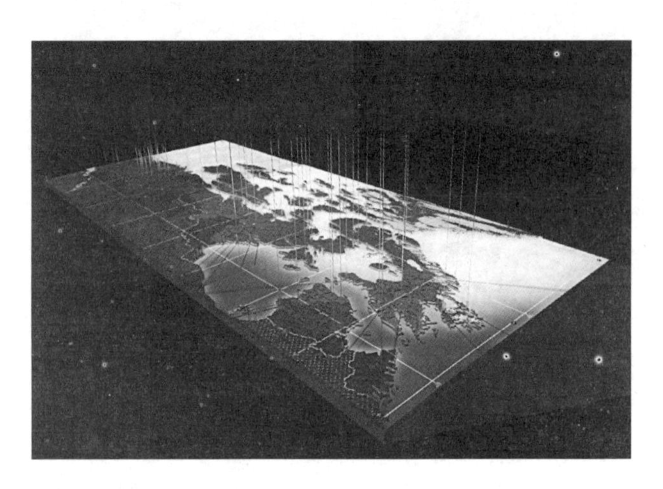

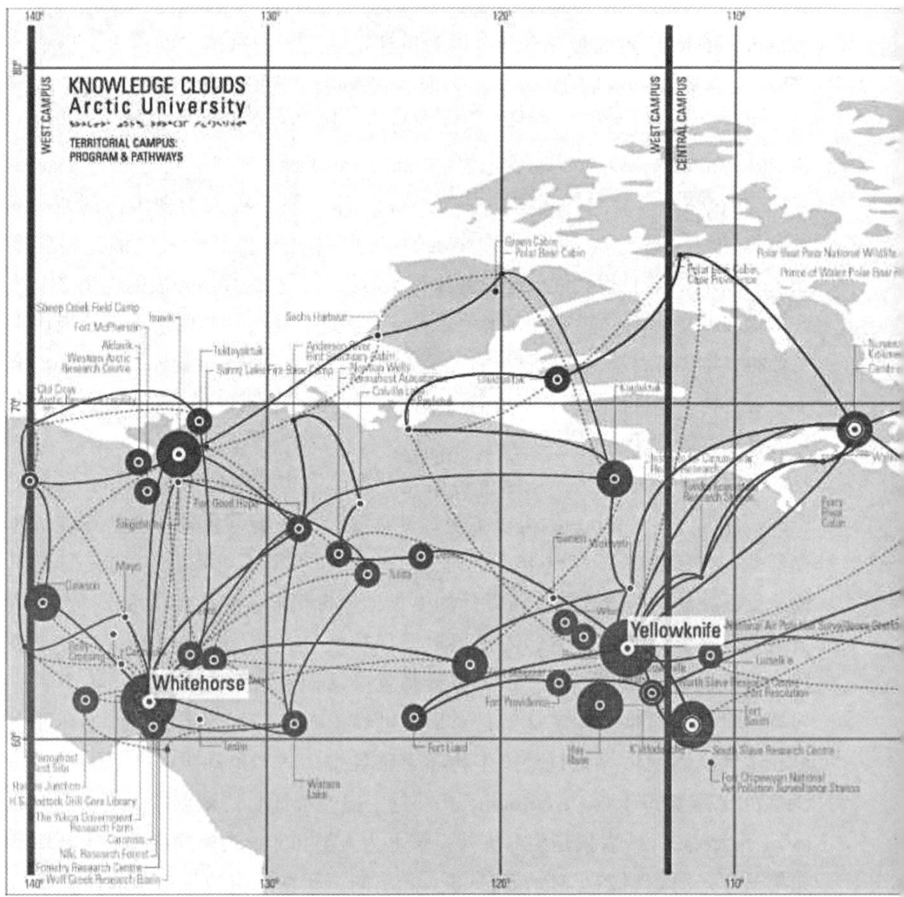
KNOWLEDGE CLOUDS
Arctic University
TERRITORIAL CAMPUS:
PROGRAM & PATHWAYS
WEST CAMPUS
CENTRAL CAMPUS
Whitehorse
Yellowknife

图3 —（对页）Lateral Office，“知识云”2013年，实体模型上的动画投影，展现了现存以及提议的加拿大北部偏远地区的教育网络
（Lateral Office提供）

图4 —（下图）Lateral Office，“知识云”，2013年，北部教育网络提议中的区域性校区

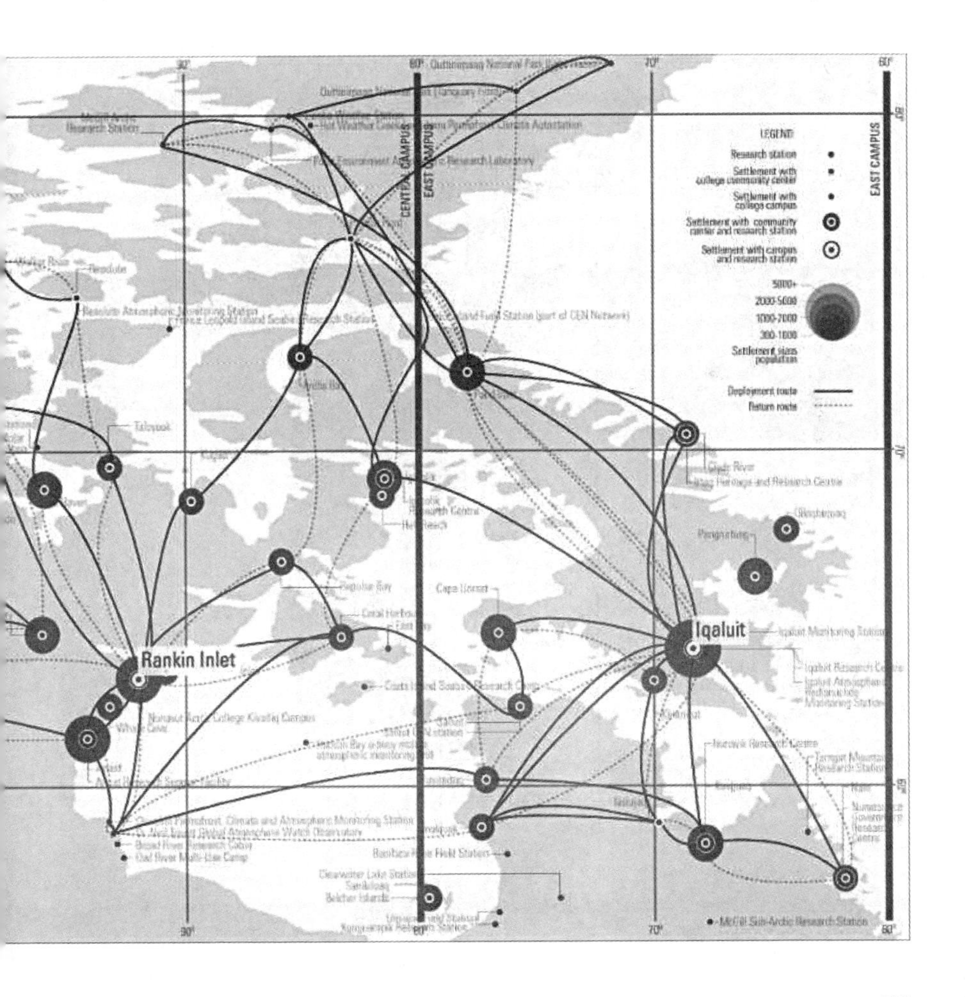

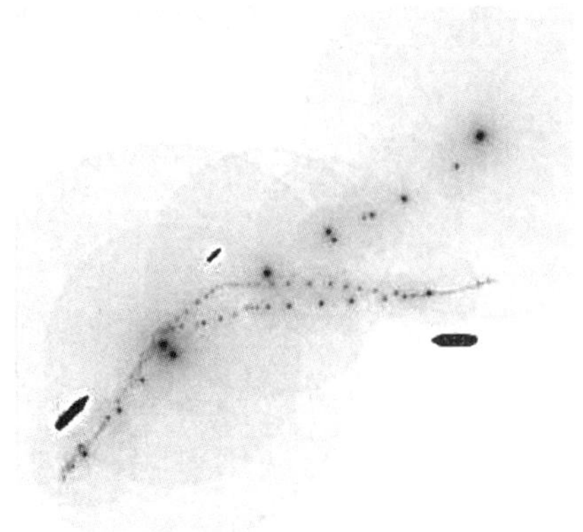

图5 — Luis Callejas/Paisajes Emergentes，威尼斯环礁湖公园，人工暗礁及交通汽艇路线细节图，2013年（Luis Callejas/LCLA Office提供）

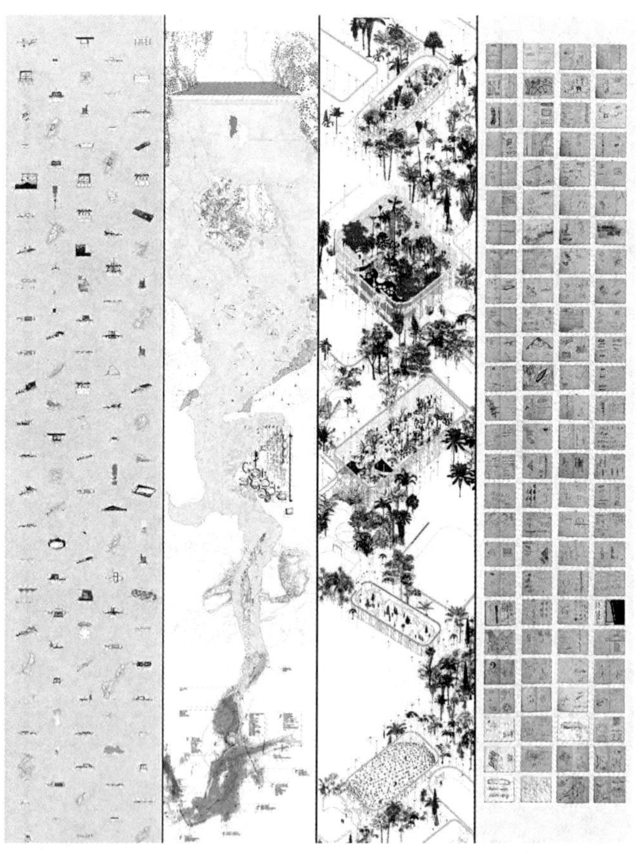

图6 — Luis Callejas/LCLA office，“岛屿与环礁：一种生物分类系统”，2015年（Luis Callejas/LCLA Office提供）

他的小麦成熟过程中所注定要花费的将近一年的时间，那么斯劳特戴克“此在即设计”一语便将这一概念更加猛烈地抛向了空间设计的时代。这也是为什么当下的问题是要去决定环境是否被很好设计的原因，以及为什么建筑师、风景园林师、规划师以及工程师应当对隔膜（membranes）进行设计或者重新设计，以及在不同包裹（envelope）和褶层（fold）之间来回移动的原因。球体（Spheres）、褶层（folds）、隔膜（membranes）以及包裹（envelopes）要求对空间进行重新的理解和再现。因为拉图尔所说的“事”并非抽象的笛卡尔式的“广延物”（res extensa）中的欧几里得几何体，在实质性和矛盾性之中，为了汇集、具化、模拟和接近事物的本质，新的工具必须被同时运用。换句话说，紧随斯劳特戴克之后的拉图尔，是在邀请设计师发展出一种新的方式来掌握和记录生命（人类与非人类）及其（被设计的）环境。

在这一过程中，拉图尔对环境（environment）的概念提出了质疑，这对当代处理地图以及领域的争论和设计方案似乎只产生了极其微弱的影响。或者，更确切地说，虽然“环境问题”在大多数景观都市主义的计划和区域基础设施项目中作为一个关键问题经常被提到，但设计者对精确地解释这些“问题”到底包括什么以及“环境”到底意味着什么看起来并不是那么关心。然而，继斯劳特戴克之后，对于此概念拉图尔策略性地提出了一种非常具体的解释——20世纪30年代这个概念从冯·尤科斯克鲁的生物模型中发展起来，它将一个生物的外部环境与该生物所居住的主观的、周围的世界（the Umwelt）区分开来。冯·尤科斯克鲁的文章为德国大部分知识分子所熟知，其中就包括海德格尔以及一些著名的建筑师，如密斯·凡·德·罗（Ludwig Mies van der Rohe）等。接过冯·尤科斯克鲁的指挥棒，斯劳特戴克关于《球体》（*Spheres*）的三部曲重新审视了这位生物学家的理论，并针对世界形象（world-image）（环境）的历史展开了人类学（onto-anthropology）或形而上学（以及形态学）方面的调查研究[20]。他的《生物的驯化：清理林中空地》（*Domestication of Being: Clarifying the Clearing*）一文称赞了冯·尤科斯克鲁有关周围的世界（Umwelt）这一“具有启发性”的定义，在这里，不断地“与海德格尔一起思考反对海德格尔”，他也试图转化如今已经过时的海德格尔关于“土地”（land）的概念，它就像在原始的、黑暗的德国森林中打开的一片“林中空地”（Lichtung），通过光照和启蒙的过程将光线（Licht）引入了黑暗之中[21]。因此斯劳特戴克更新了今日所有与“围绕着我们”的事物有关的概念，亦即由电光、电波、超声波和电子阴影所构成的环境。

有意思的是，在冯·尤科斯克鲁著名的《走进动物和人类的世界》(*A Foray into the Worlds of Animals and Humans*，1934年）一书中，包含了名为“家园与领土”(Heim und Heimat）的一章。在这一章当中，他断定“地域纯粹是一个环境问题，因为它代表的是一种独有的主观产物，关于其存在，即使最详尽的环境知识也无法提供任何的解释。”更有说服力的是，他也提出了人类和动物领土行为中关于侵犯的共同主题：

> 对于许多动物而言，人们可能会体验到，它们保护自己的狩猎场地以不受自身物种中其他个体的侵害，从而使这些狩猎场地成为自己的领地。对于所有物种来说，只要它们准备把这些领土纳入其狩猎范围，那么任何一块土地都是一种政治版图，而这个划界则通过攻击和防御来建立。这也证明了，在很多情况下，真正自由的土地并不存在，一个地区与另一个地区之间必然要相互碰撞[22]。

这让我们想起了第三帝国“生存空间”(Lebensraum）❶的侵略性论调。尽管存在如此令人不安的暗示，冯·尤科斯克鲁对生命与环境之间关系的科学（和本体论）理解，以及对领土形成意义的新型概念化，还是进行了彻底地重新表述（**图7**)。与生命科学认为现实可能存在着“客观的”(objective）理解的假设相反，冯·尤科斯克鲁提出了多重主观现实的存在以及一个与之相匹配的主观领土产物。在《走进动物和人类的世界》一书的结尾，他写道：“每一个个体都生活在一个只有主观现实的世界里，环境本身只代表主观现实。任何一个否认主观现实存在的人都没有认识到他或她自己的环境基础”[23]。冯·尤科斯克鲁随后简略地尝试了探究个体环境气泡之间的相互关系，或者用他自己的话来说，是要尝试回答下面这个问题：“在其发挥重要作用的各种环境当中，一个主体是如何脱离环境并成为客体的?”[24] 为此冯·尤科斯克鲁引入了一棵橡树的例子。橡树

❶ “生存空间理论”(Lebensraum）来源于德国地理学家拉采尔。拉采尔利用生物学概念与当时流行的社会达尔文思想，以生物类比的方式研究了国家政治。后来该词演变成德国法西斯侵略扩张理论中的术语。该理论认为国家是一种有生命的机体，要有能满足它生长和发展的“生存空间”，这个“生存空间”就是能不断扩大的领土和殖民地。——译者注

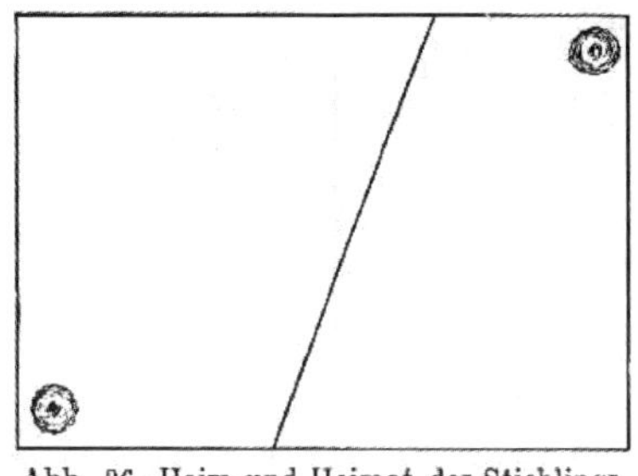

图7 一“刺鱼的家园与领土”（Heim und Heimat des Stichlings），冯·尤科斯克鲁，《走进动物和人类的世界》，1934年

本身被理解为对设定的环境标志或迹象作出反应的主体。但在许多其他个体环境中，它也扮演着不同的角色：林务员考虑着从它的树干中能获得多少木材；一个小女孩看到刻在树皮上可怕的人脸后吓坏了；狐狸栖息在树的根部，而猫头鹰却躲在树枝后；一只蚂蚁把树皮作为猎场，而甲虫则用树皮来产卵（**图8**、**图9**）。根据冯·尤科斯克鲁提出的音乐类比，在面对不同的个体时，橡树呈现出了不同的“音调”（tone）：使用的音调（林务员）、魔术的音调（女孩）、保护的音调（狐狸和猫头鹰）或是食物的音调（蚂蚁）。冯·尤科斯克鲁总结道，把橡树的多个音调特征概括为一个客体是不可能的，我们只能认为这种多样性只是物体自身的

图8 一“狐狸与橡树”（Fuchs und Eiche），冯·尤科斯克鲁，《走进动物和人类的世界》，1934年

图9 —“甲虫与橡树”（Borkenkäfer und Eiche），冯·尤科斯克鲁，《走进动物和人类的世界》，1934年

［图7～图9引自：Jakob von Uexküll，*Streifzüge durch die Umwelten von Tieren und Menschen: ein Bilderbuch unsichtbarer Welten*（Berlin: Springer，1934）］

一部分，它们“自身牢固地组合到了一起，但也承载或遮蔽了所有的环境”[25]。这一音乐类比，后来再一次出现在了冯·尤科斯克鲁一篇重要的文章“意义的理论”（*Bedeutungslehre*，1940年）之中，这次则是作为一个发展更加完备的理论而出现，即将“自然”（Nature）看作是一个作曲家（composer）。

冯·尤科斯克鲁谈到，在音乐中，为了形成一种和声，至少需要两种音调。他解释道：“在二重奏的作曲中，两个要融为一体的声音应该互相配合，音符对音符，标点对标点。音乐中的对位理论即建立在这一基础之上”。在自然中，观察者也同样应当去寻求这种组合后可以形成一个整体的因素，进而开始探讨一个处于周围环境之中的个体是如何与其他能够呈现出自己意义的物体建立起和谐关系的：

> 主体的有机组织形成了意义的利用者，或者至少形成了意义的接收者。如果这两个因素在同一个意义上结合在一起，那么它们在本质上便组合到一起了。由此浮现出来的规则，在本质上形成了构成理论的内容。

为了决定两个个体如何构建和谐的关系，他们中的一个应该被选为意义的利用者，而另一个则应该作为意义的接收者。然后才可以探索它们相互关联的性质是如何作为（音乐中的）标点和对位来执行的。为了弄清“感知侧”（perception side）和“效果侧”（effect side）的旋律对位关系，并最终确立一段旋律的特定意义规则——他称之为连接了主体和意义载体的“意义回路”（circuits of meaning）或者功能循环，冯·尤科斯克鲁提供了许多例子（包括著名的记号例子）[26]。

虽然承认冯·尤科斯克鲁的论文具有一定的价值，斯洛特狄杰克（Sloterdijk）并不是第一个指出对环境进行质疑所存在的意义者。在《环境与氛围：历史语义学浅析》（*Milieu* and *Ambiance*: *An Essay in Historical Semantics*，1942年）这篇引起广泛影响的调查中，列奥·施皮策（Leo Spitzer）提出了一个针对意义分层宇宙的考古学，该学说认为环境和氛围的概念随历史的发展会不断地淹没于时间之中；除此之外，施皮策还简单地提到了冯·尤科斯克鲁，他认为尤科斯克鲁的所有作品都是不屑一提的科普性文章，并且推崇了海德格尔对周围的世界（Umwelt）的理解（尽管在事实上，海德格尔也是冯·尤科斯克鲁的细心读者）[27]。然而十年之后，科学哲学家乔治·冈圭朗（Georges Canguilhem）在一篇开创性的文章中回顾了“环境”（milieu）这一概念的历史，他观察到，这一概念正在成为一种用来捕捉生活经验和存在的普遍而必要的方式，并且认为将环境（milieu或environment）的概念作为当代思想的一个类别是有可能的。在这篇开创性的文本中，冈圭朗在彻底重新回顾了“不可还原的生命活动”以及有关意义的问题的科学关注的基础上，详细地分析了冯·尤科斯克鲁的命题。事实上，冈圭朗的结论在引用了冯·尤科斯克鲁观点的同时，似乎又对法语中“世界环境”（milieu）的多重含义进行了重新的解释，在法语当中milieu既可以被翻译为“环境”（environment），但同时也有着“中间”（middle）、“中心”（center）、“之间”（in between）和“媒介”（medium）等方面的含义：

> 因此，适合人类的环境并不像是容器中所装的东西一样位于普遍的环境之中。一个中心并不会反复循环地出现在它的环境之中。一个生物体并不能被简单地看作是一系列影响的积聚点。从这一点出发，任何完全屈服于精神化学科学（psycho-chemical sciences）精神的生物学上的

不足，都将试图消除所有对其所在领域中意义（sense）的考虑。从生物学和心理学的角度来看，意义（sense）是一种价值观与需求间的关系。对于体验和生活在其中的人们来说，他们真正需要的是一个不可还原的、因此也是绝对的参照系[28]。

冈圭朗杰出的探索启发了一代的思想家，特别是米歇尔·福柯和吉尔伯特·西蒙栋（Gilbert Simondon），他们与吉尔·德勒兹和费利克斯·加塔里一道，不仅对这一概念的多重衰落展开了调查，还对它们的可操作性进行了测试。值得注意的是，为了能够阐明“统治艺术”（art of government）的关键性转变，福柯引用了冈圭朗在《安全、地域、人口》课程导论中有关生活及其环境的文章，这门课程在1977至1978年期间被教授于法兰西公学院。按照福柯的说法，18世纪下半叶，为了对人口和环境进行管理，先前对领土统治（领土的获取、防御、描述、计划、管理）的关注已经让位给新型（现代）权力机关的形成。在这一特殊的历史时刻，环境（milieus）变成了一种面向由多个个体组成的群体的干预性地形，这些个体深深地、生物性地结合到他们存在的物质上。为了探索这些新的形态，福柯把他的研究重心转移到了权力和“治理性”（governmentality）的问题上，并将其定义为“由制度、程序、分析和悟察、计算和策略所组成的整体，尽管存在着复杂的权力形式，这种整体仍考虑到了非常具体事务的运行，比如作为目标的人口、作为知识政治经济的主要形式以及作为其基本技术手段的安全机关”。[29]

冈圭朗是福柯博士论文的指导教师，他同时也出席了吉尔伯特·西蒙栋的博士论文答辩，这篇论文在当时对个体与环境之间的关系进行了关键性的重新定位。西蒙栋主要由于其著作《论技术对象的存在模式》（*Du mode d'existence des objets techniques*）而被重新关注，进而成了20世纪整个法国哲学界中一位非常特殊的人物。在1958出版的这本书当中，西蒙栋详尽地展现了与其博士论文互补的材料，这些材料奠定了其作为该技术领域最早思想家的声誉。然而，其主要论点，即1964年完成的《个体及其物理生物学起源》（*L'individu et sa genèse physico-biologique*）一书，应该与第一篇出版物同时阅读，以便对西蒙栋的作品进行整体地把握，即在不信奉科学与知识的客观关系情况下，为哲学创造一种特定的方式来处理所有的“对象”（objects）。拒绝主体/客体、形式/物质、内在/外在、本质/异质或活力/机制等之间的二元对立，西蒙栋对伴随环境而开始出现的本体论和遗传性问题进行了重新地表述。引用西蒙栋作品精妙的注释者——琴·休斯·巴泰勒米（Jean-Hughes Barthélémy）的话来说，要理解西蒙栋的思想，就意味着要遵循环境思考的原则，更确切地来说是要遵循个体及其“相关环境”之间关系的思考原则。

如果我们限制自己去思考个体生活与其环境之间的关系，这种暗示性便会相当明显；但是如果我们跟随西蒙栋从物理个体和技术个体的角度来对这个问题进行思考，结果将变得截然不同。此外，在西蒙栋的逻辑中，我们还应该考虑个体和环境之间的关系，并且在关系本身形成之前，不去假定这两个术语的独立存在。对于西蒙栋来说，他所要回答的问题是，在个体及其相关环境互为因果的原始阶段开始时，如何对个体（生命或机器）的起源进行解释。当代物理学所提供的范式，使西蒙栋想到了一个“前物理和前生命”（因此也是“前个体”）阶段，个体、物质或生命即产生于此阶段。直到它们在工业时期变成机器或者“技术个体”（technical individuals）前，这也是思考相关环境中技术对象系统发育“个体化”的前提条件[30]。西蒙栋对生命和技术起源与个体化进程的类比思考，开辟了对技术性进行积极重新评估的道路，也打开了在与世界充满意义的相遇中感知技术对象之美的视野。在1982年寄给雅克·德里达（Jacques Derrida）的信中，西蒙栋在讨论建立国际哲学公学院（Collège International de Philosophie）时提出了一种“技术美学”（techno-aesthetics）理论。在笔记中，相对于其他技术对象或建筑，他对这种美学以及一系列发射“强烈语义力量”（intense semantic power）的天线进行了称赞。关于天线，他写道，这就像一片在地面和天空之间演奏的金属森林，它们证明了一个充满活力的非物质世界的存在：“技术化的景观也具有艺术作品的意义”。[31]

在《认识生命》（*Knowledge of Life*）第二版关于生命及其环境的文章中，冈圭朗纠正了自己的部分论点，并称赞了西蒙栋对个体及其物理生物学起源的洞察力——但西蒙栋并没有回应这种谦恭，他在这个伟大的认知学家的作品上保持了一种不祥的沉默[32]。真正了解西蒙栋作品中激进潜力的人是吉尔·德勒兹，他除了撰写了一篇充满热情的评论性文章《个体及其物理生物学起源》（*L'individu et sa genèse physico-biologique*）之外，还在《差异与重复》（*Difference and Repetition*）、《意义的逻辑》（*The Logic of Sense*）以及与费利克斯·加塔里合著的《千高原》中创造性地借用了西蒙栋的概念[33]。在《千高原》一篇对环境和地域间相互关系进行详细讨论的章节中，德勒兹与加塔里写道：

> 每一个环境都具有振荡性，换句话说，它们都是一个由周期性重复组件所构成的时空体。因此，生物既具有外部的物质环境，也包含由组成元素和合成物质构成的内部环境；既有膜体和限制性要素的中介环境，也具有能源和行动感知的附属环境。每一个环境都是一段代码，而这段代码又是通过周期性重复来定义的；但是每一段代码又都处于转码或转导的永久状态。转码（transcoding）或转导（transduction）指的是一种环境作为另一种环境的基础，或者相反，一种环境建立在另一种环境之上，不管是消散还是构成于其中。[34]

这段摘选出来的文字清晰地反映了西蒙栋引入的一些关键概念，包括转导（transduction）的概念，西蒙栋用其指代本真的个体化过程，并将其定义为“一种物理、生物、心理、社会的操作，通过这种操作，活动在某个地域范围内逐渐传播，这种传播建立在不同场所之间的地域结构化过程之上”[35]。然而德勒兹和加塔里在这篇标题贴切的“迭奏曲”（Of the Refrain）的章节中，在照搬尤科斯克鲁将自然喻为作曲家的理论的同时，还不忘将这一概念的提出归功于他。他们说：“雅各布・冯・尤科斯克鲁阐述了一个令人钦佩的代码转换理论。他把这些成分看作是对位中的旋律，每一个都充当另一个的主题：将自然作为音乐。只要有代码转换，我们就可以确信这不是一种简单的增加，而是一种新阶段的形成，就像是剩余价值。一个旋律或节奏的阶段，一种通道或桥接的剩余价值”。[36]从西蒙栋到冯・尤科斯克鲁的思想转变，解释了把地域看作是一种主观和审美的产物。地域，对于德勒兹和加塔里（从冯・尤科斯克鲁借用而来）来说是一种“对环境和节奏进行‘地域化’影响的行为”。地域的标志“可能是从任何一个环境中获取的成分：材料、有机产品、皮肤或膜体的状态、能量的源泉、行动和感知的浓缩物”。当环境的组成部分不再具有方向性和功能性，终止其维度和表达时，一个地域便开始物质化。德勒兹和加塔里坚持认为，功能并不能解释地域而只能是以之为前提。地域化的元素存在于“节奏和旋律相称的转化表达中，换句话说，地域化存在于适当品质（颜色、气味、声音、轮廓……）的涌现中”。他们进而询问：“这种转化和涌现可以被称为艺术吗？”[37]

不是某一个人，而是西蒙栋和冯·尤科斯克鲁两位理论家所预设的所有可能的相互关系——成为德勒兹和加塔里互相关联的根茎式思考的完美案例，他们的这种思考方式从中间（即环境）出发，并反对思考的综合化和分枝化。《千高原》是德勒兹和加塔里建立一种地理哲学、绘制（字面上）生命新型地域的史诗级尝试。他们的贡献，以及施皮策、冈圭朗、福柯、西蒙栋和斯劳特戴克的调查研究，集中体现了一种发散性的方法，这种方法除了强调调查的复杂性和该项任务的紧迫性外，还可能会为20世纪60年代"环境设计"学科建立过程中遇到的僵局指示出独到的解决方法。同样地，他们也许还能够帮助阐明与环境概念相关的研究应该不断与时下的调查研究相关联的方法和原因；此外，他们能够阐明的不仅是关于地域及其呈现的问题，也包含地域化和去地域化的过程、技术对象和生命个体结合的难点，并为主体的赋权以及潜在的新型审美的产生与理解开启新世界的大门。

注释

文前引言：Jakob von Uexküll, *Bedeutungslehre*（1940），translated by Joseph D. O' Neil as "A Theory ofMeaning" in *A Foray Into the Worlds of Animals and Humans, with A Theory of Meaning*, Posthumanities12（Minneapolis: University of Minnesota Press, 2010），188.

Michel Foucault, "Space, Knowledge and Power, " interview by Paul Rabinow, *Skyline: The Architecture andDesign Review*（March 1982）: 16–20，17.

[1] 关于这一话题的新近文章，参见：David Delaney, *Territory: A Short Introduction*（Oxford: Blackwell Publishing, 2005）; Saskia Sassen, *Territory, Authority, Rights: From Medieval to Global Assemblages*（Princeton: Princeton University Press, 2006）; Stuart Elden, *Terror and Territory: The Spatial Extent of Sovereignty*（Minneapolis: University of Minnesota Press, 2009）; Stuart Elden, "Land, Terrain, Territory, " *Progress in Human Geography* 34，no. 6（2010）: 799–817；Stuart Elden, "The Space of the World, " in *Scales of the Earth*, *New Geographies* 4，（2011）: 26–31；Jeppe Strandsbjerg, *Territory, Globalization and International Relations: The Cartographic Reality of Space*（Basingstoke: Palgrave-MacMillan, 2010）. See also Jean Gottmann, *The Significance of Territory*（Charlottesville: University Press of Virginia, 1973）; Paul Alliès, *L'invention du territoire*（Grenoble: Presses Universitaires de Grenoble, 1980）; Claude Raffestein, *Pour une géographie*

du pouvoir (Paris: Librairies Techniques, 1980) ; Edward Soja, *Postmodern Geographies: The Reassertion of Space in Critical Social Theory* (London: Verso, 1989) ; and Edward Soja, *Thirdspace: Journeys to Los Angeles and Other Real-and-Imagined Places* (Oxford: Blackwell, 1996) .

[2] 可参见: Herman Parret, Bart Verschaffel, and Mark Verminck, *Ligne, frontière, horizon* (Liège, Bel.: Mardaga, 1993) ; Piero Zanini, *Significati del confine: I limiti naturali, storici, mentali* (Milano: Bruno Mondadori, 1997) ; Henk van Houtum, "The Geopolitics of Borders and Boundaries, " *Geopolitics* 10 (2005) : 672–679; Henk van Houtum, "Waiting before the Law: Kafka on the Border, " *Social & Legal Studies* 19, no. 3 (2010): 285–297; Corey Johnson et al., "Intervention on Rethinking 'the Border' in Border Studies, " *Political Geography* 30 (2011) : 61–69; and Karine Côté-Boucher, "The Diffuse Border: Intelligence-Sharing, Control and Confinement Along Canada's Smart Border, " *Surveillance & Society* 5, no. 2 (2008) : 142–165.

[3] Beginning with Giorgio Agamben, *Homo Sacer: Il potere soverano e la vita nuda* (Turin: Giulio Einaudi, 1995), trans. Daniel Heller-Roazen, *Homo Sacer: Sovereign Power and Bare Life* (Stanford: Stanford University Press, 1998) ; the highly successful (and debated) publications of Antonio Negri and Michael Hardt, beginning with *Empire* (Cambridge, MA: Harvard University Press, 2000), should also be mentioned. Hardt and Negri proclaim that their work is highly indebted to Foucault and Deleuze, a disputed claim, see, for example, Mathew Coleman and John Agnew "The Problem with *Empire*, " in *Space, Knowledge and Power: Foucault and Geography*, ed. Jeremy W. Crampton and Stuart Elden (Farnham: Ashgate, 2007), 317–339.

[4] 关于这些发展的文章很多，可以参见: Jeremy W. Crampton, *Mapping: A Critical Introduction to Cartography and GIS* (Chichester:Wiley-Blackwell, 2010) ; Jeremy Crampton, "Cartography: Cartographic Calculations of Territory, " *Progress in Human Geography* 35, no. 1 (2011) : 92– 103; Sarah Elwood, "Geographic Information Science: Emerging Research on the Societal Implications of the Geo-Spatial Web, " *Progress in Human Geography* 34, no. 3 (2012): 349–357; Sarah Elwood, "Geographic Information Science: Visualization, Visual Methods and the Geoweb, " *Progress in Human Geography* 35, no. 3 (2011) : 401–408; Paul C. Adams, "A Taxonomy for Communication Geography, " *Progress in Human Geography* 35, no. 1 (2011) : 37–57. On Google Earth, see Vittoria Di Palma, "Zoom: Google Earth and Global Intimacy, " in *Intimate Metropolis: Urban Subjects in the Modern City*, ed. Vittoria Di Palma, Diana Periton, and Marina Lathouri (Abingdon: Routledge, 2009), 239–270; Jason Farman, "Mapping the Digital Empire: Google Earth and the Process of Postmodern Cartography, " *New Media & Society* 12, no. 6 (2010) : 869–888. On recent uses of crowdmaps as support for political activism see Jonathan Massey, Brett Snyder, "Occupying Wall Street: Places and Spaces of Political Action, " *Places Journal*, September 9, 2012, accessed on October 20, 2015, https://placesjournal.org/article/occupying-wall-street-places-and-spaces-of-political-action/.

[5] 见：Joe Painter, “Territoire et réseau: une fausse dichotomie?” in *Territoires, territorialité, territorialisation: controverses et perspectives*, ed. Martin Vanier（Rennes: Presses Universitaires de Rennes, 2009），57–66. A splendid book on the challenges posed by network charting, published by a Parsons graduate, is Manuel Lima’s *Visual Complexity: Mapping Patterns of Information*（New York: Princeton Architectural Press, 2011）.

[6] Bruno Latour with Valérie November, Eduardo Camacho-Hübner, “Entering a Risky Territory: Space in the Age of Digital Navigation,” *Environment and Planning D: Society and Space* 28（2010）: 581–599，582.

[7] Martin Dodge, Rob Kitchin, and Chris Perkins, eds.，*The Map Reader: Theories of Mapping Practice and Cartographic Representation*（Chichester: John Wiley and Sons, 2011）. See also Martin Dodge, Rob Kitchin, and Chris Perkins, eds.，*Rethinking Maps: New Frontiers in Cartographic Theory*（London: Routledge, 2009）; Sarah Whatmore, *Hybrid Geographies: Natures Cultures Spaces*（London: Sage, 2002）; Nigel Thrift, *Non-Representational Theory: Space, Politics, Affect*（Abingdon: Routledge, 2008）; J. B. Harley, *The New Nature of Maps: Essays in the History of Cartography*, ed. Paul Laxton（Baltimore: Johns Hopkins University Press, 2001）; Christian Jacob, *L'empire des cartes: Approche théorique de la cartographie à travers l'histoire*（Paris: Éditions Albin Michel, 1992）.

[8] Stalker小组及受情境主义者实践或其他步行制图形式影响的建筑师或艺术家案例可以参见：Thierry Davila, *Marcher, Créer: Déplacements, flâneries, dérives dans l'art de la fin du XXe siècle*（Paris: Éditions du Regard, 2002）; Karen O’Rourke, *Walking and Mapping: Artists as Cartographers*,（Cambridge, MA: MIT Press, 2013）.

[9] 一个近期名为“建筑虚构”（architecture fiction）的变异版本可以参见：Geoff Manaugh, “Architectural Weaponry: An Interview with Mark Wigley,” *BLDGBLOG*, April 12，2007，accessed on October 20，2015，http://bldgblog.blogspot.com/2007/04/architectural-weaponry-interview-with.html; David Gissen, “Architecture Fiction: A Short Review of a Young Concept,” *HTC Experiments*, February 22，2009，accessed on October 20，2015，http://htcexperiments.org/2009/02/22/architecture-fiction-%E2%80%94-a-short-review-of-a-youngconcept/; Pedro Gadanho, “All the Beyonds,” *Shrapnel Contemporary*, May 7，2009，https://shrapnelcontemporary.wordpress.com/2009/05/07/all-the-beyonds/; Kazys Varnelis, “In Pursuit of Architecture Fiction,” *Town Planning and Architecture* 35，no. 1（2011）: 18–20.

[10] 见 Mark Garcia, ed.，*The Diagrams of Architecture*, AD Reader（Chichester: Wiley, 2010）; and also anticipating recent discussion on infrastructure at a territorial scale Stan Allen, *Point + Lines: Diagrams and Projects for the City*（New York: Princeton Architectural Press, 1999）.

[11] 研究型工作营经常只能制作被用于展览和出版的数据化图纸和数据，针对这一现

象所存在的局限性的评论可以参见：Mark Foster Gage, “In Defense of Design, ” *Log* 16,（Spring/Summer 2009）: 39–45；此类调查的一个近期成果，可以参见Jeffrey Inaba and C-Lab, eds., *World of Giving*（Baden: Columbia University GSAPP, New Museum, Lars Müller Publishers, 2010）.

[12] 埃雅尔·威兹曼（Eyal Weizman）是伦敦大学金史密斯学院研究中心（the Center for Research at Golsdmiths）的主任，同时也是DAAR（Decolonizing Architecture Art Residency）项目的创始人。有关他的一些出版作品，可以参见：Eyal Weizman, Rafi Segal, and David Tartakover, eds., *A Civilian Occupation: The Politics of Israeli Architecture*（Tel Aviv: Babel, 2003）; Eyal Weizman, *Hollow Land: Israel's Architecture of Occupation*（London: Verso, 2007）; Eyal Weizman and Isabelle Taudière, eds., *À travers les murs: l'architecture de la nouvelle guerre urbaine*（Paris: la Fabrique 2008）; Eyal Weizman, *The Least of all Possible Evils: Humanitarian Violence from Arendt to Gaza*（London: Verso, 2011）; Eyal Weizman and Thomas Keenan, eds., *Mengele's Skull: The Advent of a Forensic Aesthetics*（London: Verso, 2012）.

[13] 见 Bruno Latour, “On Actor-Network Theory: A Few Clarifications Plus More Than a Few Complications, ” first published 1990，English version on Latour’s website: http://www.bruno-latour.fr/sites/default/files/P-67%20ACTOR-NETWORK.pdf; Ash Amin and Nigel Thrift, *Cities: Reimagining the Urban*（Cambridge: Polity Press, 2002）; and Nigel Thrift, *Non-Representational Theory*（London: Routledge, 2007）; see Ignacio Farías and Thomas Bender, eds., *Urban Assemblages: How Actor-Network Theory Changes Urban Studies*（London: Routledge, 2010）. 凯勒·伊斯特林（Keller Easter-ling）编剧中有关“空间产物”（Spatial products）的探索，以及劳拉·库尔干（Laura Kurgan）对数字定位策略和制图伦理、政治的研究也值得一提。

[14] Denis Cosgrove, ed., *Mappings*,（London: Reaktion Books, 1999）. 科斯格罗夫（Cosgrove）后期的一些作品已经被一些建筑师、风景园林师、制图师、地理学家竞相模仿。也可参见他最近的两本著作：*Geography and Vision: Seeing, Imagining and Representing the World*（London: I. B. Tauris, 2008）; and *Apollo's Eye: A Cartographic Genealogy of the Earth in the Western Imagination*（Baltimore: Johns Hopkins University Press, 2001）; 麦克哈格——宾夕法尼亚大学景观学系的创建者、科纳的老师和同事，在一个区域尺度的图表分析当中率先提出了将数据分层解读作为规划设计干预前提条件的思路，如今被认为是“GIS之父”之一。参见Ian L. McHarg, *Design with Nature*（1969，25th anniversary ed.，New York: Wiley, 1992）; Lynn Margulis, James Corner, and Brian Hawthorne, eds., *Ian McHarg: Dwelling in Nature: Conversation With Students*（New York: Princeton Architectural Press, 2007）.

[15] 前者包括皮埃尔·贝朗热（Pierre Bélanger）和凯莉·香农（Kelly Shannon）; 后者包括先见工作室（Tomorrow's Thoughts Today）的利亚姆·杨（Liam Young）、尼古拉斯·德·蒙肖（Nicholas de Monchaux）、横向事务所（Lateral Office）的洛拉·谢泼德（Lola Sheppard）和梅森·怀特（Mason White）、未来城市实验室（Future Cities Lab）的杰森·凯利·约翰逊（Jason Kelly Johnson）和娜塔莉·加蒂

格诺（Nataly Gattegno）、地域事务所（Territorial Agency）的约翰·帕米希诺（John Palmesino）和安-索菲·让斯科格（Ann-Sofi Rönnskog）、路易斯·卡莱贾斯（Luis Callejas）以及克莱尔·莱斯特（Clare Lyster）。克里斯托弗·吉鲁特（Christophe Girot）试图利用影像实验和数字建模对大型景观进行拓扑学解读的工作也包含在内。

[16] 初次追溯这一方法在风景园林学中开始出现的历史的研究. 可以参见: Elizabeth Mossop, "Landscape of Infrastructure, " in *The Landscape Urbanism Reader*, ed. Charles Waldheim（New York: Princeton Architectural Press, 2006）, 163–177.更多近期的研究包括: *Territory: Architecture Beyond Environment*, *Architectural Design* 80, no. 3, guest ed. David Gissen,（May/June 2010）; Nadia Amoroso, *The Exposed City: Mapping the Urban Invisibles*（London: Routledge, 2010）; Kelly Shannon and Marcel Smets, *The Landscape of Contemporary Infrastructure*（Rotterdam: NAi Publishers, 2010）; Katrina Stoll and Scott Lloyd, eds., *Infrastructure as Architecture: Designing Composite Networks*（Berlin: Jovis, 2010）; Mason White, Lola Sheppard, Neeraj Bhatia, Maya Przybylski, *Coupling*（New York, Princeton Architectural Press, 2011）; and Ying-Yu Hung et al., *Landscape Infrastructure: Case Studies by SWA*（Basel: Birkhäuser, 2011）.

[17] As proposed, for example, by David Gissen in " Architecture's Geographic Turns, " *Log* 12（2008）: 59–67; or suggested by the title of a recent colloquium at the University of Michigan, " The Geological Turn: Architecture' s New Alliance"（January 10, 2012–February 11, 2012）. 对地质问题的忧虑促使思想家和设计师开始试图应对人类世界的相关问题，参见Etienne Turpin, ed., *Architecture in the Anthropocene: Encounters Among Design, Deep Time, Science and Philosophy*（London: Open Humanities Press, 2013）.

[18] Bruno Latour, "A Cautious Prometheus? A Few Steps Toward a Philosophy of Design（With Special Attention to Peter Sloterdijk）," in *Newtworks of Design: Proceedings of the 2008 Annual International Conference of the Design History Society: Falmouth, 3–6 September 2008*, ed. Fiona Hackney, Jonathan Glynne, and Viv Minton（e-books, Universal Publishers, 2009）: 2–10.

[19] 见: Bruno Latour, "Why Has Critique Run out of Steam? From Matters of Fact to Matters of Concern, " *Critical Inquiry* 30,（Winter 2004）: 225–248.

[20] Peter Sloterdijk, *Sphären I: Blasen*（Frankfurt am Main: Suhrkamp, 1998）; *Sphären II: Globen*（Frankfurt am Main: Suhrkamp, 1999）; *Sphären III: Schäume*（Frankfurt am Main: Suhrkamp, 2004）.

[21] Peter Sloterdijk, *La Domestication de l'Être. Pour un éclaircissement de la clairière*（Paris: Éditions Mille et une nuits, 2000）.

[22] Jakob von Uexküll, *Streifzüge durch die Umwelten von Tieren und Menschen*（1934）; von Uexküll, *Foray Into the Worlds*, 105.

[23] Ibid.，126–127.

[24] Ibid.，127.

[25] Ibid. 132.

[26] Von Uexküll, *Bedeutungslehre*, 172.

[27] Leo Spitzer, "*Milieu* and *Ambience*: An Essay in Historical Semantics," *Philosophy and Phenomenological Research* 3（1942–1943），1–42，169–218.

[28] 乔治·冈圭朗（Georges Canguilhem）的《生物及其环境》（Le Vivant et son Milieu），最初是以讲座的形式在巴黎国际哲学院（1946—1947年）讲授的，随后法语版著作《La connaissance de la vie》于1952年出版，英译版著作为Stefanos Geroulanos and Daniela Ginsburg, Knowledge of Life（New York: Fordham University Press, 2008），120. 针对冈圭朗与冯·尤科斯克鲁作品中环境概念的相关性进行评论的文章，已经刊发于迈克尔·亨塞尔（Michael Hensel）的著作中，Michael Hensel, *Performance-Oriented Architecture: Rethinking Architectural Design and the Built Environment*, AD Primers（Chichester: Wiley, 2013）.

[29] Michel Foucault, "Governmentality," in *The Foucault Effect: Studies in Governmentality*, ed. Graham Burchell, Colin Gordon, and Peter Miller（Chicago: University of Chicago Press, 1991），87–104，102.

[30] 见：Jean-Hughes Barthélémy, *Simondon*（Paris: Société d'édition Les Belles Lettres, 2014）.

[31] Gilbert Simondon, "On Techno-Aesthetics," trans. Arne De Boever, *Parrhesia* 14（2012）: 1–8，6. 也见Yves Michaud, "The Aesthetics of Gilbert Simondon: Anticipation of the Contemporary Aesthetic Experience," in *Gilbert Simondon: Being and Technology*, ed. Arne De Boever et al.（Edinburgh: Edinburgh University Press, 2012），121–132.

[32] 见：Dominique Lecourt, "The Question of the Individual in Georges Canguilhem and Gilbert Simondon," in *Gilbert Simondon: Being and Technology*, ed. Arne De Boever et al.，11–184.

[33] 见：Sean Bowden, "Gilles Deleuze, a Reader of Gilbert Simondon," in *Gilbert Simondon: Being and Technology*, ed. Arne De Boever et al.，135–153.

[34] Gilles Deleuze and Félix Guattari, *Mille Plateaux*, trans. Brian Massumi, *A Thousand Plateaus*（London: Continuum, 2003），313.

[35] Quoted in Jean-Hughes Barthélémy, “Glossary: Fifty Key Terms in the Works of Gilbert Simondon, ” in *Gilbert Simondon: Being and Technology*, ed. Arne De Boever et al., 202–231，230.

[36] Deleuze and Guattari, *Mille Plateaux*, 314.

[37] Ibid.，314–316.

迪特·基纳斯特及其景观拓扑学和现象学维度

安妮特·弗赖塔格
Anette Freytag

作为设计师，瑞士风景园林师迪特·基纳斯特（Dieter Kienast，1945—1998年）的设计作品及其发展历程对我们来说是一个终身学习的典范。通过一种新的景观设计语言，基纳斯特展示了植物群落研究以及城市公共空间使用者使用习性的科学成果。通过他的“发现”（found）与创造，基纳斯特为风景园林专业的重新定位提供了重要的动力。

从目前来看，基纳斯特进行景观研究的过程和结果对丰富当前的城市规划和景观实践具有重要的价值。如何保持“生物多样性”（Biodiversity）以及如何在发展中的城市里创造生物多样性，成为当前可持续性议题争论的关键问题之一。与之同样重要的问题是，如何利用雨水，以及如何保持城市开放空间对公众的开放，并且为不同背景的使用者提供便利。所有这些问题也突出强调了形式上的难题，因为仅仅把“绿色”（green）带到城市之中是绝对不够的，即使一些生态主义宣传者对生物多样性的追求可能会有不同的想法。

本文将对基纳斯特作品的一些方面进行介绍，特别是他对城市自然设计的新型审美方式的探寻，而不是简单地复制乡村模式或试图创造一种“生态的”（ecological）意象。基纳斯特同时也是一个感性之人，他称自己是一个浪漫主义者[1]。本文的主要目的便是对其作品是如何体现了景观的拓扑学（topological）和现象学（phenomenological）维度进行展示。

基纳斯特的作品是在后现代主义的背景中发展起来的。为了使空间及物质品质更容易为使用者所感知，基纳斯特对与此相关的形式语言进行了探寻，若要全面地理解其研究，我们应当在艺术、建筑和日常文学的背景之中来对此进行解读。受到索尔·勒维特（Sol LeWitt）、马里奥·梅尔茨（Mario Merz）、罗伯特·史密森、卡尔·安德烈（Carl André）等艺术家，赫尔佐格、德·梅隆（Herzog & de Meuron）、让·努维尔（Jean Nouvel）等建筑师以及彼得·汉德克

（Peter Handke）等作家的影响，他对在卡塞尔大学所接受到的自然科学和社会科学教育进行了几轮重新诠释。卡塞尔学派的支持者们很快便意识到基纳斯特不只是一个“后现代主义的图形设计师”（postmodern designer of shapes），这一称呼对于那些模仿其设计语汇、但又不考虑其是否可以真正融入景观设计中的人们非常适用[2]。他的作品实际上与空间和意识息息相关，并体现了后现代主义的拓扑学和现象学维度。

基纳斯特的美学追求总是聚焦于对事物主体的解放。在他后期的作品中，基纳斯特完成了对于卡塞尔学派艺术范式解放的改进——从实践到精神上的运用，从日常生活到审美体验，而同时与事物本身相关的焦点却保持不变。基纳斯特在文化历史语境中的地位是充满矛盾的。不管他在何种程度上清楚地运用了令人惊叹的后现代主义技法，在他从卡塞尔习得对于公共开放空间潜在效力纯粹而偶然的乌托邦幻想中，他仍然是致力于现代主义的。因此，我们很难对他进行归类。虽然他摒弃了一些形式上的噱头，但他也确实承认在这个时代中：“真正有意义的不是后现代主义中民粹主义在建筑中被不恰当缩减的柱子、山墙和凸窗的残骸，而是利奥塔尔（Lyotard）和韦尔施（Welsch）、汉德克和昆德拉（Kundera）、赫尔佐格和德·梅隆的后现代主义”[3]。

基纳斯特对形式的不断探索与奥地利作家彼得·汉德克的作品有着异曲同工之妙。汉德克所作的《缓慢的归乡》（*Langsame Heimkehr*）一书，故事开始于阿拉斯加。主人公索尔格（Sorger）探索了结构混乱的植被，“对探索形状充满激情，渴望去区分和描述它们，并且不仅仅是在室外环境中（在原野里）。这种环境通常会让人备受折磨，但有时也会是令人满足的，在最欢欣鼓舞的时刻，这种探索行为本身就成了他的职业”[4]。索尔格是一个地质学家。他进行的实地研究慢慢地开始影响到自身的内在状态，由于周围阴暗的环境，他的记忆和情感也都受到了侵蚀。

《缓慢的归乡》发表于1979年，同年，基纳斯特在德国卡塞尔大学完成了九年的学习并获得博士学位后回到了瑞士。卡塞尔学派当时正开始建立一种基于科学理论支撑的新型开放空间规划理论。这个理论是基于社会和植物科学中所获得的知识的：卢修斯·伯克哈特（Lucius Burckhardt，1925—2003年）是该事件的主要参与者之一，他在社会学论述体系中建立了自己的规划理论和评论；卡尔·海因里希·吕布施（Karl Heinrich Hülbusch，1936年—）将此理论与植物社会学相结合。基纳斯特也是一位自然科学家。拥有植物社会学博士头衔的他对卡塞尔

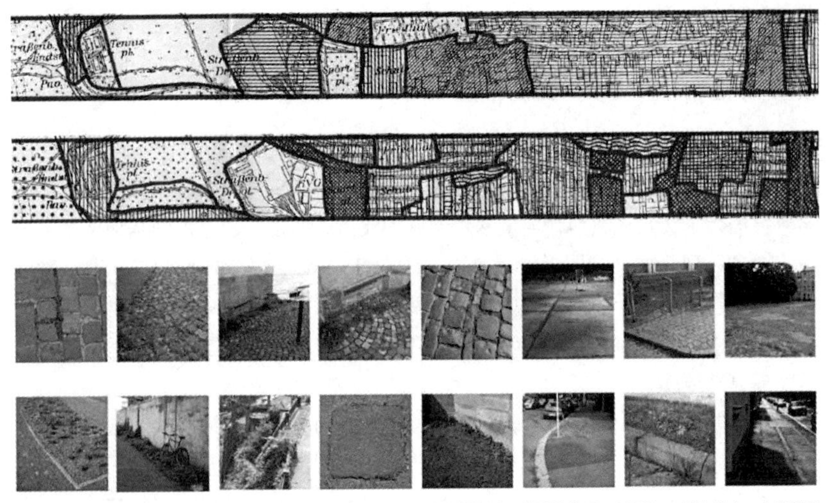

图1 — 迪特·基纳斯特，卡塞尔市自发生长的植被与建筑和城市结构社区类型的关系，1978年，博士论文，上半部分的地图展示了土地使用类型，下半部分的地图展示了基纳斯特发现的植被群落（两者都是对1.8公里长的场地做出细致研究的结果），比例尺1：5000
（安妮特·弗赖塔格制作的照片拼贴，苏黎世联邦理工学院gta档案馆，基纳斯特遗产提供）

城市地区中自发生长的植被进行了地图测绘，并研究了其中人类使用的痕迹（**图1**）。在图中，基纳斯特展示了自己在几公里长的城市廊道的一小段中所遇到的植被。地图上半部分中不同的场地展示了多样的土地使用类型，比如农业用地、古老的村庄中心以及人口稠密地区。地图的下半部分则展示了基纳斯特发现的各种植物群落。这些地图提供了不同社区的社会结构信息，例如某些植物只生长在有地面铺装的区域，而这类地区通常都是有钱人居住的地方。又比如，教堂周边的地面是有铺装的，植物可以在其缝隙间生长，而工人阶级社区的人行道和机动车道则是沥青路面，因此在那里也几乎没有什么植物能够生长。

在特定地区定居的植物也给我们提供了有关这片地区的土地使用信息。一个很少被使用的停车场很快便会被植物占据，而一些种类植物只有在有人不断在上面行走时才会继续生长。很显然，在这种基于科学的新型规划方式背景下，这种研究方法试图将我们拉回至风景园林行业的根源：对植物及其生长环境的研究以及人类与自然的共生。基纳斯特在那时已经能够基于特定植物的存在来判读和解释不同的环境。在我看来，这种方式对于自然科学来说，不仅成为基纳斯特后来工作的先决条件，也有助于我们了解他是如何看待城市中人类与自然的关系的。

这种地图测绘活动也一定要放在当时的时代背景下来看。在1968年的作品《残线》（*Line of Wreckage*）中，罗伯特·史密森准确地对不同形式的残骸碎片进行了测绘[5]。同时期，还有很多相似的项目在进行。无论是在“卡塞尔文献展五”（documenta 5，1972年），还是科隆“艺术永为艺术”（Kunst bleibt Kunst）展览（1974年）中，社会背景研究、地图以及对线索的寻找成为当时主要的关注点[6]。然而，基纳斯特并没有在艺术的背景下进行他的研究，而是将其融为规划进程的一部分。1980年，他为巴塞尔第二届瑞士花园和景观设计及建筑展览会“绿色80”（Grün 80）设计了一个“植物社会学花园”（phytosociological garden），如今它被称为“旱地草甸生境”（dry meadow biotope）（**图2**）。这是“绿色80”展览中布鲁格林根植物园的一个研究型样品。基纳斯特想生动地展示植物是多么的充满活力，并说明它们是如何相互竞争土壤、水和阳光的。在他的文章中，他解释说自己希望建立不同的植被演替阶段，以打造一场实物教学课，并展示如果没有人为干预的话瑞士将来会是怎样[7]。因此，他对于琢磨瑞士文化定义的“自然意象”（image of nature）很感兴趣，并展示了高寒草甸是人类生产方式的一种表现。他还想证明，当没有人为干预时，自然进程是更加严酷的。同时，

图2 一 迪特·基纳斯特，为在巴塞尔布鲁格林举办的“绿色80”展览设计的旱地草甸生境，1976—1980年
［乔治·阿尔尼（Georg Aerni）2012年摄，照片由摄影师本人提供］

作为园艺展“美丽花园”（Beautiful Gardens）的一部分，旱地草甸生境不仅是唯一一个挑战了传统的郁郁葱葱的花卉布置审美的展品，也是唯一一个强调了生态议题和问题的展示项目。

卡塞尔学派对社会科学的兴趣体现在各种住宅开发场地的景观建筑设计中。基纳斯特的第一个开放空间设计作品是建于苏黎世附近的尼德哈斯利（Niederhasli，1972—1975年）住宅开发项目，这个设计深受他在卡塞尔学到的“公共空间解放”（emancipatory open space planning）理论的影响（**图3**），这一理

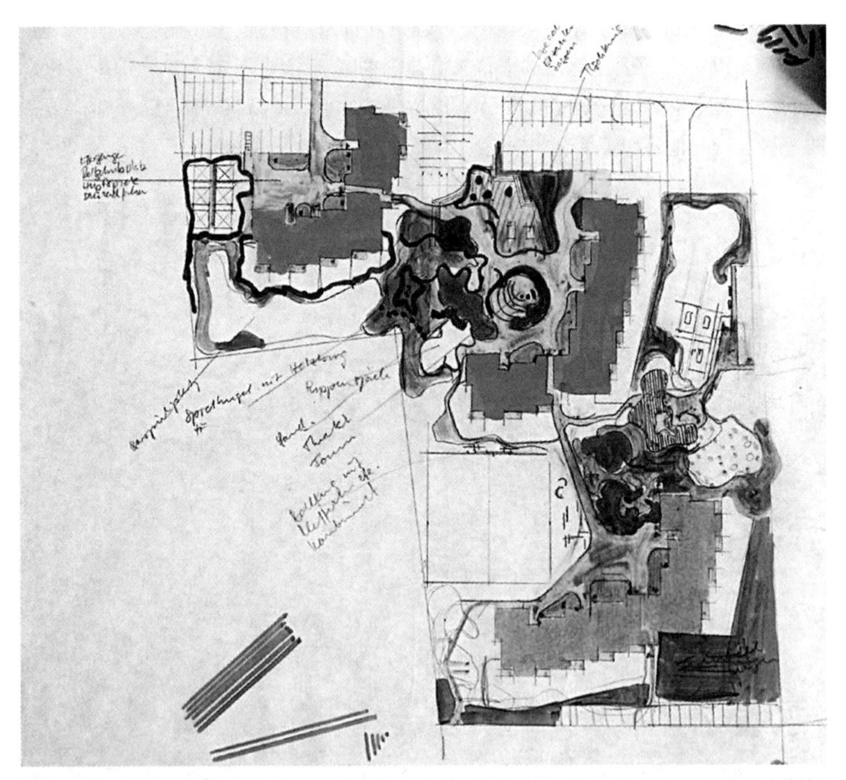

图3 — 迪特·基纳斯特/彼得·保罗·斯道克林事务所，开放空间设计草图，1972年，毛毡笔于半透明草图纸上绘制而成，基纳斯特为尼德哈斯利住宅开发设计而绘制的草图深受他在卡塞尔所习得的“公共空间解放理论”的影响，这一理论强调对居民需求的关注。公共空间设计的目标是为了帮助人们更加容易地面对日常生活中所遇到的困难
（韦廷根SKK景观事务所提供）

论强调对居民需求的关注。公共空间设计的目标是为了帮助人们更加容易地面对日常生活中所遇到的困难。在接下来的二十年里，基纳斯特不断地重新定义了人们及其环境的关系——“充满了对形式的探索”，就像汉德克书中的英雄一样。

在Stöckli+Kienast事务所（SKK）工作期间，基纳斯特为韦廷根城市公园（Wettingen’s municipal park，1979—1983年）设计的两座“金字塔”不仅成为自己设计生涯中的第一座里程碑，更展示出了一种在20世纪70年代非比寻常的景观设计方法（**图4、图5**）。这个地点原本规划了一些自然形成的雪橇丘，而基纳斯

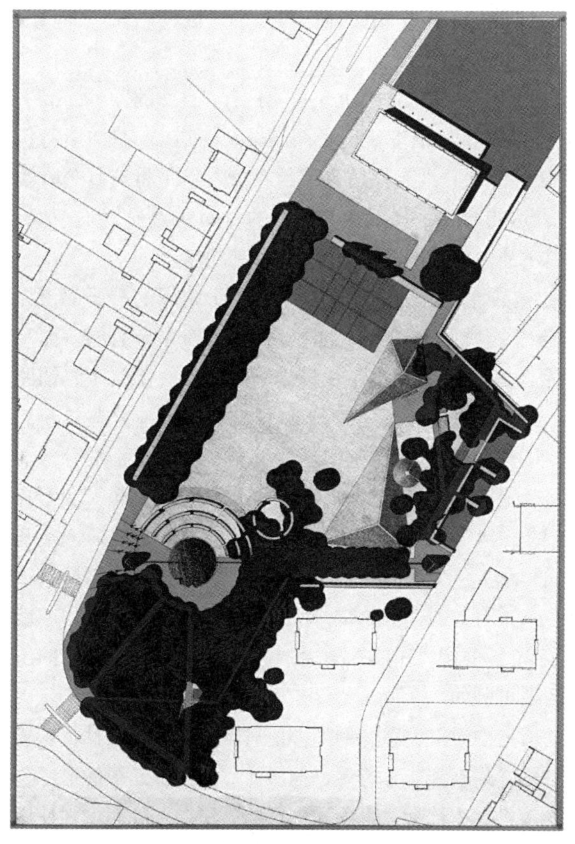

图4 — 迪特·基纳斯特，SKK事务所，韦廷根布吕维斯城市公园，1979-1984年，场地平面图（后改绘于1994年），用铅笔和拼贴（彩色透明材料）于复制的平面上制成，比例尺：1 : 200，33英寸×48英寸（83.5厘米×121厘米）（苏黎世联邦理工学院gta档案馆，基纳斯特遗产提供）

图5 — 迪特·基纳斯特，SKK事务所，韦廷根布吕维斯城市公园，金字塔状构筑物及现状树篱（之前为露天剧场），1979—1984年
（乔治·阿尔尼2012年摄，照片由摄影师本人提供）

特却将一个圆形剧场和一个篝火坑的功能融入了进去。在这个公园独特的空间规划中，一条穿越整个公园的斜对角小路以及三排密植的树阵被设计了出来。作为一个瑞士省级公园，这个动作确实有点大。此外，这个设计还保留了原有的草甸作为巨大的开放空间，并种植了一小丛树林作为一个“自然元素”（natural element）以平衡公园另一边新建的市政厅[8]。

1982年，基纳斯特抛弃了自己原先认为的土丘必须具有“自然的”（natural）形式的想法，这一想法促进了他在场地中建造了两座“金字塔”。基纳斯特保留了圆形剧场和火坑的形状，但却并没有保留它们的功能，而是将树篱分阶段进行种植。正如词语真正表达的含义一样，他这样做的目的是为了“顽皮地”（playfully）突破使用者平常的感知模式，并且对它们进行扩展。

位于韦廷根的这座公园被故意设计为新的省城中心一个附属的重要都市元素。基纳斯特的想法是，建成的项目会被人们明显地视为一个城市公园，而不是一个田园般的城市替代品。在这座公园里，他使用了包括钢、混凝土、铺路石和沥青在内的一些材料，并且选择了具有尖头形式的树篱来适应这些材料的形状。除此之外，他还特别注意对地形的营造，这能够创造易于识别的分区。虽然如今的这座公园已经在优雅地老去，但在公园建成时，它却激起了瑞士那些受到自然花园运动影响的其他风景园林师的情感共鸣。而在乌尔斯·施瓦茨（Urs Schwarz）撰写的日后成为瑞士风景园林师圣经的《自然花园》（*Der Naturgarten*）一书的封面上，却呈现了与基纳斯特不同的美学方法（**图6**）。后者更注重环保的同事们认为布吕公园（Brühlpark）的碎片化以及利用古典的历史园林元素进行拼贴的行为是可耻的[9]。

基纳斯特喜欢从景观的历史中汲取灵感。例如，他对巴洛克园林及其将正式和非正式设计区域并置的拼贴方式感到非常着迷。他认为，位于韦廷根的这座公园便是一个早期的对如何连接景观中社会、审美和生态的关注以及如何加强使用

图6 — 乌尔斯·施瓦茨（Urs Schwarz），《自然花园》一书的封面，1980年
（引自：乌尔斯·施瓦茨. 自然花园. 法兰克福：*Krüger*出版社，1980.）

者的感官感知的声明。通过在人工塑造的地形和自由生长的植被之间、在明亮和昏暗的不同区域间、抑或是在自然和人工营造的景物间产生张力，这一目标才能得以实现。同时，他还向以厄恩斯特·克莱默（Ernst Cramer，1898—1980年）和弗莱德·艾歇尔（Fred Eicher）为代表的现代瑞士风景园林师先驱们的传统进行了借鉴。通过保留公园的中心草甸和使用诸如金字塔地形以及成排的树木等大体量元素，基纳斯特实现了艾歇尔希望景观大方且朴素的愿望。他从克莱默那里继承了在设计中使用几何图案的勇气，就像克莱默1959年在苏黎世的一个花园展上的设计一样[10]。在一个强调郁郁葱葱的花卉装饰的庭园展览背景下，克莱默的“诗人的花园”（Poet's Garden）确实会让人们议论纷纷。基纳斯特的平面形式语言与克莱默的景观项目有着明显的关联，这种关联是如此的明显，以至于前者在20世纪80年代恰好也准备承认对后者方案的借鉴和革新，只是这一次他的对手不是克莱默的几何式景观，而是自然式花园。

基纳斯特对于那些能够创造空间和材料品质的形式的探索，将他有意识地与当时的其他艺术家联系了起来。除了概念艺术（Conceptual Art）与大地艺术（Land Art）的代表人物之外，他还从彼得·汉德克1980年发表的作品《圣维克多山的教训》（*Die Lehre der Sainte-Victoire*）中寻找灵感。在成为卡尔斯鲁厄大学教授之后的一次作品展览中，基纳斯特把汉德克书中的叙述写到了展览墙上。这是《缓慢的归乡》和《圣维克多山的教训》的续篇，其目的是希望用文字来描述可见的世界。汉德克并不希望简单地描述它们；相反，他希望自己能够像偶像

图7 — 迪特·基纳斯特，基纳斯特家族私人花园，苏黎世，1991年，墨水、铅笔、彩色粉笔绘于硬纸板上，场底平面，比例尺1：100，33英寸×35.5 英寸（84厘米×90 厘米）
（苏黎世联邦理工学院gta档案馆，基纳斯特遗产提供）

保罗·塞尚（Paul Cézanne）一样，创造出“如自然一般的构筑物及和谐氛围”（constructions and harmonies parallel to nature）：“思想的秩序和联系与事物的秩序和联系是一样的……在一个故事的结尾必须要用单纯的语言来表达它”[11]。

像汉德克一样，基纳斯特也同样试图创造这种“如自然一般的构筑物及和谐氛围”。他自己的花园设计平面图，起草于1991年重新设计之后，展示了他对外部世界的表现技巧（**图7**）。为了绘制这类草图基纳斯特通常会连续工作几天，但是只有其中一个项目是最终完成了的。这类绘图活动有三个引人注目的方面：第一，绘画似乎是对所创造的东西的一种冥想；第二，在其被大自然和其他人改变之前，基纳斯特希望记录下他创造出来的花园的样子；第三，这些绘制的图纸表明基纳斯特希望他的作品被视为艺术。

在研究他的平面图原稿时，我们会发现，基纳斯特似乎也试图表现自己在花园设计中使用的元素的材料品质[12]。为了做到这一点，他使用了不同粗细和硬度的铅笔，甚至是擦印画法这样的绘画技巧。在平面图的一些区域，比如那些代表着砾石区的部分，则填满了粗糙的表面，这样的纹理从视觉上看起来也类似真实的材料给人的感觉。而另一方面，属于他父母的苗圃的温室屋顶，则跟种植池或者其周边的树篱的砾石质感完全不同。

基纳斯特的这种绘图方式会让你觉得自己仿佛能够听到树叶窸窣作响的声音，就像修剪灌木时所听到的声音一样。水体则是用黑色墨水绘制而成的，但是基纳斯特却让墨水透过纸面，就好像是能看到太阳在水面上的反光。在某种程度上，这些平面图和它们的不同层次属于一种微观地形，这再次印证了汉德克的那句话，即“如自然一般的构筑物及和谐氛围”[13]。

基纳斯特在他的平面中保留了手工绘制的纹理，这些纹理通过照片拼贴技术制作而成，他甚至创建了自己的图案纹理集[14]。那些他常用的照片，比如水纹和砾石，与他手工绘制的图案非常相似。他给这个集合增加了新的纹理。随着办公室的成功扩大以及事务所的大量竞赛，手工绘制所有的平面图变得不可能，拼贴技术最终取代了手工绘图。在为2000年格拉茨国际花园展竞赛设计的方案中，基纳斯特设计了一个折叠的山景花园（the Mountain Garden）。在这个花园设计中，通过展示各种类型的纹理，他再次对彼得·汉德克的文字进行了景观化的解读（**图8**）。人们不断地对其中数米高的金字塔状的山丘花园进行批判，并称之为一个自我陶醉的风景园林师所设计的充满自恋的景观，因为它只是对自己宏伟想象的展示，而丝毫没有考虑到使用者的感受[15]。然而，在作为对韦廷根公园这个设计创意的延续中，山景花园的目的则是为了加强和改变游客的感知，并激活他们游玩和创造的潜能。基纳斯特用一种简单明了的方式说明了风景园林的核心主题：通过地形的变化来创造新的空间。

在山景花园的设计中，基纳斯特始于80年代的关于形式的探索被发挥到了极致。如果没有在1998年以53岁的年纪过早的逝世，在这个项目之后他可能会找到一个新的设计方向。除了园艺展览的设计外，基纳斯特显然对通过景观的干预使特定的地点变得更加清晰易读感兴趣：“我们必须承认越来越多的房屋在不断地出现，我们必须以城市的方式来设计我们所拥有的一小片区域，并与现有的自然田园式的设计模式决裂”[16]。在城市和郊区空间的背景下，基纳斯特想要实现一种

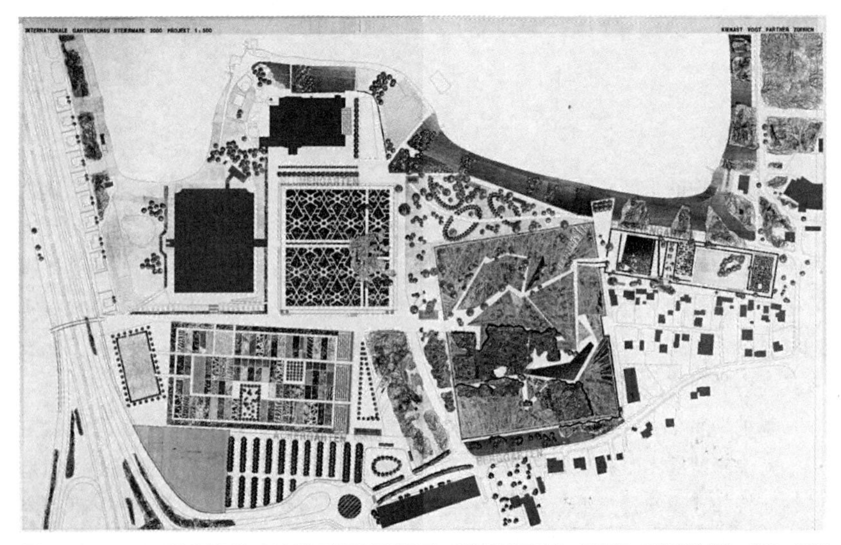

图8 — Kienast Vogt景观事务所，2000年奥地利国际花园展，决赛场地平面图，1997年，黑白照片拼贴，墨水、铅笔于半透明草图纸上绘制而成，激光打印，场地平面图，比例尺1：500，50英寸×79.5英寸（127厘米×202厘米）
（苏黎世联邦理工学院gta档案馆，基纳斯特遗产提供）

“意义、形式和材料的连贯性”（coherence of meaning, form, and material）[17]。

汉德克和基纳斯特对文学的各自追求标志着一个意识形态失去指导作用的时代。随着乌托邦的重要性逐渐消失，20世纪六七十年代的环境发生了巨大的变化：城市不断地蔓延到景观之中。根据基纳斯特的说法，这种新的现实不再被尝试和测试的符号系统所理解：“城市和乡村之间旧有的差别已经被消解；边界已经变得模糊。我们假设城市和乡村都是不能够被废除的。世界的易读性和体验性是建立在不平等原则的基础上的。因此，未来实现城市和乡村的同步性的任务是要防止内部边界和裂缝的进一步模糊。它们必须再次被感官所感知”[18]。就像汉德克拒绝自然的描述一样，基纳斯特也拒绝模仿田园诗。正如你在一本1978年的书封面上看到的那样，他与那些想给每种设计都提供一种自然的形式且反对各种各样城市化的瑞士风景园林师和环境规划师经常发生冲突（**图9**）。为了使一个场地变得清晰易读，基纳斯特在20世纪八九十年代发展出了一套景观词汇表。就像是在埃尔-科尔-坎多纳尔（École Cantonale de Langue Française）的规划平面图中清晰可见的那样，这个词汇表跟踪、强调且有时反驳了给定的地形以及不同功能的清晰分区（**图10**、**图11**）。每一个单独的幼儿园和学校建筑以及各种运动场都是分散开来的，并且由一个拓宽成漏斗状的游乐场的环形系统所连接。高度和树篱的差异加强了这种功能性的分离。操场则

图9 — 汉斯鲁迪·威尔德穆斯（Hansruedi Wildermuth），《自然的追寻》封面，1978年
（引自：汉斯鲁迪·威尔德穆斯. 自然的追寻：乡镇自然保护实践手册. 巴塞尔：瑞士联邦自然保护属，1978.）

图10 — SKK事务所，伯尔尼法语学校，1984—1987年
（乔治·阿尔尼2012年摄，照片由摄影师本人提供）

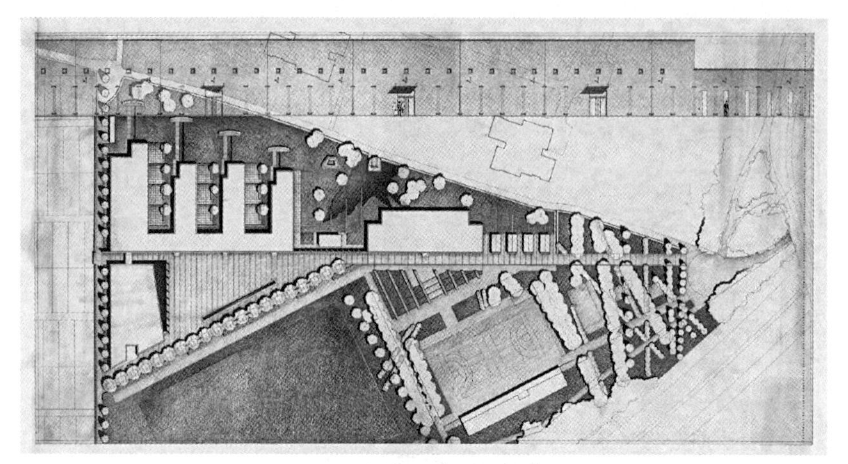

图11 — SKK事务所，伯尔尼法语学校开放空间设计，1987年11月2日，墨水、铅笔、彩色铅笔绘制，激光打印于硬纸板上，场地平面图，比例尺1：200，68.5英寸×35 英寸（174厘米×89厘米）
（苏黎世联邦理工学院gta档案馆，基纳斯特遗产提供）

用沥青铺设而成，上面镶嵌着许多带有线性排水口的混凝土条带，以便雨水能够流入其中。场地边缘由一排酸橙树、长凳和一条混凝土板组成（见**图10**）。基纳斯特有意使用较宽的接缝以及砾石区域和树状网格，以便植被能够自发地生长。在每一个线性雨水排水口的末端，他种植了常春藤，这些常春藤生长在连接学校建筑的长长的墙面上，并作为后面住宅塔楼的视觉背景。在其1992年提出的“风景园林十大论题”（Ten Theses on Landscape Architecture）中，基纳斯特指出：“我们的工作是寻找城市的本质，城市的颜色不仅是绿色的，同时也是灰色的。城市中的自然不仅意味着一棵树、一段树篱、一片草坪，还应该包括那些可渗透的地表、宽阔的空间、运河、高墙、保持新鲜空气和视觉通畅的轴线、中心和边缘”[19]。

在一个学校场地的设计项目中，“都市自然”（urban nature）的各种表现形式对整个设施的有效性起到了重要的作用[20]。通过设计、材料和植物的使用，场地的不同区域被进行了明确的划分。游戏区的设计呼应了塔楼，体育场地开敞而清晰的边缘设计方便了比赛的观看。在连接建筑物墙体的另一面，一块“腹地”让孩子们可以隐藏在建筑物里面玩耍。人们很少修剪这里的草地，整个区域反映了伯尔尼仍然残存的乡村景观痕迹，这一地区与20世纪60年代修建的塔楼区紧密相邻。

基纳斯特利用自己作为园艺师和植物社会学家的知识，为该项目制定了种植计划。在这样做时，他认为自己为每个单独的区域创造了充足的景象。另一方面，一些细节也表明他把自己在卡塞尔市学到的生态设计经验用于对小气候的改造上。例如，基纳斯特对这些不断生长且注定要侵占路径的植物进行了设计。就像他在卡塞尔所教授的那样，功能与设计的连贯性旨在提高使用者在使用该场地时的幸福感。比如，在地面层，那些紧邻教室的小型游乐场地的设计使得孩子们可以在这里放松和玩耍。这些空间中装配了基纳斯特认为最简洁的设施，以便能够创造出一种幸福的感觉：通过对树篱以及一棵能够提供阴凉且下面又放置了座椅的大树的运用，一个空间被很好地定义了出来。在这种简约中，基纳斯特领会了风景园林的真谛。

基纳斯特通过对植物社会学方法的调查和自己对城市环境中的自然植被的研究，发展出了一种新的城市自然设计美学。他能够通过对城市自发生长的植被的研究和解释，使得自己的作品借由植物的象征性而变得清晰可读。同样，对“城市”（urban）和“普通”（ordinary）材料的使用，如混凝土、水泥、钢材等，也对新型城市风景园林美学的发展起到了重要的作用。在瑞士RE保险公司的庭院设计项目中，基纳斯特提出了在城市中设计自然所必需的条件（**图12**）。这个庭院位于停车场的顶部，通过将地表倾斜于建筑物所在的方向，基纳斯特成功地吸引了人们对庭院地面的注意。也许是由于铺砖连接处植物无意识的生长，他将蓝旗鸢尾种植在穿过院子的排水带中，以作为此处具有较高湿度的标志。在设计城市自然时，基纳斯特既不追求生态主义风景园林师的想法，也不追求都市园丁和

图12 — Kienast Vogt景观事务所，瑞士RE保险公司庭院设计，苏黎世，1994—1995年
（乔治·阿尔尼2012年摄，照片由摄影师本人提供）

其他田园形象中郁郁葱葱的花卉装饰，而是专注于发展自己的设计语言。尽管减少了植物的使用，但基纳斯特发现对现存植物的感官体验是非常重要的。比如，连香树在秋天改变颜色，落到地上的叶子闻起来就像是姜饼[21]。

自从从卡塞尔市回到瑞士的那一刻起，基纳斯特便利用形式的观念来对抗和反对受瑞士花园和景观影响的野生植物园艺运动（wildlife gardening movement）。对于他日益增长的以形式为主导的公共空间设计是否适用于日常使用的追问，在90年代达到了高峰，这一点也经常在关于他的评论中被提及。但当人们反思他在卡塞尔所受到的教育根源时，这个观点便被赋予了一种新的视角。如前所述，从现实层面到精神层面，从日常生活到审美体验，基纳斯特修改了卡塞尔学派的设计范式，同时又保持了与主题相关的不变焦点。基纳斯特试图通过他的可视化方法来捕捉感知和物质品质的两个过程，从而触及事物本身的核心：在他建成的项目中，使用者应该得到相似的审美体验。感官体验和对植物与材料的设想成为他所致力于解决的核心问题。因此，基纳斯特的作品确实体现了后现代主义以及风景园林学中的拓扑学和现象学维度。

注释

[1] Dieter Kienast, "Cultivating Discontinuity, " in *Between Landscape Architecture and Land Art*, ed. Udo Weilacher（Basel: Birkhäuser 1996），150.

[2] Reto Mehli, "Die mit den Förmchen spielen. Über die 'Bühnenbildnerei' in der Gartenarchitektur, " in *Notizbuch der Kasseler Schule* 40（1996），77. This essay was based on a lecture related to his oral diploma examination at the University of Kassel, September 23，1993.

[3] Dieter Kienast, "Von der Notwendigkeit künstlerischer Innovation und ihrem Verhältnis zum Massengeschmack in der Landschaftsarchitektur, " in *Die Poetik des Gartens: Über Chaos und Ordnung in der Landschaftsarchitektur*, ed. Prof. für Landschaftsarchitektur ETH Zürich（Basel: Birkhäuser, 2002），109（translation from German by David Skogley）.

[4] Peter Handke, *Langsame Heimkehr*（Frankfurt am Main: Suhrkamp, 1979），9（translation from German by David Skogley）.

[5] 图片见：Robert Smithson, *Robert Smithson: The Collected Writings*, ed. Jack Flam（Berkeley: University of California Press, 1996），205.

[6] 见：Anette Freytag, *Dieter Kienast: Stadt und Landschaft lesbar machen*（Zurich: gta, 2016），58–63.

[7] Dieter Kienast, "Botanischer Garten Südteil. Naturnahe Biotope"（unpublished manuscript, January 4，1980），Archives SKK Landschaftsarchitekten, Wettingen.

[8] 完整的介绍见：Freytag, Dieter Kienast, 164–219.

[9] 见：the videofilm by Marc Schwarz and Annemarie Bucher, D. K. Eine Spurensuche（Zürich: Schwarzpictures, 2008）.

[10] 方案图见：Freytag, Dieter Kienast, 216；and Udo Weilacher, *Visionary Gardens: Modern Landscapes by Ernst Cramer*（Basel: Birkhäuser, 2001），109.

[11] Peter Handke, *Die Lehre der Sainte-Victoire*（Frankfurt am Main: Suhrkamp, 1980），80（translation from German by David Skogley）; Peter Handke, *Die Geschichte des Bleistifts*（Salzburg: Residenz Verlag, 1982），320（translation from German by David Skogley）.

[12] 更多图纸和信息见：Anette Freytag, "Back to Form: Landscape Architecture and Representation in Europe since the Sixties, " in *Composite Landscapes: Photomontage and Landscape Architecture*, ed. Charles Waldheim and Andrea Hansen（Ostfildern: Hatje Cantz, 2014），98–103.

[13] Handke, *Die Lehre der Sainte-Victoire*, 80.

[14] Freytag, "Back to Form, " 100.

[15] 例如：by Ilse Helbich, "Von unbetretbaren Gärten" in *Neue Parkideen in Europa. Zwischen Arkadien und Restfläche*, ed. Anette Freytag and Wolfgang Kos for Broadcast Diagonal, Radio für Zeitgenossen, Austrian Broadcasting Corporation（ORF），Station "Österreich 1"（Ö 1），first broadcast October 10，1998.

[16] Dieter Kienast, "Funktion, Form und Aussage: Interview mit Robert Schäfer, " in *Die Poetik des Gartens*, 186（translation from German by David Skogley）.

[17] Ibid.，183.

[18] Dieter Kienast, "Zehn Thesen zur Landschaftsarchitektur, " in *Die Poetik des Gartens*, 207（translation from German by David Skogley）.

[19] Ibid.

[20] 更多图纸和信息见：Freytag, Dieter Kienast, 87–114.

[21] 见：Freytag, Dieter Kienast, 136–148.

记忆、亲验和期望：当代性与中国园林

冯仕达
Stanislaus Fung

> 有一点已不言而喻，即：将来和过去并不存在。说时间分过去、现在和将来三类是不恰当的。或许说：时间分过去的现在、现在的现在和将来的现在三类才比较确切。这三类时间并存于我们内心之中，别处寻觅不到；过去事物的现在便是记忆（memory），现在事物的现在便是亲验（direct experience），将来事物的现在便是期望（expectation）。
>
> ——圣奥古斯丁，《忏悔录》，第十一卷，第20章

自我最近一次撰写有关风景园林学跨文化交流所具备的前景至今已经过去十五年了。在此期间，中国风景园林已经明显地引起世界许多地区当代风景园林师的关注[1]。从在美国赢得了众多推崇者和各类奖项的土人景观“设计生态”，到西方风景园林高校里中国大陆学生数量的不断增加，再到中国目前所面临的严重环境问题，我们在国际化景象中既瞥见了些许成功的迹象，但同时也看到了教育工作者和设计师所面临的巨大挑战。

两种趋势加剧了这种国际化进程：高等教育的飞速发展以及中国风景园林专业教学项目的增加打开了中国设计师和学生的视野。中外学生联合设计工作营的实际开展情况也展示出要促进这类真正合作而存在的显著困难。中国的出版社和期刊编辑在出版业蓬勃发展的同时，也推动了风景园林界关于什么才是“当下”（current）和“新”（new）的全新意识的发展。然而，由于读者数量少，翻译质量也相对较差，中国读者似乎陷入了一个无休无止的语义困境。在这些趋势的背后是中国经济在过去十年中所取得的增长，因此，中国的出版机构在从欧洲同行手中收购《风景园林杂志》（*Journal of Landscape Architecture*）和《*Topos*》时才会毫无经济压力。总体来说，中国风景园林学的词汇量已经扩充到了诸如与景观管理与生态研究相关的内容和技术。这是一件令人欣慰的事情，中国风景园林师在抛弃封建传统之后，在西方

机构的帮助下重新建立起了一种新的（共享的）文化价值观念。

对于那些数十年来相对孤立于世界成长起来的中国大陆设计师来说，他们很容易理解为什么一个新的词汇或专业知识会被不加置疑的接受：首先，超过半个世纪以来，批判性的思维语言在中国公众话语中并没有被广泛地接受。相反，出于权威主义心态以及对个人福利的关注，人们经常以沉默的方式作为对行业内部必要礼节的表达。其次，对于那些已经强烈意识到中国大陆和欧美地区之间设计文化差异的年轻中国学生和教师来说，来自英国或者美国最新的思想和技术，既弥补了中国本土教育存在的不足之处，也带给了他们一种在世界的同行中不会落伍的感觉。这并不是说异议或不同意见就没有表达的空间。相反，在过去的十五年里，中国互联网的出现使得大众对个人观点的自我表达成为可能；在某些情况下，大家有时候会使用网络昵称以半匿名的形式发表批判性的评论。在2000—2005年的几年中，ABBS的公告栏上每天都会充满坦率、有时甚至是批评性的评论[2]。在这几年当中，在促进中国大陆读者接受新思想和展开讨论中，该网站所做的及其超过50万的注册用户已经超越了传统的印刷媒体。相较于风景园林学而言，中国的这些发展在建筑领域的影响要更大一些，但即使是在建筑领域，这些宽阔的视野和批判性评论也是由缺乏活力的教育实践和平时的国际合作来实现的。到了2006—2010年，资金越来越充裕的中国学术机构通过国际合作、学术交流、翻译和出版物，在推进风景园林领域的发展中重新获得了主动权。许多中国人可能把这些发展看作是进步的标志。在这种进步中，过去被取代、当下即将到来，而更加令人兴奋的未来也已经在向人们发出召唤。

在接下来的文章当中，我将追随圣奥古斯丁，对过去、现在和未来的线性概念所存在的问题进行论证，并将阐明“时间呈现”（time present）的三个暂存器（registers）——记忆、亲验和期望——之间的共存和谐振是重新理解当代性与中国园林的关键所在[3]。在这一观点下，“中国园林”的当代性所指的不仅仅是那些出于对生态关注所签署的文件，或是通过建设挽救生命的街道排水设施而得到提升的公众利益，抑或是通过实施先进的影像技术所开展的城市风险管理。相反，我希望能够唤起当代性与中国园林的结合，虽然这种结合已经摆在我们面前，还略微超越了传统的理解范畴。

我的讨论所要关注的对象是一个每年会接待数百万游客的重要旅游景点：苏州的拙政园[4]。拙政园始建于1509年，但是在过去的几个世纪中，该园的名字和场所范围几经变迁。拙政园这个名字在1661—1872年被取消，但是到1872年恢复名称时，它所指的仅是如今遗存下来的场地三部分的中间部分。这个中间部分将是我要讨论的主要对象。在1951—1952年的修缮之后，拙政园这个名字所指的范围扩大到了中部和西部两块场地，而从20世纪60年代开始，这一指代也包括了东半部分。拙政园自乾隆时期（18世纪）便分成三个互相独立的部分，这一基本架构大约持续了其500年历史的一半时间。如今花园的东半部分，在1959—1960年修缮之前，一直是一片草地和人工种植的菜园，并且已经拥有150年的历史；这也是今天的游客在进入花园的时候，为什么会感觉花园的这部分更像是公园的原因。近年来，该花园一直处于不断变化的状态。为了应对大量的游客，苏州市园林和绿化管理局建议增加四个有顶的走廊。我希望将此场地视为一项开放性工作或设计进程，并希望在其中进行的加建和改建不会损坏园子自身的完整性。

在开始讨论之前，为了避免可能存在的误会，我想提出三个需要注意的要点：首先，在这个场地遗留下来的相关历史文本中，并没有任何资料能够清晰地表达出16世纪参与设计这座园林的设计者们的初衷。在下文当中，我所展开的讨论纯粹是针对园林自身所呈现出的效果层面。效果的一致性并不能以一种确定的方式表明设计原本的意向，但我认为它仍然值得我们去关注。其次，对场地进行分析的媒介主要是照片，且这些照片也大都拍摄于2014—2015年。对园林的分析与对照片的分析其实是不尽相同的，因此我也不希望仅根据照片就妄下结论。相反，照片只是一种指示性的图像；它们显示出了花园的某些情况和不同的方面，并帮助我们注意到实际情况中的一些细微之处。最后，出于讨论的目的，我对分析性的论据进行了缩减，但我仍将尽力展示各类关键的情况。

空间深度的不稳定性

中国园林是中国绘画中诗意世界的所指，这已经是众所周知甚至是老生常谈的事情了[5]。在最浅显的层面上，我们可以想象园林和绘画中都有的相似元素：亭、廊以及其他建筑元素、植物、假山和朦胧的场景。人们在对他们所认为的风格进行分析的时候常会集中在积极正面的元素上，进而可能会被轻微地误导，在谈及一般性的关于“继承传统”的话题时，中国的设计师可能会考虑重新利用这些元素。他们可能会考虑对其进行某种积极或消极地“重新利用”（reuse），某些人可能会采取现代化的抽象形式或基于精确历史信息的再创造，以使之成为切实可行或不可行的设计方法。无论如何，设计师对于当代景观设计的任何立场都可以沿着这些线索来展开。我们可以认为这些态度回应了阿洛伊斯·里格尔（Alois Riegl）所称之为当代价值（modern values）中的时代价值（age-value）和新颖价值（newness-value）。例如，新颖价值便要求新的作品要尽可能少地参考历史作品[6]。在接下来的篇幅中，我将论证中国园林的鉴赏能够成为一种当代体验的关键不在于思考如何对构成要素进行选择和处理，而在于对那些中国绘画中已经众所周知的空间深度不稳定性的关注。

在拙政园中部东侧入口的绣绮亭，墙壁上的一个开口为园林东部提供了框景，这部分成为菜地已经快150年了（**图1**）。中部的一座小建筑以及将园林中部和东部分割开来的游廊成为照片的前景。在这个视景当中，地面的遮挡让人产生了深度上的不确定和空间被压缩了的印象[7]。当人们离开这一视点，将目光移到框景中对应的花园部分时，人们意识到这种对空间的压缩只是一个由景框高度和尺寸及其与东部环境组合关系而产生的瞬时效果。到了下午，阳光从框景的右侧洒入，白色的围墙为画面提供了背景光；这可能会对空间进深及空间压缩的解读产生一定的影响。而在雾霭之中，框景的背景部分会被雾气所遮挡，且颜色饱和度的降低也可能成为影响空间进深解读的因素之一（**图2**）。

从亭中向南看，我们的视线并没有被漏窗限制而产生明确的框景，但是地面的遮挡起到了同样的效果（**图3**）。从这里，我们能看到建筑南侧大部分都沐浴在阳光之中。无论是在晴朗天气时呈现在背景光下，还是在阴天的时候矗立在散射光中，空间的压缩感会在这一视景中一直存在。在有雾的时候，视野中最南侧的建筑将会消失（**图4**）。这让我们观察到了视野当中所涉及的两个减法。一方面，地形和建筑元素的协调为视线打开了可能性。在视线当中，地面的遮挡导致了进深不确定感和空间压缩感的产生。这种感觉可以被天气条件所强化或削弱：晴天或阴天、早晨或傍晚、冬季或夏季的太阳角度等。另一方面，雾霭在删减视野元素中就像是一支柔软的手。它引发了一种与众不同、不断变化的进深感，并且能够加强或消减背景中的微妙性。

回到园林中部东侧入口附近向西看，在中间的地面上我们可以看到一座之字形的折桥被奇怪地抬升到池塘水面之上（**图5**）。通常，人们会觉得这种桥应该离水面更近一些。然而，在这个高度，这座桥与它后面的堤岸会更加协调一致。

图1～图4 —（从上至下）从绣绮亭向东看，从晨雾中向东看，向南看，以及从晨雾中向南看［刘旭（Liu Xu）提供］

图5 — 从拙政园中部东侧入口向西看，一座架空的之字形石桥与西侧稍远处的堤岸重叠到了一起
［侯鑫珏（*Hou Xinjue*）提供］

折桥与后面堤岸之间的距离约四十米，但是与桥和这个有利视点之间的距离（大约七十米）相比，它们显得更近。换句话说，从这个有利视点看去，折桥和堤岸的一致性使得它们之间的水面变得更加不明显。这一效果导致了瞬时的空间压缩感，进而将这一视点的中景和背景融为一体。当游客走到折桥或是后面堤岸之上时，空间压缩的效果便又不复存在了。要注意的是，这是整个园林当中最长的视廊，我们意识到折桥与堤岸的一致性呼应了一句传统的格言："小中见大，大中见小" [8]。身体的移动激发了我们对真实大小的体验，与此同时，也触发或消除了我们对空间进深不确定性的体验。

在园林中部东侧入口不远处且稍稍靠北的地方，坐落着一座名为梧竹幽居的亭子。这是一座四面都有圆形门洞的建筑。站在亭子北侧向南望，游客能够看到一处狭小私密空间的框景（**图6**）。石桌的遮挡模糊了外面池塘的视线。一座小型的石桥看起来与堤岸十分接近，空间压缩的效果因此也非常的明显。如果向南稍微移动一点，站在离南侧圆门更近的地方，我们便能够清晰地看到前景，此时空间压缩的效果也就不复存在了（**图7**）。在大雾天气当中，前景便只剩下树木了（**图8**）。秋天的时候，空间的密度则看起来会稍小一些。

最后，我们在一面刷白的墙面上看到了一面巨大的镜子（**图9**）。这面镜子的尺寸与建筑相匹配，足够大，因此镜面中反射的元素与周边环境中元素的花饰

图6 —（上图）从梧竹幽居向南看，建筑外的水面以及一座小桥被遮挡住了
［侯鑫珏（Hou Xinjue）提供］

图7 —（下图）从梧竹幽居向南看，随着视点变得更好，空间深度呈现出了不同
［侯鑫珏（Hou Xinjue）提供］

图8 一（上图）晨雾之中从梧竹幽居向西北看
［孙雄（Sun Xiong）提供］

图9 一（下图）从小飞虹看向西南侧得真亭里的大型镜面
［唐晓莹（Tang Xiaoying）提供］

和尺度非常相近。这种整体效果让我们想起了园林当中其他真实存在的门洞，并将我们的注意力吸引到幻景之中。真实之景与虚幻之景的相互交融，让我们觉得将它们分开是如此的困难。随着这种认识，我们对园林的整体体验便更加深入到了园林与绘画的一元虚幻世界之中。

因此，我们可以看到，刚才我们所研究的园林体验涉及了一些相互独立的要素：地形、建筑元素、气候与季节条件，以及人体的移动。组合关系的一致性——有利视点、折桥与堤岸之间，景框、建筑元素与地形之间，对于空间深度不确定性效果的产生起到了至关重要的作用。这种一致性并非是精确的，因为我们处在一个视觉的世界当中，而不是阿基米德几何式的世界之中。用亚历山大·科伊雷（Alexandre Koyré）的话来说，这是一个“或多或少由我们日常生活所组成的世界”，而不是“一个度量标准与空间精确的宇宙”[9]。空间深度的不稳定性在几个不同时间尺度的记忆当中被激发并存于其中：在其他时间或有利视点（既包括同一次参观也包括之前所有的参观）所获得的有关花园的印象记忆、有关绘画的记忆以及由花园当中的环境或各种各样建筑名称和场所所唤起的有关故事的记忆[10]。重复参观所带来的记忆与文学作品或绘画所带来的记忆都能够产生期望或预期，并且能够以惊人的方式被响应或消除。一个人以相同的方式去参观一座园林，与一位音乐爱好者在不同时刻反复欣赏同一段音乐作品的道理是一样的。对音乐作品的熟悉以及在声音世界中培养起来的乐感，可以让听众在不同的遍历之间细致地关注同一件作品中细微的变化和差异。

空间深度不稳定性中的“远”和“近”、雾霭作用当中所产生的“实”与“虚”，都是阴阳的不同方面，而阴和阳原本的意思又是“明亮的”与“阴暗的”。吴光明❶把阴阳解释为“互相关联的事物（reciprocals）；也就是说，相成（counterparts）和相反（counterpoints）”。[11] 他写道：“相反是一种对照或对比，比如是与否……暗与明……建造与拆毁……相成物则是一种共同体，比如这与那、形式与内容、身体与思维。当这些互相关联的事物组合到一起的时候，情况就会变得‘美好’”[12]。因此，用阴阳的思想来理解我们的园林并非是通过分类来实现的——诸如假山或叠石是阳，而水是阴；相反，阴正在转化为阳，所有的

❶ 吴光明（Wu Kuang-ming，1933年—），生于中国台湾，早年曾赴美求学，后长期任教于美国多所大学。他终生从事中西文化比较研究，致力于中西文化间的交流与互动。——译者注

事物都存在于两极的转化之中[13]。我们应当遵循去远（de-distancing，即去某物之远而使之近）的效应，并考虑运动是如何抵消这些影响的。

在拙政园中，形式与内容是互相并存的。内容（即所说的是什么）：花园就像是绘画，世界就像是幻影，或者是佛教所说的轮回（saṃsāra），以及诸如此类的东西。形式（即如何说）：组合的一致性；对地形细微效果的追求；与气候和季节组成或并存等等；图像与想象的关联。亭子中的框景、天际下的辽阔景象、镜子中的虚拟景物，它们互相共鸣，并不断地强化这一讯息，即园林在某些层面上又并非如绘画那般简单。花园是一种借由漫步和栖居形式才能够触发多重转义的活动。与视点相对应的叙事的框景元素被纳入“那些已经被框景化内容的拟态层次”[14]。我们在园林中的体验与奇幻文学非常相近：双重性（镜子，能够让人回想起其他地方的场所）、故事中的故事（文学典故、园中园），时间旅行（由场所的名称或文学典故所诱发）以及伴随着梦幻或虚构的日常事物的混染[15]。

我在上述讨论中所试图唤起的拙政园的效应，并没有引起多少中国风景园林师或游客的关注。这不应该令人惊讶，也不是个人的原因。我们可以从两个层面来对这个问题进行思考。从专业化的角度来看，中国风景园林师受训于熟练但却不加选择地运用西方的正交投影和摄影技术。从专业训练一开始，客观视觉的基本假设就已经深深地烙印在了他们的思维当中。老师们经常会把学生带到花园里，让他们制作手绘草图以学习线性透视的法则。客观的透视空间这种假设，从专业训练开始就被反复灌输给学生。从旅游业的角度来看，游客们通常会把注意力放在一些单独的景观元素上——比如一个亭子或一座假山，它们经常被用来作为拍摄自己、家人和朋友照片的背景。但是，借用马丁・塞尔（Martin Seel）的话来说，一个有漏窗的亭子，或是一座池塘上的曲桥，并非真正的显现；“显现是本体的表象”（appearances reveal themselves）[16]。塞尔指出：“一个物体的美学显现，就是对其表象所进行的把戏”（is a play of its appearances）[17]。一张细腻入微的摄影作品是经过多重曝光并对其进行叠加的结果，而非单一镜头能够完成，这样做的原因往往是希望能够把观者的注意力吸引到物体的表象把戏上。如果我们之前没有看到这种表象和想象力的把戏，那可能是因为我们已经沉迷于客观视觉之中却忘记了19世纪欧洲所阐述的主观视觉概念。根据这一概念，“人类的身体，由于其所具备的偶然性和特异性……成了视觉经验产生的主导者”[18]。

游客在短时间的参观过程中只专注于他们眼前所看到的东西是可以被理解

的，但是塞尔为所有人设定了一个更高的标准："单纯地专注于显现的事物并没有什么特别之处；在这里，我们所需要的是一种解释性的感知，以使得事物的差异性涌现出来。与此相对应的，一种'诉诸当下'（recourse to the present）的美学命题并不意味着对过去和未来的反思在审美直觉中没有发挥作用"[19]。事实上，拙政园中建筑上的匾额和楹联已经向进入它的人群暗示了一定的信息。文学典故也已经在想象的层面促进了参观者穿梭于其他的时间和地点。我们应该意识到，体验既涉及感知，也包含记忆。

雅克·朗西埃（Jacques Rancière）"理智分配"（partage du sensible）的概念也许能够澄清这种似是而非的情形和"对表象的单纯关注"。这一概念也被译为"理智的阈限"（the threshold of the sensible）或是"理智的分布"（the distribution of the sensible）等。"理智分配"具有两层含义：一种层面上，它指的是理智的分享，就像是某种被分享的经验或者知识一样。这是一种"给予的行为，能够创造出普世而不平凡之物"[20]。我们可以想一想，由引入西方影像技术来研究中国园林所引起的共同感知习惯，或是景观表象与游赏的相同假设条件，以及分享中国园林非透视感性的困难都属于这一层面。另一种层面上，"理智分配"指的是一种分割或分离，或者是普世价值（common to all）所建立的阈限。朗西埃援用了一个相关的概念——分歧（dissensus），即"不均衡中的异议以及……感知、关注或是解释中的无能为力"[21]。在我们所讨论的案例当中，分歧的目的主要是为了对传统的中国古典园林进行解读，在关注或解释空间深度不稳定性上的不可能进行强调，进而为笛卡尔的空间假设在我们风景园林学专业知识的产生中增加一种更大范围上的挑战。

结论

在一篇题为《什么是当代性？》（What Is the Contemporary?）的文章中，吉奥乔·阿甘本（Giorgio Agamben）提供了两张令人难忘的关于思维的图片。首先，他提供了一张与当代性定义有关的星空图片。"当代性是一个在其自身时代中牢牢凝视着星空的人，为的是感知其黑暗而非光明"。[22]阿甘本反对将当代性简单地视为那些生活在同一时期的人群这种过分简单化的观点。他敦促我们要把当代性看作是一个从事单一活动的人，他在避免专注于光明的同时，能够感觉到一种光明降临前的特殊黑暗。它就像是正在远离我们的遥远星系，由于速度一直大于光速，以至于我们永远无法看到它，只能在它们所存在的天空中感知到一片黑暗。他写道："要在黑暗当中感知当下，这种我们努力想要触及却永远无法触及的光芒——正是当代性的意义所在"[23]。

其次，阿甘本将当代性的定义与古代（archaic）联系到了一起："只有那些在最现代和最近时期感知到古代迹象和印记的人才能够成就当代性"[24]。这里所指的古代并不是编年史时间意义上的史前阶段。相反，这里所说的古代具备着起源的力量以及当下的渊源。对古代或起源的追寻，并不是指对某段已经逝去的历史时期的回归，而是回到"当下的我们已经完全无法经历的部分……对这种'未曾经历'部分的关注，正是当代性的生命所在"[25]。

当代性并不是一种人们生来便能自然而然获得的属性。它是一种通过后天培养（即对那些处于当前但超出我们日常经验能力的事物的关注）才能够获得的成就。在上述关于拙政园的讨论中，我试图将园林看作是我们当下的一部分，这正是风景园林学视觉体制的阈限；并且呼吁一种借由后天培养而形成的对于外在效果的关注。这种形式的关注从对（中国）美学的转向（或回归）中获得意义，并且专注于这种（再一次借用吴光明的话来说就是）"互相关联的事物在构成上相互影响着"的情况。但是我们也应该从马丁·塞尔那里得到启示。对他来说，显现美学只不过是一种表象的把戏（有时候，为了使这种把戏的感觉更有活力，我们需要从不止一个思维传统中获得灵感）。在这些意义的基础上，本文中，我所要提议的是反对把西方的影像技术作为中国或是其他地区的主流认知形式，但很显然这还是一种开放的、不成熟的且有待"进一步参与、更新和发展"[26]的观点。

本篇文章中的部分工作受资助于中国香港特别行政区的研究资助局（Research Grants Council，项目编号为CUHK 14618615）。同时也要感谢中国香港大学社会科学院在我2014—2015年研究期间的直接资助（项目编号为4052071）。感谢研究团队中给予帮助的一些成员：Jeffrey Cheng，Du Songyi，Hou Xianjue，Leung Yee Hang，Liu Xu，Lu Xiao，Mao Jianyuan，Mu Xiaodong，Htet Thiha Saw，Sun Xiong，Tang Xiaoying，Ernest Hon Yin To，Wu Hongde，Xu Chenpeng，Yan Yu，and Zhu Hanlin。我也要特别感谢Chen Wei，Patrick Hwang，Meng

Zhaozhen，Mu Xiaodong，Kai Ming Wong和Zhang Peng在本文写作过程中所给予的建议和意见。

所有中国特有的名称或术语都以标准拼音的形式进行表达。所有中国或日本特定的人名都以传统的姓氏顺序予以列出。在当代中国作者的名字存在不同翻译形式的地方，本文采取了作者所倾向的形式。

注释

[1] Stanislaus Fung, "Mutuality and the Cultures of Landscape Architecture, " in *Recovering Landscape: Essays in Contemporary Landscape Architecture*, ed. James Corner（New York: Princeton Architectural Press, 1999），141–51.

[2] ABBS论坛上设有"景观与环境论坛". 检索于2015年4月10日，http://www.abbs.com.cn/bbs/post/page?bid=16&sty=3&age=0.

[3] 在中国文化研究的语境下，"当代中国"（contemporary China）指的是1979年至今的这段时间。参见：Edward L. Davis, ed.，*Encyclopedia of Contemporary Chinese Culture*（London: Routledge, 2005）.

[4] 关于拙政园主要资料的来源包括：Kate Kerby, *An Old Chinese Garden: A Three-fold Masterpiece of Poetry, Calligraphy and Painting*（Shanghai: Chung Hwa Book Co.，1923）; Liu Runen, "*L'allégorie de ' l'incapacité' : La culture du jardin du Jiangnan dans la Chine impériale tardive, l'exemple du Zhuozhengyuan: Jardin de l'activité politique d'un incapable.*"（PhD diss.，Université Paris 1 Panthéon-Sorbonne, 2011）; 鲁安东. 解析避居山水. 文徵明1533年《拙政园图册》空间研究，"Deciphering the Reclusive Landscape: A Study of Wen Zheng-Ming's 1533 Album of the Garden of the Unsuccessful Politician"，*Studies in the History of Gardens and Designed Landscapes* 31，no.1（2011）: 40–59; 苏州市园林和绿化管理局编.拙政园志.上海：文汇出版社，2012.

[5] 童寯率先提出了绘画与园林设计存在的关系。在一篇1936年的文章中，他写道："中国造园首先从属于绘画艺术，既无理性逻辑，也无规则。例如弯曲的径、廊和桥，除具有绘画美以外，没有什么别的解释"。1970年，童寯再一次重申了自己对于中国造园的重要理解："造园与绘画同理，经营位置，疏密对比，高下参差，曲折尽致。园林不过是一幅立体图画"。童寯. 童寯文集（第四卷）. 北京：中国建筑工业出版社，2006：239。还可参见：李溪.如屏的山水：中国美学视野下的"风景如画"，中国园林，2010（04），108-113; 梁洁."画"与"神"——《园冶》与《浮生六记》中"画"的含义对造园影响比较研究. 国际风景园林师联合会（IFLA）亚太会议暨中国风景园林学会2012年会议文集，卷（1/2）：68-71.

[6] Alois Riegl, "The Modern Cult of Monuments: Its Character and Its Origin, " *Oppositions* 25 (Fall 1982) : 20–51.

[7] David Leatherbarrow, *Uncommon Ground: Architecture, Technology, and Topography* (Cambridge, MA: MIT Press, 2000), 17.

[8] 沈复,《浮生六记》(1808年), 英译本: 林语堂, *Six Records of a Floating Life*, 上海: 西风社, 1949年, 92-95; 沈复等. 浮生六记(外三种). 金性尧, 金文男注. 上海: 上海古籍出版社, 2000: 59.

[9] Alexandre Koyré, *Metaphysics and Measurement: Essays in Scientific Revolution* (Cambridge, MA: Harvard University Press, 1968), 91.

[10] 高居翰, 黄晓, 刘珊珊. 不朽的林泉: 中国古代园林绘画. 北京: 生活·读书·新知三联书店, 2012; Alison Hardie, "*Chinese Garden Design in the Later Ming Dynasty and Its Relation to Aesthetic Theory*, " 3 vols. (PhD diss., University of Sussex, 2001); 曹林娣, 苏州园林匾额楹联鉴赏(第3版). 北京: 华夏出版社, 2009; John Makeham, "The Confucian Role of Names in Traditional Chinese Gardens, " *Studies in the History of Gardens and Designed Landscapes* 18, no. 3 (Autumn 1998) : 187–210.

[11] Wu Kuang-ming, "Chinese Aesthetics, " in *Understanding the Chinese Mind: The Philosophical Roots*, ed. Robert E. Allinson (Hong Kong: Oxford University Press, 1989), 238.

[12] Ibid.

[13] Ibid.

[14] Donald Kunze, "Metalepsis of the Site of Exception, " in *Architecture Against the Post-Political*, ed. Nadir Lahiji (Abingdon: Routledge, 2014), 128.

[15] Kunze, "Metalepsis, " 129. 也见于: Wai-yee Li, "Gardens and Illusions from Late Ming to Early Qing, " *Harvard Journal of Asiatic Studies* 72, no. 2 (December 2012) : 295–336. Richard E. Strassberg, "Mirrors and Windows: Fictional Imagination in Later Chinese Garden Culture, " in *Gardens and Imagination: Cultural History and Agency*, ed. Michael Conan (Washington, DC: Dumbarton Oaks, 2008), 191–205.

[16] Martin Seel, *Aesthetics of Appearing*, trans. John Farrell (Stanford: Stanford University Press, 2005), 38.

[17] Ibid., 37.

[18] Jonathan Crary, *Techniques of the Observer: On Vision and Modernity in the Nineteenth Century* (Cambridge, MA: MIT Press, 1990), 69.

[19] Ibid.，35.

[20] Davide Panagia, "'*Partage du sensible*'：The Distribution of the Sensible," in *Jacques Rancière: Key Concepts*, ed. Jean-Philippe Deranty（Durham: Acumen, 2010），96; Jacques Rancière, *Figures of History*, trans. Julie Rose（Cambridge: Polity Press, 2014），31–44.

[21] Panagia, "'*Partage du sensible*,'" 96.

[22] Giorgio Agamben, "What Is the Contemporary?" in *What is an Apparatus? And Other Essays*, trans. David Kishik and Stefan Pedatella（Stanford: Stanford University Press, 2009），44.

[23] Ibid.，46.

[24] Ibid.，50.

[25] Ibid.，51.

[26] Wu, "Chinese Aesthetics," 240.

景观作为建造，工程作为记忆

阿德里安·高伊策
Adriaan Geuze
麦可尔·奥洛林（Michael O'Loughlin）译

近年来，风景园林的发展受到了关于地球发展极限所引发的激烈争论的强烈影响，特别是当我们提及世界人口爆炸所需要的住房和饮食、水和化石燃料等主要能源的消耗，以及显而易见的气候变化时。"系统方法"如今似乎正倍受拥护。为了能够在自然界的系统和循环的知识基础上进行谨慎的干预，风景园林师必须再次成为工程师。而与之相反的一个观点则认为，风景始终是集体记忆的表达。事实上，风景园林必须在传统的基础上才能运作，而正是在这个传统中，意义、记忆以及我们对神话的渴望才得以被逐步地培养起来。在这篇文章中，我想用一个16、17世纪产生的具有历史意义的人造景观——荷兰，来支持将景观的两个概念融为一体的看法，即作为工程的景观和作为记忆的景观。

景观的发明

文艺复兴时期，透视法和地平线的发明为当时的人们带来了新的世界观。将景观（landschap）作为一个独立客观的对象来进行看待的思想成为16世纪荷兰的主要话题。1521年，在拜访了约阿希姆·帕提尼尔（Joachim Patinir）之后，阿尔布雷特·丢勒（Albrecht Dürer）在他的日记中评论帕提尼尔是一个"优秀的风景画家"。在安特卫普（Antwerp）工作的约阿希姆·帕提尼尔（约1480—1524年）是风景题材类绘画的先驱。之前，他一直在绘制圣经中的场景，但是这些场景都被其所处的景观环境所主导。帕提尼尔绘制的这些风景充满了自然主义的写实细节。不起眼的人物被放置在梦幻而抒情的山丘、海湾、海岸或是村落之中。画作中本土题材的主题引人注目：画面中充满了海岸的气息、美丽的天空以及低悬的云彩。帕提尼尔是介于希罗尼穆斯·博斯（Hieronymus Bosch）和彼得·勃鲁盖尔（Pieter

Bruegel）之间的一位新具象化风景（newly objectified landscape）的先驱。在不到一个世纪之后，荷兰绘画大师们的日常风景绘画中便充满了类似的欣快之感。

将风景作为绘画主题的现象并不是突然冒出来的。在处于航海大发现时代的文艺复兴时期，人们开始发现未知的世界，并开始真正地跨越地平线。他们不得不再次有意识地进行自我定位并学习如何在大海上进行导航。起初，他们沿着海岸航行，并将其看到的景象转化为一种认知地图[1]。后来，他们开始利用星空，将其当作一个相互关联的宇宙。这也正是在当时的绘画界所发生的事情：透视法的引入，选择一个与对象有关的视点以及水平线帮助画家构建了一个主观的、美学的世界景象。在这样的背景之下，15世纪成为人们挣脱中世纪封闭束缚的时代。风景的形象不仅是西方空间深刻变化的表征，也是整个基督教生活方式的一种表现。人们在风景画中所绘制的天际线取代了超验的上帝。这与哥白尼戏剧中地球失去其中心地位的故事非常类似，世界是无穷大的概念在当时非常盛行。在《景观的哲学》（*Filosofie van het Landschap*）一书中，托恩·勒迈尔（Ton Lemaire）谈到了中世纪封闭灵魂世界的爆炸以及地平线的发现，这些在荷兰新景观当中的确是真实可见的[2]。以前，地平线只存在于大海之上；如今，它主宰了一望无际的平坦圩田。在透视法的帮助下，地平线消隐到了远方，进而创造出了未知的空间。

西蒙·沙玛（Simon Schama，英国历史学家）将风景称作是富有想象力的构思，这些构思被投射到了森林、水体或者岩石之上[3]。他将前浪漫主义时期的荷兰绘画大师描述为一群把景观转变成了梦想、欲望或者避难所的艺术家。在他的分析当中，地质、历史、神话和艺术融合在了一起。对于沙玛来说，西方文化中的风景表现并不是对现实的精准复制。相反，风景是被人们用来揭示其他层面的含义的。就如同静物代表的是死亡、欲望以及性，风景画家也创造了季节、道德、创造性崇拜的象征物：天堂与阿卡迪亚、战场以及平淡的日常生活。

水的史诗

在荷兰精神的塑造上，没有任何一种事物能够比海洋以及海水的威胁更加有力。正如阿尔卑斯山定义了瑞士人的集体记忆，以及持久的火山、地震和海啸对日本人秩序性养成的促进一样，荷兰人通过堤防和水坝的建设以及水资源管理的制度化来挑战自身的命运。洪水变成了荷兰文化的起点。

荷兰的国土有两个特点。一半是在河谷两岸起伏的土地上发展起来的景观，这也是欧洲大陆的特征；并且通常还包含着封建时代形成的分散的定居点，现在称之为旧地（the Old Land）。另一半就是所谓的冲击地荷兰，即在三条欧洲河流所形成的三角洲以及沼泽地所构成的沿海平原上发展起来的景观。我们知道，早期的历史聚居地都集中在高地、河流的两岸以及肥沃的沿海平原中地势较高的部分。但从公元1000年开始，这些高地之间的大沼泽被选定为新的建设基础。为什么隐修会和农民要选择这片草木丛生、难以穿越的沼泽地呢？在亚当和夏娃被驱逐出乐园之后，人类必须努力工作，而且如果有必要的话，还必须在并不理想的地方创造出自己的乐园。这些难道与荷兰人急切地对沼泽地进行复垦的想法是一致的?

僧侣和农民穿过茂密的沼泽地森林，挖掘出数千公里的沟渠。一个辽阔的景观在有机的基底上应运而生。一望无际、充满节奏的沟渠以及狭窄而平行的地块形成了独特的外观。人工的排水渠与现有的河流相连，这些河流在河口处被配有闸门的堤坝拦截，以便在发生风暴时，更大的河流以及大海中的洪水不会发生倒灌。中世纪时期的新大陆是独一无二的。尽管封建欧洲当时正在建造大教堂，为成为最高尖顶建筑或最热门建筑而竞争，但是在荷兰，真正被建造的则是地平线。新大陆上的中世纪社会拥有着较高的死亡率和脆弱的生存环境。这种现象出现的原因并不是瘟疫、流行病、战争或者封建社会的剥削，在这片欣欣向荣、井井有条的低地上这些情况非常少见，真正的威胁来自其他方面。在尚未搞清真正原因的情况下，新大陆上的生活受到了两种地质因素的影响：海平面的上升以及在沼泽地上长期居住的不适宜性。在公元1100年到1300年期间，海平面上升幅度很大，从地质角度而言，这会对三角洲形成严重的侵蚀。大型潟湖后冰川时期所形成的厚厚的沼泽地夹在了沙丘和高地安全区域之间，但却并不能抵挡住大海的侵蚀，因为海水可能会从不同地点漫过沿海地区的各个沙丘。从地质学角度来看，厚厚的沼泽层——柔软的海绵状有机基质，在被海水冲走后，潟湖将会逐渐堆满沉积物、沙子和黏土。沼泽地不适合居住的另一个因素便是沉降。新大陆高效的排水系统，无法避免地会受到另一种侧面影响，即有机质的氧化。这将导致新大陆的严重沉降。有时地面可能会下沉到距原先水平面4米高的地方。在短短的两个世纪里，曾经在海平面以上的舒适地区，如今已经下沉到了海平面附近。这种地理学上水位的上升，会出现在一系列连续的风暴潮当中，特别是当极端高潮与大西洋风暴相遇时。沿海平原会被淹没，海水通过沟渠和河流倒灌进内陆。大块的沼泽地会因此被冲走。1170年至1219年期间便发生了四次这样的超级风暴。它们被以历法圣徒的名字命名：1170年的诸圣人洪水（the All Saints' Flood），1196年的圣尼古拉斯洪水（St. Nicholas's Flood），1212年的大风暴洪水（the Great Storm Flood）以及1219年的圣马塞勒斯洪水（St. Marcellus's Flood）。

这些风暴循环的影响是非常明显的，对于荷兰北部地区更甚。阿尔默勒河（The Almere creek）、维克特河（Vecht）原先的河口扩展到了马尔斯水道（Marsdiep）之中。弗里斯兰省（Friesland）大片的土地消失在海水中。人们在北海建造了一个永久性的开放连接点，以使得退潮和洪水可以深入到新大陆的中心。众所周知，在新大陆的西北地区，1212年的暴雨洪水夺走了六万名灾民的生命。大海将弗里斯兰的这一部分分隔开来，自此以后，这里被称为西弗里斯兰。圣马塞勒斯洪水过后留下了一片很大的内海，即须德海（Zuiderzee）和瓦登海（Waddenzee）。一百万公顷的有人类聚居的沼泽地消失了。在西南地区，凯尔特河（Schelde）与马斯河（Maas）的河口处形成了一个纵横交错的沟壑复合体。

暴露在这种残酷的大自然暴力当中，中世纪的人们认为这是上帝之手在作怪。关于这一点《圣经》当中一个明确的寓言可以为此提供依据：对于人类的不当行为以及他们之间互相施加的错误行径，上帝会用洪水去威胁他们。但人类并没有理会上帝一再重复的警告。上帝让诺亚（Noah）建造一个方舟，把所有的动物都召集在一起，无论是雌性还是雄性；诺亚必须从洪水当中拯救自己、家人以及所有的动物，但洪水却会冲走所有的人类。150天后，海水退去，方舟搁浅在了亚拉拉特山（Ararat）的山顶之上。诺亚建造了一座祭坛并重新开始了自己的生活。洪水的破坏性影响实际上并不是地球生命的终结而是一个新的开始。人类将被教导生活在和谐与正义之中。

洪水平原的耕作活动在海洋因素的影响下变得岌岌可危。既然生活在沿海的沼泽地带，你就得向大海发出挑战。低地开发历史的下一个阶段，就是开始建设大量的堤防以捍卫那些未受保护的土地。人们在所有的沼泽地河流上都建造了水坝；河堤也被建在了河流之上。最初的堤防被建造在新须德海（the new Zuiderzee）周围。在13世纪，西弗里斯兰（West Friesland）的南部成了第一个拥有126公里长围堤的完整统一的圩田区。水务局的主要任务是水资源管理，但除此之外，水务局还拥有投票以及自己征收税费的权力。但他们从来都没有足够的财政和储备。由此被忽视的堤防和逾期的维护造成了无数规模或大或小的灾难。然而，15世纪至16世纪初，另一波毁灭性的暴雨洪水出现了，这一系列洪水的名字被深深地刻在了荷兰人的集体记忆当中。正当在多德雷赫特（Dordrecht）和格特鲁登堡（Geertruidenberg）相互竞争、战火频仍的激烈社会冲突期间［被称为“钩与鳕鱼之战”（Hook and Cod Wars）］，连续两次风暴的悲剧发生了，这也就是第二次（1421年）和第三次（1423年）圣伊丽莎白洪水（**图1**）。安特卫普上游地区的经济中心——位于多德雷赫特下面的格罗特瓦尔德（Grote Waard）被毁灭了，整个地区完全被海洋给吞没了。编年史当中记载了72个村庄消失的历

图1 —《伊丽莎白节的洪水》，圣伊利贝莎咨询委员会（St. Elizabeth Panels）已故画家，佚名，约1490—1495年，画板油画，50英尺×43.5英尺（127.5厘米×110.5厘米）（阿姆斯特丹国家博物馆提供）

史。一个长达50公里的内陆咸海，以及主要城市多德雷赫特就像是一座处于边缘的、没有土地的孤岛，如同末日启示中的场景一样。科斯马斯和达米安洪水（Cosmas and Damian Flood，1509年）在莱顿（Leiden）和阿姆斯特丹之间创造了另一个内海，也就是哈勒默梅尔海（Haarlemmermeer）。圣热罗尼姆斯洪水（St. Jeronimus Flood，1514年）造成了整个荷兰西部地区的淹没，西兰省（Zealand）的斯蒂文尼斯（Stevenisee）不见了。圣费利克斯洪水（St. Felix's Flood，1530年）给人的印象非常深刻，并且让人们回想起了当年的圣伊丽莎白洪水。位于斯海尔德河（Schelde）两岸上的西兰省核心地区消失在了海浪之中。一座拥有18个村庄的腹地——莱莫斯瓦尔镇（Reimerswaal），最终成为后来被称之为东斯海尔德（Oosterschelde）的海底。在圣庞蒂安洪水（St. Pontian's Flood，1570年）和第二次诸圣人洪水（Second All Saints' Flood，1570年）中，包括塞弗汀亘（Saeftingen）在内，西兰省以及佛兰德地区（Flanders）拥有村庄的大片地区再一次被淹没。荷兰的景观永远与神话般的灾难有关。就叙事性意义而言，它们等同于亚特兰蒂斯，或者是荷马的奥德赛。

新大陆管理的艺术

海水与河流在深入到沼泽地景观内部的同时也带来了泥沙的沉积。三角洲从河流对其上游陆地农业的侵蚀中生长出来。西兰省和北部沿海因圣伊丽莎白洪水所形成的内陆海岸，成为第一个从这种冲积中获益的区域。通过使用简单的技术，例如垂直于海岸的堤坝或者成捆的树枝，人们能够加速泥沙沉积的过程，使海底每年的泥沙沉积增高几厘米，直至到达高水位。这些被抬高的沙洲随后会被河堤包围。接着，排水渠以及运河以正交平行的形式被挖掘建造出来并与原有的小河相连接。人们在堰塞湖中建造了诸多排水闸，以便在退潮时可以将多余的水排入大海。这种对低地的围垦是一种严肃的、拥有着特定的专利、评估、投资商、公会、债券和财产权、租赁协议以及监守人员的法律和行政工作。只有最高等级的行政机构才有权利颁发最终的“专利”。那些新形成的包含肥沃海生黏土的圩田具有极高的价值。在遭受圣伊丽莎白洪水侵袭的多德雷赫特周边地区，伴随着土地测量师、堤防建设者以及圩田工人等职业的产生，人工造地的特殊工艺被发展了起来。

米戴尔兹（Middelzee）是北弗里西亚（North Frisian）沼泽景观当中一条长

长的、含着一些泥滩地的潮汐通道，它的围垦是荷兰历史上一个重要的里程碑。为了对这条潮汐通道进行开发建设，在河口上面增加一条长达14公里的堤坝成为一项必须完成的工作。这项工作只能在两个冬季风暴之间短短的9个月内完成。到了1505年，建造事项已经准备完毕。在获得了专利之后，1500名堤防工人从多德雷赫特地区被招募了过来。这支队伍被分成15个所谓的“homannen”，每一个“homannen”都是由100名携带铁锹和手推车的圩田工人组成的紧密团队，每个团队都必须修建1公里长的堤坝。到了当年的秋季时，新的圩田——海特比尔特（Het Bildt）被建成了。圩田被赋予了早期的现代街区布局，这种布局在荷兰南部地区也有被使用。人们还为圩田工人建造了三座村庄，并以他们家乡的名字命名，大多数圩田工人也都永久地定居在了那里。通过这种方式，一种荷兰式的殖民地应运而生，一个繁荣的农业社区在弗里西亚海底被建立了起来。多年之后，至少有12家不同的法律团体声称对这片利润丰厚的泥沙矿拥有开采权。弗里西亚人对荷兰地缘政治的态度是非常严格的。

正如前面提到的，圣伊丽莎白洪水冲走格罗特瓦尔德的地区是堤防建设和圩田开垦工艺的重要孵化器。最终，荷兰伯爵（the Counts of Holland）、布雷达领主（the Lords of Breda）和贝亨奥普佐姆侯爵（the Marquess of Bergen op Zoom）批准了用于开垦在海浪下丧失的土地的专利，这促进了现在被称为西布拉班特（West Brabant）、多德雷赫特岛（Island of Dordrecht）以及胡克斯赫瓦德岛（Hoekse Waard）的大型现代圩田景观的产生。从16世纪中叶有文献记载开始，这片广袤的地区便被列入新大陆的范围之中。在安德烈斯·维奥林（Andreas Vierlingh，1507—1579年）发表的《堤坝建造学论文》（*Treatise on Dykology for the Construction of Dykes*）一文中，加速淤积过程和堤坝建造的稳定提升等技术已经被编纂入书并给出了科学的依据[4]。这位指导了西布拉班特圩田建造的早期工程师，曾目睹过圣费利克斯洪水（St. Felix’s Flood）淹没圣菲利普兰德（Sint Philipsland）、博尔瑟勒（Borssele）以及莱莫斯瓦尔（Reimerswaal，1530年）周边土地的情景。他指责莱莫斯瓦尔因为忽视堤防而遭受洪水的侵袭，并在这本手册当中表示了自己的愤慨。在他的领导下，一片广袤无垠的海床被开垦了出来，在稳固结实的荷兰水道（Hollands Diep）、德默韦德（De Merwede）以及肯尔（Kil）堤坝的保护下，一片宝贵的土地在此形成了。其中内海中所遗留下来的最核心、最深的土地，形成了一片被称之为比斯博什（De Biesbosch）的咸水潮汐沼泽。此时，工程师们已经开始使用预先制作的图纸进行作业，新的圩田在土地测量师的深思熟虑之下成为了笛卡尔式的艺术作品。这些带有化石冲沟的海生黏土圩田，以块状图案或文艺复兴风格的长方形地块形式而布置。这些平面被绘制成地图并冠以美丽的名字以进行出版，其中原始泥滩冲沟的蜿蜒模式与沟渠和道路组成的锋利直角模式形成了鲜明的对比。这块新开垦出来的土地对于农民来说具有不可抗拒的魅力。白色黏土与贝壳石灰的结合，以及完善而规则的受控水位能够形成最好的土地。秋天的时候，当田野刚被犁过，低矮的太阳会在光滑的黑色黏土之上映射出白银般的效果，人们看到了一片被细细打磨的海洋——海洋与海床融为了一体，这种景象形成了一种神奇的光学幻觉。

第三次令人瞩目的进化形成于西弗里斯兰。在西浦（Sipe）——一条产生自中世纪时期宏兹博奇（Hondsbosch）和卡兰茨奥赫（Callantsoog）附近坍塌沙丘的大海通道，一片滩涂地区伴随着一条深厚的冲沟发展了起来。这条海道的闭合获得了许多专利。受到附近伯格霍恩（Burghorn creek，1456年）、海特比尔特（het Bildt）和西弗里斯兰成功围堤的部分影响，1552年，为了复垦西浦以及阿尔克马尔（Alkmaar）下游一片36公顷的湖泊——海特艾克特米尔（het Achtermeer），人们起草了一系列重要的计划。1533年，最后一个计划也得以起草完毕。西浦的计划是牧师和画家扬·凡·斯科列尔（Jan van Scorel，1495—1562年）的倡议。正如名字所暗示的那样，凡·斯科列尔出生于沙丘上一个叫作舒尔（Schoorl）的村庄，受连续不断的暴雨洪水影响，这个沙丘成了一座与西弗里斯兰大陆分开的离岛。1549至1553年期间，为了对西弗里斯兰上一大片的淤泥滩涂进行改造，斯科列尔制定了一项综合的计划。在这个被他称为新罗马（Nova Roma）的计划中，包括他的家乡舒尔在内的泥滩以及各个岛屿将与西弗里斯兰环形堤区的大陆连为一体。在威尼斯潟湖的几年生活经历，一定激发了他为自己的家乡创造这个计划的愿景（**图2**）。他将自己预想的计划绘制成了一幅画，这帮助他在1552年从卡雷尔五世（Karel V）那里获得了专利。在一些商人朋友的帮助下，他成功地为这个癫狂计划的南部地区——宰珀（Zijpe）圩田——筹集到了资金。在来自安特卫普的资金帮助下，建设工作在同一年就开始了。到1554年，运河和道路就已经完工；但是在1555年，沙堤却发生偏移并被冲走了。建造的圩田就这样付之东流。在第二次和第三次的尝试（1570年和1572年）中，即使用了十个风泵，最终也没有获得成功。无论怎样圩田都无法被加固。诸圣人

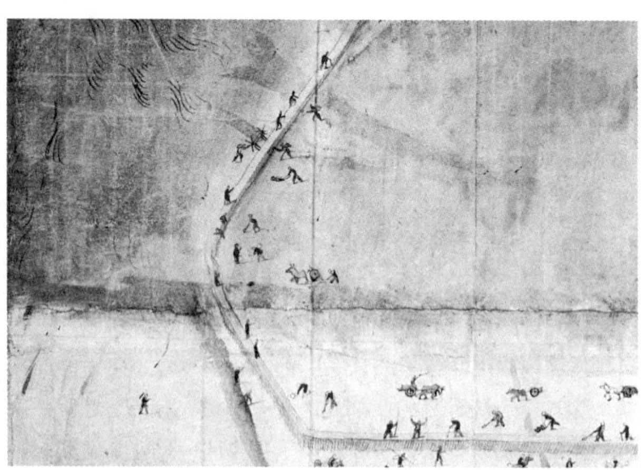

图2 一（上图）扬·凡·斯科列尔（Jan van Scorel），特克塞尔（Texel）与宰珀插画地图，约1552年，94.5英尺×30英尺（240厘米×78厘米）
［国家档案馆（Nationaal Archief），海牙（Maps Hingman，V.T.H.，inv.nr. 2486）］
图2a 一（下图）地图细节

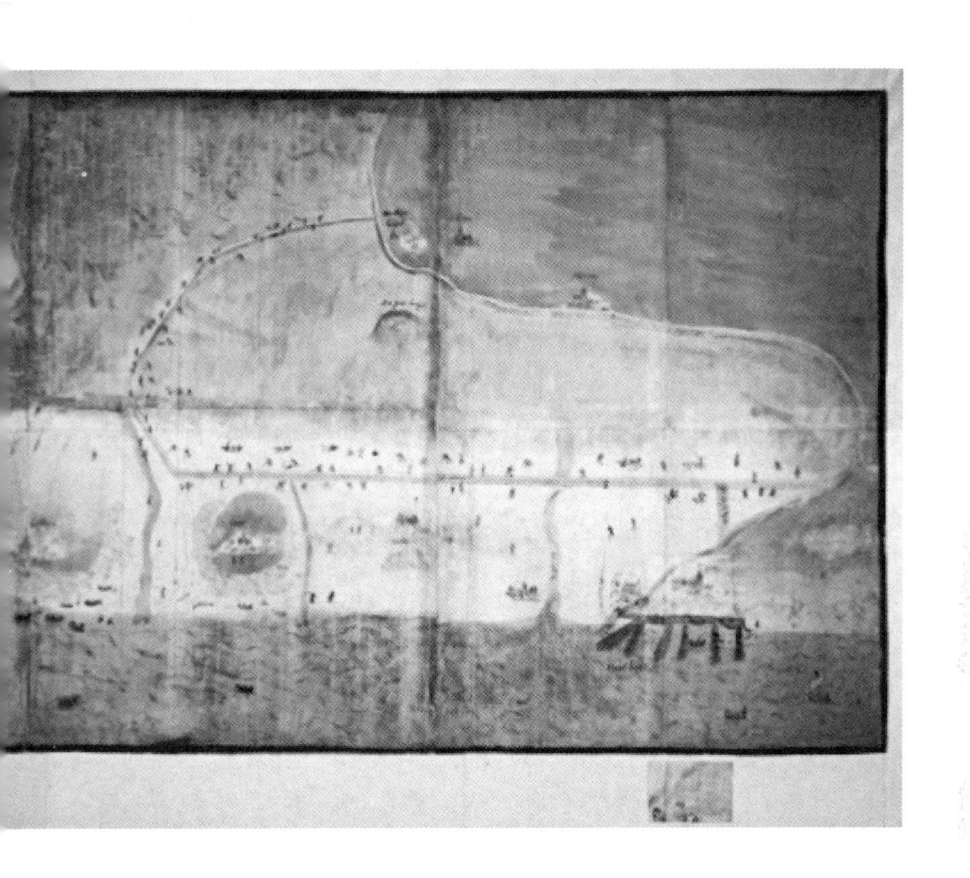

洪水（1570年）以及战争的破坏摧毁了这片有待开发的新土地。第四次尝试由本地投资者和阿姆斯特丹投资商共同发起。这次的计划终于成功了。1597年，宰珀和汉兹（Hanze）圩田周围的堤坝被关闭，雇工在圩田的南北轴线上挖掘出了一条主水道——格罗特斯洛特（Grote Sloot）。圩田地块成为阿姆斯特丹富有市民的财产，并被设置了20个地籍和水务管理的旷场，依次标注从A到U的字母。每二十个旷场配备一个风泵（1600年），以保证积水可以被抽出来。

拥有悠久历史的水务委员会（water boards）组织是西布拉班特（West Brabant）、西兰（Zealand）和南荷兰岛（South Holland Islands）、西弗里斯兰（West Friesland）、瓦登（Wadden）海岸和多拉德（Dollard）等新大陆不断扩张的基础。海岸上的新堤坝很少会坍塌。17世纪早期，伴随着木构技术的提升以及财富的增加，人工造地以新的自信进入到了下一个发展阶段。下一个顺其自然的步骤便是以前所未有的野心，在水位已经排至海平面位置的宰珀圩田上，试验以前无法想象的事情：将海水抽干！

1607年，由于咸水的威胁已经迫在眉睫，荷兰州和西弗里斯兰州便允许市长和商人对许多湖泊进行排水。水务委员会的专家简·阿德里安松（Jan Adriaanszoon）被任命执行这项工作。土地测量师彼得·科内利斯·科尔特（Pieter Cornelis Cort）精确绘制了这个区域的地图。通过放置三个一组的风泵，并分阶段将水抽出，他最终把水储存在了湖体周围的环形运河中三至四米深的地方。这些成排风车的使用真可谓是独具匠心。由于赞丹（Zaandam）建造了一系列极富效率的工厂，因此这里也成为造船厂和木材加工厂的中心。获得了特许权的风车承包商李沃特（Leeghwater）一开始便拥有43座工厂。1610年，排水工作几乎已经准备完毕。然而，由于须德海堤坝的灾难性破坏，几天之内圩田被水体再次充满。因此，环形堤坝被抬高到了比周围土地高出1米的位置。1612年，圩田终于被抽干了，“排空的湖体”贝姆斯特圩田（De Beemster）成为现实（**图3**）。根据文艺复兴的理念，道路和沟渠被建造成了完美的数学方格模式。

几个世纪的灾难性风暴让荷兰的北部地区变成了一片汪洋；二十年间，所有阿姆斯特丹上游以及东部的湖泊又都变成了新大陆，整个地区发生了彻底的蜕变。这种针对沉积的海生黏土进行的排水工作带来了前所未有的机遇。繁忙的牛肉市场以及满档的熏肉仓库使得皮尔默伦德省（Purmerend）远近闻名。阿尔克马尔市（Alkmaar）则由于奶酪和火腿而备受赞誉。荷兰北部地区的垦殖为须德海西部沿岸的大型海军舰队提供了食物补给。恩克赫伊森（Enkhuizen）、霍恩（Hoorn）、梅登布利克（Medemblik）和阿姆斯特丹拥有了他们梦寐以求的腹地。凡·斯科列尔的新罗马愿景终于有了伟大的典范。在二十年之内，他的风景画作变成了一台令人着迷的机器——巍然高耸的地平线上，几百个风车在日夜不停地旋转。新的磨坊技术可以持续不断地将那些已经复垦的泥炭地维持在海平面以下很低的水位线上。其他大片的泥炭地则被挖掘出来制作泥煤以为城市提供燃料。这种大规模的燃料开采在鹿特丹（Rotterdam）和豪达（Gouda）之间，以及荷兰省（Holland）与乌得勒支省（Utrecht）的边界创造出了新的湖泊。

圩田地区养殖的家畜变得非常出名。此外，新的圩田还为人们提供了大麻、亚麻、茜草、亚麻子、卷心菜和谷物。沼泽和浅水区域则为城市居民提供了野味、鱼类以及贝类。这片被人工创造出来的理想世界，伴随着几百个风车组成的生机勃勃的地平线，远不只是一片农业用地：它既是一个民族充满自豪的财富，又代表着一个新兴国家的身份认同感。与以前不同的是，这里并不是由土地清理

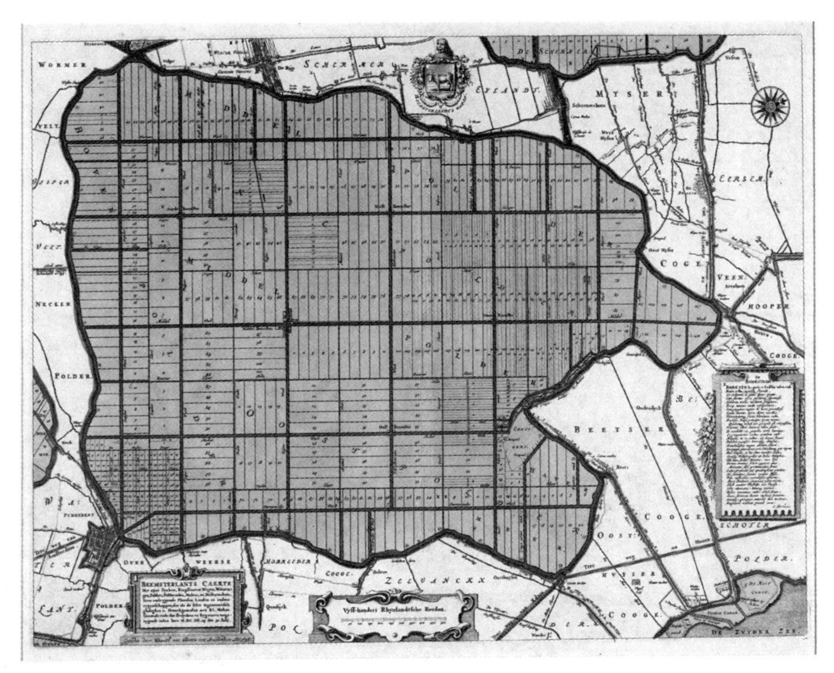

图3 — 贝姆斯特历史地图，荷兰，1658年，雕刻师丹尼尔·范·布林（Daniël van Breen）（*Geheugen van Nederland*，*Kaartencollectie Provinciale Atlas*）

而产生的，这片世界简直可以说是被凭空创造出来的。人工造地在文化的层面上获得了意义。这可以被视为一种艺术形式。

根据鹿特丹、海牙、莱顿、哈莱姆（Harlem）、阿姆斯特丹以及默伊登（Muiden）之间可靠的时间表，新挖掘出来的牵引—运河（tow-canals）系统将所有城市以前所未有的效率联系到了一起。河流与小型港湾又将所有其他城市从水面之上连接了起来。扎安（Zaan）地区变成了一个包含着众多锯木厂、油料加工厂、鲸油提炼厂和造船厂的跳动的工业心脏。350多座工厂（mills）遍布整个扎安地区。新的土地孕育了第一个网络型社会，商品和服务在其中进行流转和交易。从静谧的*trekschuit*上——一艘马拉运河船，或是从一艘露天的帆船上，人们低矮的视线在这片新的土地之上缓缓滑过。在空旷的土地之上，伴随着地平线上移动的剪影，这幅画面是如此美丽迷人，以致令人沉醉其中！

在《荷兰共和国》（*The Dutch Republic*）一书的历史分析中，乔纳森·伊斯雷尔（Jonathan Israel）指出，在1590年至1650年期间，尽管当时的死亡率超过了出生率，在新的政治局势下，贸易结构的迅速调整还是导致了西兰和荷兰沿海地区城市的爆炸性增长[5]。这种情况的出现只可能是由过剩的定居点所致。这些移

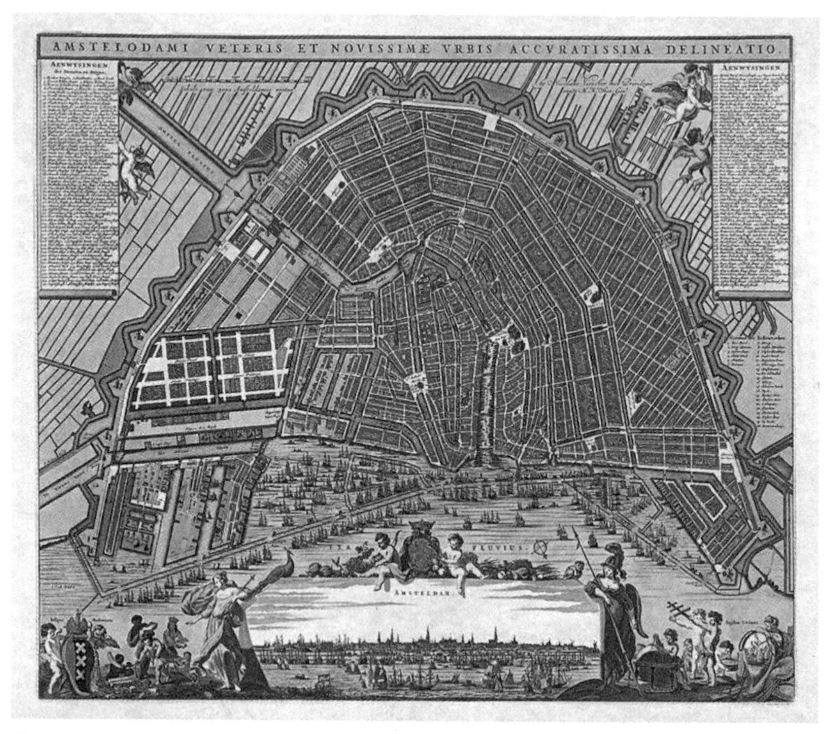

图4 — 阿姆斯特丹手工上色地图，佚名，尼古拉斯·皮特斯茨·贝尔切姆（Nicolaes Pietersz Berchem，1685—1695年），版画，19英尺×22.5英尺（48.5厘米×57.5厘米）
（阿姆斯特丹国家博物馆提供）

民来自农村和其他国家，直到1620年之前还主要是来自荷兰的南部地区，其后便主要来自德国。沿海地区城市的快速发展，使共和国演变成了两种经济体：一个是西部的新大陆地区，这里不断扩张、充满活力、欣欣向荣；另一个则是国家的各个省份，它们大部分都停滞不前，并且贫穷得多。这两部分之间形成了一个鸿沟——后者的工资只有前者的一半。

毫无疑问，这种爆炸性增长的中心便是阿姆斯特丹（**图4**）。这座迅速增长的城市人满为患；1606年，荷兰州批准了一项新的防御工事。1613年，市政府在西蒙·斯蒂文（Simon Stevin，荷兰数学家、工程师）理想城市的原则之上，开始阶段性地实施城市的扩张计划。荷兰最早的城镇类型只是由一条壕沟、一条道路及其两侧的建筑以及一座位于沃德森德（Woudsend）附近的桥体所构成。沿着须德海的海岸，这种类型已经发展成一个带有码头以及仓库的中央运河版本（正如人们在宾斯霍滕Bunschoten和蒙尼肯丹Monnickendam中所见的那样）。有贸易船队的城镇则有许多平行的运河以及两侧的小街。数学家、物理学家和工程师西蒙·斯蒂文绘制了他理想中的城市形式：网格一样的运河与街道、一个商贸广场、分散的教堂，所有这些都被限定在一个广场防御工事当中，风力工厂则建在堡垒之上。这种组织模式被应用到了阿姆斯特丹的城市建设中，半圆形的城市中铺设了三条平行的运河，这促进了阿姆斯特丹后来的环形运河的产生。在功能、美学和利益三者的共同作用下，阿姆斯特丹变成了一个没有广场、没有等级制度的理想城市，这里到处都是教堂，满足了人们对不同信仰的需求。漫长的海滨被木桩围住，带有码头的岛屿被建设了起来。为了建造运河和码头组成的环线，大量的沙子被从哈勒姆（Haarlem）西南部的沙丘挖走，并被人们从新建的水渠上运送到阿姆斯特丹。这一采矿行为产生了一片绝佳的平坦土地，这些土地后来被用作郁金香和鳞茎植物的栽培地，这片土地不仅成了新大陆的遗产之一，也形成了有史以来最不寻常和丰富多彩的景观。鹿特丹、斯希丹（Schiedam）、恩克赫伊森、济里克泽（Zierikzee）等城市也有着运河以及令人惊叹的新港湾。海牙和巴达维亚（Batavia）也是根据斯蒂文的理想城市模型建造而成的。荷兰的新大陆成了欧洲人口最稠密的地区，在这片地区城市与城市之间紧密相连。

新的国家、新的地区、新的语言

在这片平坦的世界中，每一个位置的情况都是一模一样的。这种情形不可避免的需要人们携手合作，并由此滋养出了平等的思想。平原既不能容忍教皇，也无法容纳暴君。在圩田之中，只有两个人们可以想象得到的位置：堤内或堤外。新大陆的圩田对世界强加了一种直截了当且富有原则性的观点——在这片土地上，你要么选择合作，要么被排斥在外。

三角洲的居民更倾向于新教后来形成的信仰和价值，其中牺牲、直率以及对纯洁的向往被认为是美德。毕竟，海洋并没有如此轻易地放弃这片土地。教条主义成为人们在泥泞的土地中劳役的精神象征，神学的吹毛求疵似乎变成了土地勘测的逻辑等价物。1562年初，出现在荷兰南部地区被称之为“圣像破坏运动”（beeldenstorm或者是Iconoclastic Fury[1]）的风暴，在1566年期间就像是一阵飓风一

[1] “圣像破坏运动”（beeldenstorm）即1566年8月11日由尼德兰手工业者、平民和农民发动的反对天主教会和西班牙殖民统治的人民运动；这次运动成为欧洲历史上著名的尼德兰资产阶级革命的一个组成部分。——译者注

样盘旋在圩田之上。1568年，这场运动演变成了对国王和天主教堂的终极反抗。人们开始为宗教自由而战，他们选择了加尔文（Calvin）的学说，一种在意识形态上最清教徒式的新教主义——这是圩田人们的理想哲学。此次改革的出现有很多原因。在文艺复兴早期，人文主义传统便已经在荷兰根深蒂固。贵族阶层的土地所有者对于广泛的集权，以及西班牙和哈布斯堡的统治者菲利普二世想要从布鲁塞尔征收的税收和法律制度也有很大的不满。瑞典和丹麦之间的战争导致了松德海峡（Sont，1565年）的关闭，这次事件不仅造成了粮食的短缺和物价的高涨，更引发了1566年的饥荒。在同一年，佛兰芒（Flemish）亚麻业和安特卫普（Antwerp）贸易业同时受到了英国进口关税和冬季大风暴的沉重打击。1570年，西兰和佛兰德斯的大部分地区又遭受到了诸圣人洪水的致命打击。

1566年8月，起义从佛兰芒的史坦沃德（Steenworde）开始了。三周内，佛兰德斯（Flanders）的四百座修道院和教堂被洗劫一空。在荷兰北部，反抗国王的起义最终演变成了战争，人们进而决定脱离西班牙的控制。欧洲最优秀的陆战队在阿尔克马尔（Alkmaar）和莱顿（Leiden，1573—1574年）的围困之中陷入了僵局，人们通过巧妙的洪水组织打破了西班牙的包围。荷兰神话中的洪水灾害又添加了一个新的篇章：用水驱赶敌人。1579年，北方各省签署了乌得勒支同盟条约（Union of Utrecht）。该条约实际上成为七个联合省共和国的独立宣言。在战争的头二十年里，反叛者的处境是极其危险的。1590年前后，反叛浪潮转向了共和国地区。在多水的西部，利用舰船的快速移动和圩田的对立面——也就是洪水，共和国的军队打败了西班牙敌人。共和国的最终胜利要归因于西班牙殖民帝国的过度扩张——当时西班牙正处于与法国、英国和奥斯曼帝国的战争状态，此外还要考虑到奥伦治亲王莫里斯（Prince Maurits of Orange）优秀的军事领导才能、荷兰的海上扩张等因素。一个只有250万人口的国家就这样发展成为世界强国。17世纪被视为共和国经济、科学和文化的黄金时代。对于加尔文主义者来说，这也是他们政治影响力的巅峰时期。北部联合省的领土与建立在沼泽地和海床本身上的新大陆紧密相连。随着共和国的诞生，在新宗教的鼓舞下，一个新的国家在这里诞生了。

在暴雨洪水、西班牙宗教法庭以及战争的背景下生根发芽的共和国新教既不温和，更谈不上灵活。宗教改革运动被传教士和牧师所挟持，每一个人都声称自己才是真正的新教信仰：一场近似内战的暴力论战开始了。这种破坏性的僵局持续了数年，因此人们决定在多德雷赫特（1618—1619年）召开一场伟大的加尔文主义会议（Calvinist Synod），并要在会议中制定明确的新教原则。与此同时，《圣经》的翻译也将在这里由国家进行授权。为了摆脱罗马教皇的拉丁语圣经，圣经将直接从希伯来语、希腊语和亚拉姆语翻译过来，并用一种能在各种方言之间折中的语言来供人们更容易地阅读。这场具有明确政治化倾向的宗教会议使得加尔文主义教派成为官方的主导信仰。除此之外，一部令人印象深刻的“国家圣经”诞生了，该书在1635年便被出版销售，这部圣经采用了一种全新的语言——标准荷兰语。这是一种包含新词汇的语言，其中也包括了新大陆史诗起源的词语：从那时起，圣经中提到的破坏性大洪水将被称作“*zondvloed*”（大洪水），这一名词由“罪”（sin）和“洪水”（flood）这两个词组合而成。

新大陆的表现、平凡而伟大

新大陆最早的表现形式便是制图学。在16世纪下半叶的安特卫普，由于有了精确三角测量法的科学基础，以及铜版印刷的实现，地图制作已经发展成为一种高度发达的手工艺。它发展成了一项蓬勃发展的业务，并产生了丰富的图解印刷图册。在新殖民地大发现时期，地图具有巨大的军事和商业价值。1558年，雅各布·范·德维尔特（Jacob van Deventer，1505—1575年）被任命为皇家地理学家，并被委托对荷兰所有城镇进行测绘的任务。这将会成为他职业生涯的顶峰，第一个系统的包含260个城镇及其景观的地图产生了（**图5**）。地图学的发展与16世纪晚期的土地围垦相吻合。在这一时期，使用水务委员会授权的测绘地图对新大陆进行围湖造田和精确划界的专利是极为常见的。战争爆发时，最重要的一批制图师离开了安特卫普。就这样，第二代制图师定居在了阿姆斯特丹；随后，这里不仅诞生出了更多的制图企业，更出版了一系列的地图册和地图集。

西兰（Zealand）和荷兰（Holland）中新大陆的正交世界以及在防御工事上新的城市扩张，被绘制在美丽的地图上并公开出版。其中一个著名的例子便是1631年由彼得勒斯·凯瑞斯（Petrus Kaerius，1571—1646年左右）绘制的“五圩田图”（Five Polder Map，或*Het Kaerius-Pitt kaartje van de Zijpe*）（**图6**）。人们对北荷兰省继续复垦的喜悦简直就像是要从这幅由Zijde、Beemster、Wormer、

图5 — 荷兰地图，亚伯拉罕·奥特利斯（Abraham Ortelius）、雅各布·范·德维尔特绘制，1600年
［国家档案馆（*Nationaal Archief*），海牙（*Kaartcollectie Zuid-Holland Ernsting*）］

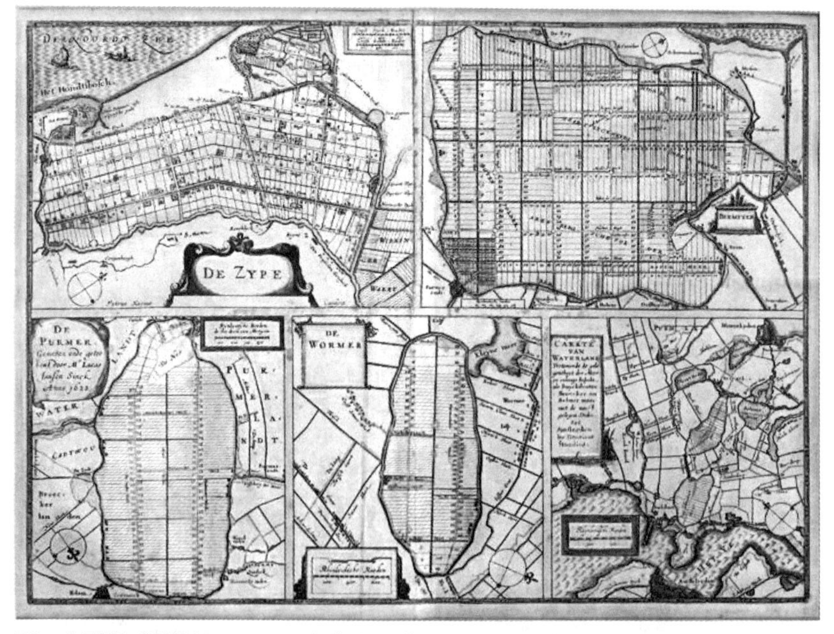

图6 — 彼得勒斯·凯瑞斯（Petrus Kaerius），《五圩田图》，1631年
［宰珀博物馆（*Zijper Museum*）收藏，斯查格堡（*Schagerbrug*）］

Purmer、以及Waterland圩田拼贴而成的挂图中跳动出来一样。这些新大陆的壁挂地图装饰了室内。这些大型的壁挂地图也出现在了维米尔（Jan Vermeer，or Johannes Vermeer）的许多绘画作品中。北荷兰省的地图显示出了一个严格有序的世界，这与后来的美国非常类似。泽兰省（Zealand）和南荷兰省新大陆的地图显示了早期定居者如何在曲折的沼泽溪流上强加了一个长方形的结构。

关于风景画为什么会在这个新兴的共和国里爆发性兴起的原因有很多猜测。法院作为中央权力的削弱以及成为赞助商的教会剥夺了艺术家们的市场都有可能为此做出解释。新教强调了圣像破坏运动者（beeldenstormers）关于上帝第二诫的争论，这迫使艺术家把自己限制在了那些没有冒犯性的日常生活和周围世界中：风景、社区以及静物。虽然这些原因不一定不对，但这些解释似乎更像是那些对景观的实际演变规模和重要性可能并不熟悉的局外人、历史学界的臆测。毕竟，新的社会出现在新的土地上。只有约翰·赫伊津哈（Johan Huizinga）意识到了这一点。在《十七世纪的荷兰文明》（*Dutch civilisation in the seventeenth century*）（1968年；最初的荷兰语版出版于1941年）中，他提出了一个似乎合理的观点，即这些自由而务实的公民对世界抱有开放且热切的态度，他们对本国平坦简洁但又来之不易的景观感到骄傲[6]。这一观点可以用一些非常明显的艺术案例来说明。

风车、地平线以及云层所形成的圩田景观是如此令人难以抗拒和振奋人心，以至于它成为诗人和画家的主要描绘对象。他们似乎被一望无垠的风景迷住了，天空的光线、云朵、海浪、家畜、风车、城镇和船只的轮廓变成了虔诚的抒情对象。平坦土地上的盎然生机，让荷兰人的绘画大师们聚集到了一起，他们的画作共同让这块新土地的每一个角落都变得永垂不朽。年轻的保卢斯·波特（Paulus Potter，1625—1654年）是家畜绘画上的专家。作为一个西弗里斯人，他目睹了家乡的巨变，也目睹了这个省份的空前发展。在他的画作当中，狗、马和牛被投射到地平线上并非是一种巧合。在他著名的画作《小公牛》（*The Young Bull*，1647年）中，这个新兴的国家就像是这头年轻而自负的公牛，波特将地平线安排到了它的腿后。雅各布·凡·雷斯达尔（Jacob van Ruisdael）的学生梅因德尔特·霍贝玛（Meindert Hobbema，1638—1709年）精通于地平线主题的绘制。他画了一幅法兰基岛（Flakkee）上的圩田，这片圩田在16世纪下半叶被重新筑堤。《米德尔哈尼斯的林荫道》（*The Avenue at*

图7 — 梅因德尔特·霍贝玛,《米德尔哈尼斯的林荫道》,1689年,布面油画,41英尺×55.5英尺(103.5厘米×141厘米)
(国家美术馆,伦敦)

Middelharnis,1689年)既是对土地测量师的真实颂歌,也是对新正交世界的无限颂扬(**图7**)。这幅画是对隐藏在圩田背后不朽之美的证明。这是一片由人类双手创造出来的土地,它的存在完全是出于纯粹的实用主义。扬·凡·戈因(Jan van Goyen,1596—1656年)似乎是一个致力于对新环境中的人物进行描绘的画家。他绘制了水手、渔夫、水面上的渡船、农夫、挖泥船、船夫、风车圩田中的漫步者以及作为背景的荷兰城市。没有人能够描绘出伦勃朗·哈尔曼松·凡·莱因(Rembrandt van Rijn,1606—1669年)画作中那样的圩田。他会漫步很远的距离,一直深入到阿姆斯特丹周围的圩田里。他被圩田上的日常生活迷住了,并随手勾勒出了迪门(Diemen)、格恩(Gein)和阿姆斯特尔(Amstel)朦胧的村庄、谷仓与风车。在他的作品当中,你不仅能够穿越泥泞的小路,感受到雾霭,甚至还能嗅到圩田上粪土的气息。诚然,新大陆是一种具有深远景象以及低矮天空的艺术作品,但伦勃朗最感兴趣的却是圩田工人、农民和土地的原始特征:水、黏土、杂草、沼泽、芦苇的轮廓、发酵的气味以及柳树灌丛。伦勃朗为新大陆的欣赏提供了一种新的视野。在布劳午德(Blauwhoofd)堡垒边上的风车旁,烟囱和大炮变成了人物。新大陆另一个主要的力量便是不断变化的天空和光影。在蚀刻画《三棵树》(*The Three Trees*,

图8 — 伦勃朗·哈尔曼松·凡·莱因,《三棵树》，1643年，蚀刻画，采用铜版雕刻与雕版方法，8.5英尺×11 英尺（21.3厘米×28.3厘米）
（纽约大都会艺术博物馆提供）

1643年）的天空中，你能够看到即将到来的暴雨、天空洒下的光影以及奔腾的乌云（**图8**）。在圩田完美的天际线之上，这些景象为这三棵树带来了巨大的魅力（罪恶的还是圣洁的（Golgotha or innocence）?。很明显，正是低矮太阳下和暴雨降临前辽阔的圩田景观，才提供了阳光穿透云层的壮观景象。景观的一部分被反射了出来，而其余部分的景观则逐渐消失在黑暗的阴影之中。这些景象就好像是上帝正在选择把光线投射到某个特定的地方一样。

阿尔伯特·库普（Aelbert Cuyp，1620—1691年）是河岸景观表现方面的大师，在他绘制的这些景观中通常都包含着牛群、船舶以及海滨，在他的一幅多德雷赫特全景中，牛群便作为前景点缀在了堤坝外面的泥泞土地之上。在使用昏暗的颜色去自由地捕捉低地的光线上，他的技术可以说是炉火纯青。雅各布·凡·雷斯达尔（1629—1682年）和菲利浦·科宁克（Philips Koninck，1619—1688年）擅长绘制日常生活场景，但却能够同时赋予它们更深层的意义。他们爬上沙丘和山脊（Heuvelrug）的内侧，以便更好地体验新大陆令人惊叹的空旷之感。在低垂的、阴云密布的天空之下，辛劳的人类生活在自己亲手创作的土地之上，虚荣和死亡成为永远无法逃避的现实。他们升华了大西洋上的云彩和丰富的光芒。在科宁克的画作《俯瞰平坦的国家》（*A View over Flat*

Country，1655—1660年）中，蜿蜒曲折的河流与美丽的圩田景观难分难舍。雷斯达尔的作品《从西北看向哈勒姆，以及前景中的漂白场》（*View of Haarlem from the Northwest*，*with the Bleaching Fields in the Foreground*，约1650—1682年）画了不止一遍，在这幅画作的场景中，哈勒姆市在浓密云层下的洼地上似乎受到了祝福（**图9**）。两位画家都很熟悉这个国家。科宁克在阿姆斯特丹和鹿特丹之间有一家提供定期服务的航运公司。他一定是从河边或运河上看到了这块新大陆的美景。雷斯达尔则经常旅行。广为流传的一桩趣事是，为了能够绘制阿姆斯特丹西部城市圩田上无与伦比的风车，他修改了西教堂钟塔（Westertoren）的比例，并在低矮的天际线上采用了背光的形式。伦勃朗在西侧又绘制了一幅由一千条风帆构成的相同的地平线。《从阿姆斯特丹看向港湾全景图》(*Panoramic View of Amsterdam looking towards the IJ*，1665—1670年）中包含了达姆拉克大街（Damrak）、阿姆斯特丹的滨水区、港湾区（IJ），以及瓦特兰（Waterland）北部圩田上的地平线。为了绘制这个场景，他调整了新市政大厅塔楼的脚手架比例。就像哈勒姆一样，他在莱茵河的前陆上绘制了雷嫩（Rhenen）和迪尔斯泰德附近的韦克（Wijk bij Duurstede），其中康纳若特伦（Cuneratoren）和科伦莫伦（Korenmolen）占据了贝蒂沃（Betuwe）河流地带的主导位置。雷斯达尔为新大陆基础设施的纪念性所深深地吸引着。风车、桥梁或水轮成为戏剧化现实的主旋律。阿尔伯特·库普、扬·凡·戈因、维米尔和伦勃朗都对日常生活场景充满了激情，并擅于利用圩田光线的魔力。从来没有人能够像维米尔（1632—1675年）那样出色地捕捉到清澈的荷兰光线，他甚至都不需要绘制风景就能够唤起大家对光线的感觉。在绘制他自己的家乡代尔夫特的时候，空旷的圩田里隐隐呈现出来的光线是显而易见的。在《代尔夫特一景》（*View of Delft*，1660或1661年）中，这座城市成了荷兰圩田上的明珠。代尔夫特在映照于斯希（Schie）新挖港口的晨光中熠熠生辉。画作的前景是一个站在码头上的妇人和一艘现代化的驳船，这艘驳船航行在1655年挖掘的斯希运河上，并穿梭于沿线的莱顿、代尔夫特、斯希丹或鹿特丹之间。清晨的阳光在瓦砾屋顶上闪耀着，代尔夫特的天际线戏剧般地穿透了低垂的云层。

图9 — 雅各布·伊萨克兹·凡·雷斯达尔（Jacob Isaacksz van Ruisdael），《从西北看向哈勒姆，以及前景中的漂白场（约1650—1682年），布面油画，17英尺×19英尺（43厘米×48厘米）
（阿姆斯特丹国家博物馆提供）

工程作为记忆

从1650开始，以简单和平凡为美德的荷兰社会开始发生了变化。财富为共和国带来了自满的情绪以及难以避免的享乐主义。黑色的服装和朴素的穿戴变成了五颜六色的天鹅绒、奢侈的刺绣、高跟鞋和假发。在阿姆斯特丹环形运河剩下部分的建造中，素净的荷兰风格被带有昂贵石头装饰的古典主义风格所取代。荷兰的权力与财富激怒了欧洲的其他大国。这个突然成功的小国家并非是孤立于欧洲地缘政治关系僵局之外的。这种局势终止于1672年，而其他自然崛起的大国将矛头指向了荷兰这个小国。在太阳王路易十四的带领下，法国、英国以及明斯特（Münster）决定对荷兰共和国发起攻击。

然而，17世纪初期发生的这种令人不可思议的人工造地故事依然在历史的长河中不断地回响，这种造地的探索导致了宗教的融合、国家的建设、新语言体系的形成以及文化和经济的欣欣向荣。这种独特融合现象的产生可以用人们对生存的渴望来解释——来自海洋的威胁所累积的创伤、天主教的排挤迫害以及西班牙所要求的臣服。也可以说，这是务实的圩田文化在加尔文主义中寻求的救赎，正是在这样的世界中，简单和朴素才得以被滋养。这种情怀深植于圣像破坏运动者的天性之中。洪水的神话、海床上的土地工程以及享受低空下日常生活的自豪，最终变成了一个具有因果关联的封闭循环。厄运和理想世界的构建在逻辑上是相通的。在这里平凡的文化是闪亮的瞬间，是顶峰的高潮。在荷兰人的集体记忆中，人们自力更生建造的土地与人工的自然是一种基准。在荷兰人对自然独特的感知中，怀旧和工程是同一件事情。

注释

[1] *History of Cartography*, ed. David Woodward, vol. 3，part 1，*Cartography in the European Renaissance*（Chicago: University of Chicago Press, 2007）.

[2] Ton Lemaire, *Filosofie van het Landscap*（Amsterdam: Ambo, 1970）.

[3] Simon Schama, *Landscape and Memory*（New York: Knopf, 1995）.

[4] Andries Vierlingh, *Tractaet van dyckagie*, ed. J. de Hullu and A. G. Verhoeven（The Hague: Martinus Nijhoff, 1920）.

[5] Jonathan Israel, *The Dutch Republic: Its Rise, Greatness, and Fall, 1477–1806*（Oxford: Clarendon Press, 1995）.

[6] J. H. Huizinga, *Dutch Civilization in the Seventeenth Century*（New York: Harper & Row, 1969）.

致谢

感谢本书所有作者充满启发性和深刻性的文章，这些文章不仅讨论了当代景观学的核心问题，也从更深的层面展示了那些激发他（她）们自身实践的思想。没有苏黎世联邦理工学院景观学系全体员工自始至终全身心的投入，特别是Anette Freytag、Suzanne Krizenecky、Albert Kirchengast以及Dunja Richter等人在2013年6月汉诺威海恩豪森宫举办“当代景观思考”大会构思和组织过程中的付出，这本书便无法面世。同时，我们也要感谢本次大会的所有参与者，正是他（她）们各自不同的展示以及后续的讨论，才构成了本书的基础。最后，我们还要特别感谢大众基金会，特别是Wilhelm Krull和 Anorthe Kremers等人慷慨的支持以及在汉诺威会议期间细致周到的组织与服务。

作者简介

苏珊·安（Susann Ahn）：苏黎世联邦理工学院克里斯托弗·吉鲁特风景园林所（Chair of Landscape Architecture of Christophe Girot，ETH Zurich）风景园林师及助理研究员。

詹姆斯·科纳（James Corner）：风景园林师和城市设计师，詹姆斯·科纳场地运作事务所创始人，宾夕法尼亚大学设计学院风景园林学与都市主义教授。著有《*The Landscape Imagination: Collected Essays of James Corner 1990–2010*》（普林斯顿建筑出版社，2014年），与Alex MacLean合著《*Taking Measures Across the AmericanLandscape*》（耶鲁大学出版社，1996年）。

维多利亚·迪·帕尔马（Vittoria Di Palma）：南加利福尼亚大学建筑学副教授，《*Intimate Metropolis: Urban Subjects in theModern City*》（劳特利奇出版社，2009年）联合主编，《*Wasteland*，*A History*》（耶鲁大学出版社，2014年）作者。

索尼娅·丁佩尔曼（Sonja Dümpelmann）：哈佛大学设计研究生院风景园林学副教授。《*Flights of Imagination:Aviation*，*Landscape*，*Design*》（弗吉尼亚出版社，2014年）一书的作者。

安妮特·弗赖塔格（Anette Freytag）：瑞士联邦政府景观政治学科学顾问；苏黎世联邦理工学院景观学系前高级讲师和研究部主任。其最新著作——《*DieterKienast—Stadt und Landschaft lesbar machen*》（gta Verlag，2015年），回顾了20世纪60～90年代欧洲的风景园林教育与实践。

冯仕达（Stanislaus Fung）：香港大学建筑学院副教授、哲学硕士-博士生导师。其最新研究发表在*Oxford Bibliographies in Chinese Studies*（ed. Tim Wright，NewYork，2014年），以及《伝統中国の庭園と生活空間：国際シンポジウム報告書》，京都大学人文科学研究所成果报告（田中淡，高井たかね编）。

阿德里安·高伊策（Adriaan Geuze）：West 8城市与景观设计事务所创始人之一，鹿特丹、纽约与比利时地区先锋城市设计实践家之一，经常在世界多所大学演讲和教学。

克里斯托弗·吉鲁特（Christophe Girot）：苏黎世联邦理工学院建筑学院景观学系教授、系主任，苏黎世Girot工作室创始人、主管。其最新著作为《*The Course of Landscape*

Architecture》(Thames & Hudson，2016年)。

凯瑟琳·古斯塔夫森 (Kathryn Gustafson)：西雅图古斯塔夫森·格思里·尼科尔（Gustafson Guthrie Nichol）事务所与伦敦古斯塔夫森·波特设计事务所（Gustafson Porter）风景园林师与联合创始人。一系列获奖作品广为人知，其最近作品已遍布于欧洲、北美以及中东地区。

克里斯蒂娜·希尔 (Kristina Hill)：城市景观设计方面的学者和实践家，加州大学伯克利分校风景园林学&环境规划与城市设计部副教授,《*Ecology and Design: Frameworks for Learning*》(Island Press，2002年) 一书的作者与编者，目前在旧金山湾区公共部门城市适应海平面上升类型系统方面提供咨询服务。

多拉·英霍夫 (Dora Imhof)：苏黎世联邦理工大学建筑学院艺术史学家与博士后。其最近著作为《*Museum of the Future*》(与克里斯蒂娜·贝策勒合著，JRP Ringier，2014年) 以 及《*Kristallisationsorte der Kunst in der Schweiz.Aarau*，*Genf und Luzern in den 1970er-Jahren*》(与西比尔·欧姆林合著，Scheidegger &Spiess，2015年)。

雷吉娜·凯勒 (Regine Keller)：慕尼黑工业大学风景园林学教授，慕尼黑凯勒·达姆·罗泽（Keller Damm Roser）景观事务所创始人与合伙人。

戴维·莱瑟巴罗 (David Leatherbarrow)：宾夕法尼亚大学建筑学教授、建筑学研究生组/博士项目主席。其最新著作有《表面建筑》(*Surface Architecture*，与莫森·莫斯塔法维合著，麻省理工学院出版社，2005年)、《*Topographical Stories: Studies in Landscape and Architecture*》(宾夕法尼亚大学出版社，2004年)、《*Architecture Oriented Otherwise*》(普林斯顿建筑出版社，2008年)。

亚历桑德拉·蓬特 (Alessandra Ponte)：蒙特利尔大学建筑学院教授。2009年在加拿大建筑中心策划了“Total Environment: Montreal 1965–1975”展览，与Laurent Stalder和Thomas Weaver合作出版了《*God & Co:François Dallegret Beyond the Bubble*》(Architectural Association Publications，2011年)，在North American landscapes上发表了题为《*The House of Light and Entropy*》的文章（Architectural Association Publications，2014年)。

约克·雷基特克 (Jörg Rekittke)：风景园林师，新加坡国立大学设计与环境学院建筑学部景观学系副教授。

萨斯基娅·萨森 (Saskia Sassen)：Robert S. Lynd社会学教授、哥伦比亚大学全球思维委员会联合主席。其最新著作包括《*A Sociology of Globalization*》(W. W. Norton，

2007年)、《*Territory*，*Authority*，*Rights:From Medieval to Global Assemblages*》(普林斯顿大学出版社，2006年)、《*Cities in a World Economy*(第4版)》和《驱逐：全球经济中的野蛮性欲复杂性》(*Expulsions:Brutality and Complexity in the Global Economy*，2014年)。

艾米丽·伊莉莎·斯科特(Emily Eliza Scott)：跨领域学者、艺术家。苏黎世理邦理工学院建筑学院在读博士后，两个合作艺术研究项目的联合发起人："洛杉矶都市流浪者"(2004年至今)和"充满问题的世界"(2011年至今)。《*CriticalLandscapes: Art*，*Space*，*Politics*》(与Kirsten Swenson合编，加利福尼亚大学出版社，2015年)一书的联合主编。

查尔斯·瓦尔德海姆(Charles Waldheim)：哈佛大学设计研究生院John E. Irving教授。《景观都市主义》(*The Landscape Orbanism Reader*，纽约普林斯顿建筑出版社，2006)和《景观都市主义：一般理论》(*Landscape as Orbanism:A General Theory*，普林斯顿大学出版社，2016年)主编。

俞孔坚：中国最早和最大的私营景观实践机构之一——土人城市规划设计有限公司创始人、首席设计师，北京大学建筑与景观设计学院创始人。